IDENTIFIER LES INDIVIDUS AU TCHAD

Politiques et pratiques des papiers d'identité

Collection Etudes Eurafricaines
Dirigée par André Julien Mbem

Le Sahara et la Méditerranée, frontières entre l'Afrique et l'Europe, sont aussi des passerelles par lesquelles, depuis des siècles, au-delà des tragédies et des drames, se rapprochent et se remodèlent ces deux ensembles géographiques et leurs civilisations. La collection « Etudes Eurafricaines » encourage la diffusion d'études historiques et prospectives sur les symbioses dont cette partie du monde est l'antique théâtre.

Déjà parus

AGBEMEDI Yawavi Makafui, *Les usages sociaux de la plage dans le Grand Lomé (Togo) et le Greater Accra (Ghana). Pratiques, logiques, enjeux*, 2024.
DIARRA Abdramane, *Le curriculum bilingue dans l'enseignement fondamental au Mali. Etat des lieux de sa mise en œuvre*, 2024.
PADARÉ Jean-Bernard, *Tchad : le dialogue public-privé au service de la dynamisation de la filière élevage-abattage-viande*, 2024.
MAHONGA Chris, *La grande problématique africaine. Plaidoyer pour l'émergence d'un nouveau paradigme sociopolitique*, 2023.
MAIGA Mariam et SOW Amadou, *Recueil de textes en droit de la santé au Mali*, 2023.
BOAFO Rodrigue Komikuma, *Les dispositifs d'accompagnement scolaire en France et au Togo. Analyse de deux politiques éducatives de lutte contre les difficultés d'apprentissage*, 2023.
OUEDRAOGO Adama, *Le jumeau africain dans tous ses états. Perceptions, démographie et santé des naissances gémellaires en Afrique subsaharienne*, 2023.
SANOGO N'DOURE Kadiatou, *L'accès au financement bancaire des petites et moyennes entreprises maliennes*, 2023.
SYLLA Abdoulaye, *Droit international et constitutions dans des États post-conflits*, 2023.
AMIBIAKA, *Tchad, les voies de l'émergence*, 2023.
G. NJANJO SIKE LOBE Roxane, *Le contrat de partenariat public-privé au regard de la théorie générale des contrats. Etude de droit camerounais à la lumière du droit français*, 2023.
J. PETER Simon Gérard et MATARI Hermine, *Les réalités de la violence au sein des organisations. Etudes de cas en milieux scolaire, académique et socio-professionnel*, 2022.

Manatouma Nicodème KELMA

IDENTIFIER LES INDIVIDUS AU TCHAD

Politiques et pratiques des papiers d'identité

© L'Harmattan, 2024
5-7, rue de l'École-Polytechnique, 75005 Paris

http://www.editions-harmattan.fr

ISBN : 978-2-14-029397-9
EAN : 9782140293979

REMERCIEMENTS

L'aboutissement de ce travail a été le fruit des efforts conjugués de beaucoup de personnes auxquelles je voudrais, ici, exprimer ma profonde gratitude. Tout d'abord, je remercie mes deux directrices de thèse, Pascale Laborier et Marielle Debos, d'avoir accepté de diriger cette thèse. Durant toutes les années de ma thèse, elles ont été toujours disponibles dans le suivi de ce travail. Je les remercie pour leurs observations éclairées, leurs lectures exigeantes et pour leur rigueur intellectuelle.

Mes remerciements s'adressent à l'Institut Historique Allemand et au Centre de Recherches sur les Politiques Sociales (IHA/CREPOS) qui ont financé ce travail à travers le programme « Identité, Identification et bureaucratisation en Afrique subsaharienne ». C'est ici l'occasion de remercier les responsables de ce programme, Thomas Maissen, Alfred Inis Ndiaye, Séverine Awenengo Dalberto et Susann Baller.
J'exprime mes profonds remerciements à Ibou Diallo qui a consacré du temps à la relecture du manuscrit de ce travail. Merci aussi à Céline Badiane Labrune, Martin Moure, Lamine Doumbia et Elie Lewa.

J'adresse mes sincères remerciements à tous les enquêtés, aux responsables de l'Association pour la Promotion des Libertés Fondamentales au Tchad (APLFT), aux agents du service de l'identité civile et à tous ceux m'ont aidé durant mes séjours d'enquête de terrain à N'Djamena et à Goré.
Je tiens à remercier tous mes collègues du programme IHA/CREPOS de Dakar.

Ce travail est le fruit des très riches échanges que j'ai eus avec les membres de ce programme et des amis de Dakar. Je pense particulièrement à Amadou Dramé, Johara Beriane, Bintou Mbaye, Kamina Diallo, Lamine Faye et Moussa Traoré. Merci aux membres de l'ANR « Vie politique et sociale des papiers d'identité en Afrique » qui ont manifesté un intérêt pour mon travail et l'ont alimenté de réflexions portées par un regard à la fois acéré et bienveillant. Que tous les doctorants de l'ISP reçoivent ici mes vifs remerciements. Grâce à cette solidarité agissante dans les bureaux des doctorants et la salle de convivialité, nous sommes devenus membres d'une même famille.

Je remercie profondément ma mère Agnès Mariam Kibéderoum, la Famille Gletching et la famille Komandi pour leurs encouragements.

INTRODUCTION GÉNÉRALE

« Ta carte d'identité ! Ta carte d'identité ! Qu'est-ce que c'est ce que cette histoire de carte d'identité ? Regardez-moi bien. Sur cette joue, cette marque que vous voyez, c'est ma carte d'identité. J'ai sur mon corps d'autres marques qui concourent à la même démonstration. S'additionnant pour donner la même preuve. La preuve par le sang de ce que je suis. Ce sont mes ancêtres qui sont les fondateurs de ce royaume, de cette ville. Tout ici constitue ma preuve et ma carte d'identité. »[1]

À l'aube du 14 novembre 2015, j'arrive à N'Djamena avec la compagnie Royal Air Maroc, après une correspondance de 3 heures à l'aéroport international Mohammed V de Casablanca. Le ciel de N'Djamena est brumeux avec une température de 30 °C, une période agréable à la différence de celle de mars à juin qui affiche généralement un thermomètre de 40 à 45 °C à l'ombre. Au sortir de l'avion, trois agents de sécurité contrôlent tour à tour les documents de voyage des passagers. Nous sommes ensuite transportés par un bus, agrémenté de panneaux publicitaires de la société de téléphonie mobile Airtel, qui nous conduit devant la salle d'Arrivée de l'aéroport international Hassan Djamous. À la descente, tous se précipitent pour se mettre en rang devant le guichet de contrôle des agents de la police des frontières. Avant que je ne remette mon passeport, un agent me tend une fiche d'identification imprimée, de la couleur de cette entreprise de téléphonie mobile où il faut renseigner les informations suivantes : nom, prénom, numéro du passeport, objet du voyage, lieu de provenance, numéro de téléphone et signature du voyageur. Après avoir rempli cette fiche, je la remets à un autre agent de police qui contrôle minutieusement la conformité de mes déclarations avec les informations du passeport. Ensuite, il prend les empreintes de mes cinq doigts, me photographie et tamponne mon passeport. Quand je sors

---

[1]. Adiaffi Jean Marie, *La carte d'identité*, Paris, Hatier international, 2002, p. 28.

pour prendre ma valise, un autre agent, posté devant la porte récupère mon passeport pour une dernière vérification avant que je n'entre dans le hall où sont entreposés les bagages. Ainsi, je suis identifié et les informations recueillies sont conservées dans la base de données des voyageurs.

Je me rappelle aussi un retour d'une virée en moto, moyen de transport le plus utilisé au Tchad et principalement à N'Djamena, après une soirée passée avec un ami, le 24 novembre, dans le quartier animé de Moursal – vieux quartier, connu pour ses dignitaires issus pour la plupart des régions du Sud, devenu un quartier dynamique avec restaurants et bars.

Arrivés vers 22 heures, au carrefour du pont à double voie dans le quartier Habena, nous apercevons des militaires armés. Ils nous interceptent et nous demandent nos documents d'identité que mon ami et moi-même avons oubliés...

Mais après quelques minutes d'interrogatoire, nous sommes autorisés à repartir, grâce à l'ami de mon ami, un jeune militaire de la DGSSIE (Direction Générale des Services de Sécurité des Institutions de l'État), qui faisait partie des soldats qui nous ont contrôlés cette nuit-là. Sans cette relation d'amitié, nous serions restés bloqués comme bien d'autres personnes présentes au cours de ce contrôle.

C'est mon ami qui m'expliquera les raisons de ce contrôle inopiné. Depuis l'attentat « terroriste » lancé par le groupe Boko Haram dans la ville de N'Djamena, les fouilles et contrôles sont systématiques dans certains quartiers et espaces de la ville.

Notre expérience ce soir-là montre cependant que ces contrôles peuvent faire l'objet de négociations et que ceux qui ont les bons réseaux peuvent les déjouer.

Ces multiples expériences, dans la région, conduisent à interroger le rôle des papiers d'identité dans la vie quotidienne au Tchad. Qu'il s'agisse des informations fournies aux agents de la police des frontières ou du contrôle de la carte nationale d'identité dans la capitale, l'identification des personnes est devenue une pratique importante de la vie sociale.

Identifier les individus est une préoccupation de toutes les sociétés,[2] qu'il s'agisse des sociétés à tradition orale ou des sociétés à tradition écrite.[3] Elle apparaît, selon Gérard Noiriel, comme l'une des modalités fondamentales du lien social.[4] Pour Roger Brubaker, les individus ne peuvent pas nouer de rapports entre eux s'ils ne se distinguent pas les uns des autres.[5]

Cet ouvrage se propose d'étudier les politiques et les pratiques d'identification des individus à N'Djamena et Goré. Elle interroge les procédures, les circulations et les modalités d'appropriation, à la fois administratives, politiques et culturelles, de l'identification des individus dans les services de l'identité civile de N'Djamena. L'identification y sera donc abordée non pas dans sa définition philosophique, mais à travers le mécanisme bureaucratique de « mise en papier », c'est-à-dire à partir d'un dispositif public d'identification. Nous formulons l'hypothèse que l'identification des individus, par la carte d'identité et l'état civil, est le résultat d'une articulation des logiques d'État, des politiques des organisations internationales et des entreprises privées. Il faudra alors interroger aussi bien l'histoire des politiques et des pratiques administratives d'identification des individus, les méthodes et les techniques de mise en papiers dans les services de l'identité civile ainsi que le rôle de l'État tchadien, à travers le processus d'encartement des citoyens, et celui des organisations internationales dans la politique d'identification.

Nous nous intéressons également aux agents en charge de l'identification des individus et aux significations qu'ils donnent aux pièces d'identité. Qui sont ces agents ? Comment travaillent-ils ? Quels sont les enjeux en termes de rapport de genre, de niveau d'éducation, de classe sociale et de milieu rural/urbain ? Quelles sont les significations que les citoyens donnent à la carte d'identité ?

---

[2]. Noiriel Gérard, *L'identification. Genèse d'un travail d'État*, Paris, Belin, p. 4.

[3]. Goody Jack, *La raison graphique*, Paris, Minuit, 1979, p. 32.

[4]. Noiriel Gérard, op. cit., p. 5.

[5]. Brubaker Roger, « Identité », In : Frederick Cooper, *Le colonialisme en question. Théorie, connaissance, histoire,* Paris, Payot, 2010, p. 81. Traduit par Christian Jeanmougin.

Ces interrogations nous permettent d'orienter cette recherche autour de deux objectifs : le premier consiste à étudier les politiques d'identification des individus à partir de l'appareil bureaucratique de l'État. Il est question d'analyser ces politiques de papiers d'identité, à travers les logiques et les rouages de l'administration publique chargée de la mise en papier, et d'étudier les principaux registres de justification de ces politiques : la citoyenneté et la sécurité. Le deuxième objectif analyse les pratiques, les modes d'appropriation et les significations que les citoyens donnent à la carte d'identité. Cette piste de réflexion nous permettra d'étudier la « vie sociale des papiers d'identité »[6] et le rôle qu'ils jouent dans la vie quotidienne des individus.

Enquêter sur les processus bureaucratiques d'identification des individus, les politiques, les circuits administratifs et les usages sociaux permet de saisir « l'État au concret ».[7] De manière générale, cette recherche se situe dans le champ de la sociologie de l'État et vise à étudier les relations bureaucratiques[8] et les modes de gouvernement.[9] Les dispositifs d'identification sont analysés ici comme des instruments de gouvernement.[10] L'étude des mécanismes d'identification nous permet de saisir les modes de domination symbolique et concrète de l'État.[11] Il s'agit d'appréhender les modalités de l'exercice du pouvoir à travers le dispositif public de mise en papier des identités et dans

---

[6]. Projet ANR, Etudier la vie sociale et politique des papiers d'identité en Afrique (PIAF), dirigé par Richard Banégas et Séverine Awenengo Dalberto.

[7]. Padioleau Jean-Gustave, *L'État au concret*, PUF, 1982 ; Jobert Bruno et Muller Pierre, *L'État en action. Politiques et corporatismes*, Paris, Presses universitaires de France, 1987.

[8]. Bierschenk Thomas et Olivier de Sardan Jean-Pierre, (dir.), *State at work. Dynamics of African bureaucracies*, Brill, 2014.

[9]. Foucault Michel, *La sécurité, territoire, population, cours au collège de France*, 1978-1979, Paris, Gallimard-Seuil, 2004, 448 p. ; Hibou Béatrice, *La force de l'obéissance. Économie politique de la répression en Tunisie*, Paris, La Découverte, 2006, 365 p. ; Hibou Béatrice, *L'anatomie de la domination*, Paris, La Découverte, 2011, 298 p

[10]. Lascoumes Pierre et Le Galès Patrick, (dir.), *Gouverner les instruments*, Paris, Presses de Science po, 2004, 370 p.

[11] King Desmond et Le Gales Patrick, « Sociologie de l'État en recomposition », *Revue française de sociologie*, vol, 5, 2011/3, pp. 453-480.

quelle mesure l'identification des individus est une institution « disciplinaire ».[12]

Dans cette introduction, nous proposons, dans un premier temps, de clarifier les notions d'identité et d'identification. Puis nous les articulerons à celles des modes de gouvernement à travers les dispositifs d'identification des individus au Tchad, dans un deuxième temps. La troisième partie de cette introduction étudie les papiers d'identité à l'intersection des logiques locales et globales. Il est question de saisir l'intervention des organisations internationales dans les politiques de l'identification des individus[13]. L'interventionnisme international renvoie ici au rôle que jouent les entreprises privées et les organisations internationales dans la promotion et la diffusion des technologies d'identification biométrique. Nous essaierons de comprendre le rôle que jouent les organisations internationales, à l'exemple de l'Union européenne, du Fonds des Nations Unies pour l'Enfance, du Haut-Commissariat des Nations Unies pour les Réfugiés dans la politique de papierisation des identités au Tchad.

Le quatrième point est axé sur la présentation de la méthodologie et des difficultés rencontrées lors de la collecte des données. Le cinquième point essaie de questionner les études sur le Tchad à partir des politiques et pratiques des papiers d'identité. Nous finirons cette introduction par l'annonce du plan de l'ouvrage.

I. Identité, identification et nation

1.1. Identité : une notion polysémique

Définie par sa permanence et son aspect processuel, l'identité, selon Rogers Brubaker, est une « catégorie de pratique » et une

---

[12]. Foucault Michel, *Surveiller et punir*, Paris, Gallimard, 1975, p. 201.

[13]. Breckenridge Keith, *Biometric State. The global politics of Identification and Surveillance in the South Africa, 1850 the present*, Cambridge University Press, 2014, 266 p. Ceyhan Ayse, «Technologie et sécurité. Une gouvernance. Une gouvernance libérale dans un contexte d'incertitudes », *Cultures et Conflits*, (en ligne) hiver 2006, 21 p. David Lyon, *Identification citizens : ID cards as surveillance*, Malden, M. A and Cambridge, Policy press, 2009, 192 p.

« catégorie d'analyse ».[14] Qu'il s'agisse de la catégorie de pratiques qui relève de ce que Jean-François Harvard appelle les « entrepreneurs de la mémoire collective »,[15] de l'identité ou de la catégorie d'analyse faisant appel aux savoirs scientifiques, l'identité est une notion qui suscite des interrogations.

Dans les sociétés occidentales, elle est vue comme un support de la « nation » qui conditionnerait le processus de formation des États-nations.[16] En Afrique, le débat se pose souvent sous l'angle de l'ethnicité, même si aujourd'hui la question est abordée de moins en moins dans des termes essentialistes. Certains travaux, devenus classiques comme ceux de Jean-Loup Amselle[17] ou de Jean-Pierre Chrétien,[18] résument bien ces débats en essayant de déconstruire l'image des ethnicités figées associées au continent africain. Jean-François Bayart, dans son ouvrage sur l'« illusion identitaire » essaie de porter des critiques sur ces définitions de l'identité qu'il qualifie de réductrices.[19] L'étude de l'identité s'apparente à un jeu d'échelle[20] qui va du macroscopique au niveau microscopique : depuis l'État comme première instance d'assignation identitaire à un processus par lequel l'individu s'identifie aux autres. Dans ce travail, nous étudierons l'identité en reprenant ce jeu d'échelles du global au local.

---

[14]. Brubaker Roger " "Identité ", In Frederick Cooper, *Le colonialisme en question. Théorie, connaissances, histoire*, Paris, Fayot, 2005.

[15]. Havard Jean-François, « Historicité(s), mémoire(s), collective(s) et constructions des identités nationales dans l'Afrique subsaharienne postcoloniale », *cités*, 2007/1, n° 29, p. 71-79.

[16]. Rambour Muriel, « Les mutations de l'État-nation en Europe. Réflexions sur les concepts de multi-nation et de patriotisme constitutionnel », *Pôle Sud*, n° 14, 2001, pp. 17-27.

[17]. Amselle Jean-Loup et Elikia M'Bokolo, *Au cœur de l'ethnie : Ethnies, tribalisme et État en Afrique*, Paris, La Découverte, 1985.

[18]. Chrétien Jean-Pierre et Gérard Prunier, (dir.), *Les Ethnies ont une histoire*, Paris, Karthala, Paris, 2003.

[19]. Bayart Jean-François, *Illusion identitaire*, Paris, Hachette plurielle référence, Edition poche, 2018, 320 p.

[20]. Haegel Florence et Lavabre Marie-Claire, « Trajectoires individuelles dans le monde qui disparaissent », In : Martin Denis-Constant, (dir.), *L'identité en jeux. Op. cit.* p. 225-265.

Il est important de clarifier cette notion par la distinction de ces deux expressions : « s'identifier à » qui renvoie à une intériorisation des normes sociales en relation avec soi et les autres et « être identifié par » qui renvoie à un mécanisme d'assignation, au fait d'affecter quelque chose à quelqu'un, c'est-à-dire à déterminer, fixer ou catégoriser par des nominations qui relèvent du pouvoir de l'État. Gérard Noiriel[21] montre comment la question de l'identité et de l'identification a fait débat dans le milieu scientifique, dans les années 1950 et 1960. Le premier à traiter cette question, selon lui, est Claude Lévi-Strauss, à partir de sa théorie structuraliste. Sa définition de l'identité, en lien avec la notion de parenté, lui a valu des critiques d'auteurs comme Jacques Derrida, Gilles Deleuze et Michel Foucault. Jack Goody va emboîter le pas de cette critique de l'approche structuraliste de l'identité en mettant en exergue la question de l'écriture dans le processus d'identification des individus.[22]

L'apport important de l'analyse de l'identification va venir des historiens qui, sous l'influence de Michel Foucault, vont aussi critiquer les approches de la démographie historique, en reliant le processus d'identification à un enjeu de pouvoir.[23] Pour Gérard Noiriel, identifier une personne, c'est la reconnaître comme un individu unique, un être autonome avec lequel il est possible d'entrer en relation. L'identification crée le lien social entre les individus. Pour lui, l'histoire de l'humanité pouvait être envisagée comme un processus d'extension des chaînes d'interdépendances[24] reliant les individus entre eux. Cette chaîne d'interdépendance va produire deux modes d'identification selon l'évolution des sociétés : la technique du face à face est pratiquée dans les sociétés dites traditionnelles où l'interconnaissance reste très

---

[21]. Noiriel Gérard, *L'identification, op. cit.* p. 12.

[22]. Goody Jack, *Logiques de l'Ecriture. Aux origines des sociétés humaines*, Armand Colin, 1986, p. 53

[23]. Denis Vincent, *Une histoire de l'identité. France, 1715-1815*, Champ Valon, 2008, p. 465. Jane Caplan, Torpey John, (dir.) *Documenting Individual Identity, The developpement of State practices in the modern world,* Princeton University Press, 200, p. 415. Keith Breckenridge and Szreter Simon, (dir.) *Registration and recognition. Documenting the person in world history*, Oxford University Press, 2012, p. 532.

[24]. Elias Norbert, *La société des individus*, Paris, Fayard, (trad.) 1991.

importante,[25] alors que la création de la monnaie et l'invention de l'écriture vont conduire les gens à la mobilité, d'où apparaîtront les techniques d'identification à distance. En étudiant la mise en place de l'état civil républicain en France, Noiriel développe l'idée selon laquelle l'instauration du système d'état civil a été faite avec une grande discrimination envers certaines communautés telles que les juifs et les protestants. Pour lui, la conformité des registres par rapport à la loi de 1792 n'était pas respectée, des erreurs relevant de l'incompétence des agents et des « arrangements » découlant de l'authenticité des dates étaient remarqués sur certains actes.

À cela s'ajoute le fait que les maires des zones rurales étaient analphabètes et préféraient vaquer aux travaux champêtres, plutôt que de remplir les registres. On retire l'enregistrement des mains du pouvoir religieux pour le confier au pouvoir civil et on procède à l'uniformisation de l'identification qui devient ainsi une formalité purement administrative, gérée par une bureaucratie. Cette démonstration de Gérard Noiriel ressemble bien au développement des modes d'identification dans les sociétés tchadiennes : avant la colonisation, en 1900, chaque groupe social disposait de son propre mode d'identification sous la forme de signes conventionnellement définis par le groupe.

La cicatrice constitue l'une des techniques les plus répandues : on la retrouve chez les Sara, les Ngambaye, les Gabris, les Mboulala, les Kanembu et tout un ensemble de communautés, du Sud jusqu'au Nord du Tchad. D'autres modes d'identification sont liés à la langue, à la religion, à la profession (les chasseurs, les pêcheurs, les agriculteurs, etc.), à la religion ou au village de naissance. Sur cette base, l'individu est toujours lié à une communauté, même en dehors de sa région. Ici, l'identité tchadienne[26] se réfère à un « terroir ».[27] Comme le souligne

---

[25]. Moatti Claudia, cité par Gérard Noiriel, *op. cit.*, p. 9-10.

[26]. Tubiana Joseph, Arditi Claude et Pairault Claude, (dir.), *L'identité tchadienne. L'héritage des peuples et les apports extérieurs,* Paris, L'Harmattan, 1994, 407 p. Roné Beyem, *Tchad : l'ambivalence culturelle et l'intégration nationale,* Paris Montréal, L'Harmattan, « Etudes africaines », 2000.

[27]. Olivier de Sardan Jean-Pierre, « Développement, modes de gouvernance et normes pratiques (une approche socio-anthropologique) », *Revue canadienne d'études du développement,* n° 1-2, 2010, p. 5-20.

Jean-Pierre Olivier de Sardan, l'appartenance est ici « territorialisée » ou « territorialisable ».[28] Le fait d'obtenir une carte d'identité nationale est une façon d'élire domicile sur un territoire donné, notamment pour ceux qui vivent à la frontière. Le sentiment d'appartenir à un village, à une famille ou une localité fait partie des priorités pour ceux qui habitent les zones frontalières, comme c'est le cas pour la commune de Goré sur lequel nous reviendrons plus loin. Mais pour d'autres, détenir un papier d'identité tchadien constitue un obstacle pour l'accès à l'aide humanitaire.[29]

1.2. Identification ou « papierisation » des identités

La question de savoir « qui est qui ? » a progressivement donné lieu, au cours de l'histoire, au développement de diverses pratiques d'identification dans toutes les sociétés[30]. Qu'il s'agisse de modes d'identification basés sur le collectif ou sur l'individu, chaque société, en fonction de ses normes sociales, a développé des techniques qui permettent de définir les mécanismes par lesquels elles identifient ses membres. Établir une carte d'identité constitue un ensemble de pratiques qui correspondent à un changement de comportement pour des sociétés de tradition orale comme celles du Tchad. La notion d'identification renvoie à la construction sociale de l'identité par rapport à un référentiel ou à un dispositif public. L'identification, dans le cadre de notre travail, est définie comme un processus de mise en papier des identités, c'est-à-dire l'enregistrement des faits d'état civil : nom, prénom, lieu de naissance, âge, nom du père, de la mère, photo d'identité, les empreintes digitales, sur un support matériel ou numérique.

Qu'il s'agisse de l'extrait d'acte de naissance, de la carte d'identité, du passeport, du livret de famille, de la carte d'identité scolaire ou de la carte professionnelle, les « pièces d'identité » sont nos compagnons quotidiens qui parfois nous permettent d'accéder à des services et des droits et, parfois, occasionnent (ou induisent) des discriminations.

---

[28]. *Ibid*, p. 38.
[29]. Carnet de terrain, Goré, 2016.
[30]. Noiriel Gérard, *op. cit*, p. 4.

La question des papiers d'identité est un champ d'études déjà riche pour ce qui est des pays occidentaux. Les premiers travaux sont ceux des historiens de l'Europe : Gérard Noiriel,[31] Vincent Denis,[32] Jan Capplan,[33] Pierre Piazza[34] et bien d'autres chercheurs. En Amérique du Nord, on note les travaux de John Torpey[35] et ceux de David Lyon.[36] En analysant le contexte de la création du passeport en Europe, John Torpey montre que son instauration constitue un mécanisme par lequel l'État marque une distinction entre les nationaux et les étrangers. Pour lui, les limites entre les individus qui relèvent « de la catégorie juridique de la nationalité ne peuvent être maintenues qu'à l'aide de documents indiquant la nationalité de la personne, car il n'existe strictement aucune autre manière d'identifier une personne ».[37]

Nous constatons aujourd'hui que de plus en plus d'articles et d'ouvrages sont publiés par des chercheurs issus des différentes disciplines des sciences sociales. La question des papiers d'identité et de la biométrie en Afrique a fait l'objet de travaux récents[38]. Le programme, « vie sociale des papiers d'identité en Afrique »,[39] que dirigent Richard Banégas et Séverine Awenengo Dalberto, constitue un

---

[31]. Noiriel Gérard, *État, nation et immigration. Vers une histoire du pouvoir*, Paris, Belin, 2001. Noiriel Gérard, *Réfugiés et sans papiers : la République face au droit d'asile*, Paris, Fayard/pluriel, 2012.

[32]. Denis Vincent, *Une histoire de l'identité, 1715-1815*, Paris, Editions Champs Valon, 2008, 462 p. Ilsen About et Denis Vincent, *Histoire de l'identification des personnes*, Paris, La Découverte, 2010, 128 p.

[33]. Caplan Jan and Torpey John, (dir.), *Documenting individual identity. The developping of state pratices in the modern world*, Princeton university press, 2001, 392 p.

[34]. Piazza Pierre, *Histoire de la carte nationale d'identité*, Paris, Odile Jacob, 2004.

[35]. Torpey John, *L'invention du passeport*, Paris, Belin, 2005,

[36]. Lyon David, *Identification citizens: ID cards as surveillance*, Malden, M. A and Cambridge, Polity press, 2009, 192 p.

[37]. Torpey John, *op. cit.*

[38]. OMGBA MIMBOE Gaëtan, *La politique d'identification des personnes au Cameroun*, Thèse de Doctorat/Ph.D, Science politique, Université de Yaoundé II-Soa, décembre 2015.

[39]. https://piaf.hypotheses.org/.

cadre important qui rassemble plusieurs chercheurs en sciences sociales sur le sujet. C'est l'un des premiers programmes de recherche sur la question de l'identification des individus en Afrique, du moins dans l'espace francophone, mis à part les travaux de Keith Breckenridge en Afrique du Sud.[40] Le programme a sorti deux numéros spéciaux, consacrés aux questions des papiers d'identité dans les revues, l'un dans la revue *Genèse* en 2018,[41] et l'autre dans la revue *Politique Africaine*, en 2018 également.[42] Un projet de publication d'un ouvrage collectif en anglais est en cours.

Dans une perspective comparative, Keith Brekenridge et Simon Szreter analysent l'identification dans une histoire longue et à travers les différents espaces nationaux et impériaux.[43] Pour ces auteurs, l'identification des individus est souvent vue comme un instrument de contrainte à la disposition des nouveaux États en Europe ; mais ils essaient de relativiser cette conception pour affirmer que l'identification des individus participe aussi à la définition de la politique des droits et du bien-être. Les Empires et les États qui ont mis en place ces dispositifs se sont d'abord préoccupés des questions sociales et non uniquement du contrôle comme on peut le lire dans certains travaux sur l'Europe. En décrivant l'évolution du système d'état civil des Sud-Africains noirs, surtout dans les milieux ruraux, à partir de la première moitié du XXe siècle, Keith Breckenridge montre que l'Afrique du Sud a été un laboratoire de l'identification biométrique sur le continent. Il montre que, contrairement aux autres États africains, l'État sud-africain de cette période avait des capacités administratives qui lui auraient permis d'identifier les individus et de connaître la population.[44] Ces critiques semblent portées à l'encontre des travaux

---

[40]. Breckenridge Keith et Szreter Simon, (dir.), *Registration and recognition. Documenting the person in the world*, Oxford, Oxford University Press, 2012, 552 p.

[41]. Awenengo Dalberto Séverine et Richard Banegas, « Citoyenneté de papier. Des écritures bureaucratiques de soi en Afrique », *Genèses* 2018/3, n° 112, pp. 3-11.

[42]. Awenengo Dalberto Séverine, Banegas Richard et Cutolo Armando, « Biométriser les identités ? État documentaire et citoyenneté au tournant biométrique », *Politique africaine*, vol. 4, n° 152, 2018, pp. 5-29.

[43]. Keith Breckenridge et Szreter Simon, (dir.) *Op cit.* 2012, p. 32.

[44]. Breckenridge Keith, «No will to know: The rise and fall of African Civil Registration in twentieth-century South Africa», *British Academy*, 2012.

de certains auteurs comme Michel Foucault, qui ont mis l'accent sur le pouvoir lié à l'étatisation de la société. Aujourd'hui avec l'avènement de l'« État biométrique »,[45] nous ne pouvons pas nier le rôle que les dispositifs d'identification jouent en tant qu'instruments d'exercice du pouvoir. Le pouvoir de contrôle dont disposent les États via les technologies d'identification est aussi guidé par les politiques sociales.

Notre travail s'inspire de la recherche de Pierre Piazza qui a étudié les conditions d'émergence de la carte nationale d'identité en France et a mis en lumière les mécanismes par lesquels cette carte a pu devenir un instrument de l'État. Il ambitionne de comprendre comment cet instrument participe à l'avènement et à la consolidation de certaines réalités individuelle, sociale et nationale.[46] Il reconstitue la genèse de la carte nationale d'identité par l'analyse du rôle de l'État, notamment le rôle joué par la police dans l'institutionnalisation de ce document depuis la troisième République jusqu'à l'époque contemporaine. La carte d'identité, comme produit matériel, est un processus bureaucratique lié à un ensemble de pratiques et de politiques. Nous pensons, grâce à cette analyse faite par Pierre Piazza, qu'il est important de considérer la carte d'identité tchadienne comme un instrument à partir duquel nous pouvons saisir d'autres réalités sociales sous-jacentes dans le processus de sa production et de ses usages au quotidien. Piazza explique, dans son ouvrage, que la carte d'identité nationale constitue un long processus de matérialisation de l'identité dans lequel s'est engagé l'État, plus particulièrement, l'institution policière. Ce cas nous permet d'avoir une lecture comparative du processus d'institutionnalisation de la carte d'identité nationale tchadienne, à partir du dispositif colonial jusqu'aujourd'hui. Bien que le contexte tchadien ne soit pas identique à celui de la France, comprendre la genèse de la carte d'identité nationale française permet de situer le cas tchadien en rapport avec celui de la France. Pour Piazza, la carte nationale d'identité est un moyen par lequel l'État aurait renforcé sa puissance nationale. Nous poserons cette question à partir de notre terrain.

---

[45]. Breckenridge Keith, *Biometric state. The global politics of identification and surveillance in South Africa. 1850 in the present*, Cambridge, Cambridge University Press, 2014.

[46]. Piazza Pierre, *Op cit.* 2004, 94 p.

1.3. La construction de la nation

S'interroger sur l'identification permet de saisir la question de l'appartenance à la communauté nationale. Sur ce sujet, certains auteurs mentionnent le rôle que joue le dispositif public d'identification dans la construction et l'affermissement de la conscience nationale. Pour Noiriel, l'identification est un mécanisme qui définit le resserrement de la citoyenneté.[47] Il indique que la formation des États-Nation en Europe, à l'exemple de la France, est liée au processus d'accaparement des territoires nationaux, à l'image de celle des États-Nation. À partir de ce processus d'accaparement, l'individu se trouve défini en fonction d'un territoire national qui devient un support de la « nation ».

C'est sur cette base que l'auteur réfute l'idée selon laquelle la nation serait une « communauté politique imaginée »,[48] « une représentation collective »[49] ou une « identité spirituelle ».[50] Pour lui, parler de la nation ou de la nationalité conduit à regarder dans le passé les dynamiques politiques et sociales ayant conduit à l'appropriation de ces mots car ils sont le produit des luttes sociales. Pour Pierre Piazza, le principe de l'État social se substitue peu à peu à l'État libéral qui va se transformer en mot « nation ».[51]

Désormais, ce terme ne désigne plus seulement une entité abstraite, un principe spirituel, mais une communauté sociale regroupant des individus qui appartiennent à un même État. L'État va concrétiser cette appartenance à la communauté par l'introduction de la carte d'identité nationale. À partir de cette idée, pouvons-nous affirmer que la carte d'identité nationale joue un rôle dans l'affermissement de l'« État-Nation » tchadien ? Il nous faudra cependant prendre en compte ce qui est spécifique à l'histoire du pays : la colonisation et le legs colonial.

---

[47]. Noiriel Gérard, op. cit., p. 243.

[48]. Anderson Benedict, *op. cit*, p. 142.

[49]. Nora Pierre, *Lieux de mémoire*, Paris, Gallimard, vol. 3, Nation, 1986.

[50]. Kaschuba Wolfgang, « L'identité comme différence. L'allemand comme le non français chez Herder, John et Arendt », *Revue Germanique internationale*, 2004/N° 21, P. 193.

[51]. Piazza Pierre, *op. cit*, p. 57.

Produit des dynamiques locales et coloniales, l'État tchadien est construit à partir de territoires épars, (royaume du Kanem, Royaume du Ouaddaï, Royaume de Baguirmi, les régions du sud sous domination des chefs des clans,…)[52] qui ont été réunis en un seul ensemble appelé « Tchad », en 1900. La création de l'administration coloniale, au lendemain du combat de 1900, constitue un des premiers symboles de la conquête française au Tchad qui durera jusqu'à la Première guerre mondiale. Cette administration s'implanta progressivement dans des grandes localités comme Fort-Lamy, Fort-Archambault, Moundou, Abéché et Faya-Largeau… Mais après la Seconde guerre mondiale, sous l'influence des mouvements nationalistes, à l'échelle panafricaine, au nom de la nouvelle « nation » africaine, certaines élites ont réclamé les indépendances.[53]

C'est le cas des leaders de la branche du Parti progressiste tchadien/Rassemblement démocratique africain (PPT/RDA), au Tchad, à l'instar de François Tombalbaye et Gabriel Lisette. L'indépendance obtenue en 1960 permet au nouvel État ou à la nouvelle « nation » tchadienne d'hériter de la bureaucratie coloniale. L'identification est un processus qui rapproche l'individu de sa communauté nationale, mais il faut relever que ce dispositif constitue un mécanisme par lequel l'État réaffirme son contrôle sur ses populations. Il s'agit ici d'appréhender l'État et les modalités de l'exercice de son pouvoir à travers ce dispositif d'identification des individus au Tchad.

II. L'État et ses modes de gouvernement

II.1. Les papiers d'identité comme instrument de gestion de la population

En étudiant les politiques et les pratiques des papiers d'identité, nous voulons saisir les modes de gouvernement de l'État au quotidien.[54] Pour Michel Foucault, la gouvernementalité, « est l'ensemble constitué par les institutions, les procédures, analyses et

---

[52]. Gali Ngoté Gatta, *Tchad : Guerre civile et la désintégration de l'État*, Paris, Présence Africaine, 2001, p. 16.
[53]. Lanne Bernard, *Ibid*, p. 20.
[54]. Hibou Beatrice, *Anatomie de la domination*, Paris, La Découverte, 2011.

réflexions, les calculs et les tactiques qui permettent d'exercer cette forme bien spécifique, quoique très complexe de pouvoir qui a pour cible principale la population, pour forme majeure de savoir de l'économie politique, pour instrument essentiel les dispositifs de sécurité ».[55] Nous étudions ici les dispositifs d'identification au Tchad comme des « technologies du pouvoir ».[56]

Le rapport entre l'État et ses citoyens, en Afrique, a fait l'objet de plusieurs travaux de recherche en science politique. Des auteurs comme Jean-François Bayart et Jean-François Médard ont mis en lumière l'enchâssement des pratiques endogènes et exogènes dans la définition du politique.[57]

Il s'agit de comprendre les différentes modalités de l'exercice du pouvoir qui engagent aussi bien des logiques d'extraversion[58] que des pratiques locales. Pour saisir cette technique de gouvernement, nous appréhendons la politique d'identification des individus au Tchad comme un instrument d'action publique saisi par la matrice d'acteurs.[59] L'action publique est un « ensemble de relations, de

---

[55]. Foucault Michel, *Sécurité, territoire et population*, Paris, Seuil, 2004, p. 111. Voir aussi Pascale Laborier. « La gouvernementalité », dans Bert J. F. & Lamy J. *Michel Foucault. Un héritage critique*, Éditions du CNRS, 2014, pp. 169-181, 2014. Pierre Lascoumes, « La gouvernementalité : de la critique de l'État aux technologies de pouvoir », *Le Portique* (en ligne), n° 13-14, 2004.

[56]. Foucault Michel, cité par Béatrice Hibou, *op. cit.* p. 112.

[57]. Bayart Jean-François, *L'État en Afrique. La politique du ventre*, Paris, Fayard, 2eme Edition 2006, Jean-François Médard, « L'État et le politique en Afrique », *Revue française de science politique*, n° 4-5, 2000, pp. 849-854. On pense aussi aux travaux développés par les chercheurs du Laboratoire des études et de recherche sur les Dynamiques sociale et le Développement Local au Niger. Ces travaux permettent de saisir les différentes imbrications qui définissent le fonctionnement des administrations publiques en Afrique.

[58]. Bayart Jean-François, « L'Afrique dans le monde. Histoire d'extraversion », *Critique internationale*, vol 5, 1999. pp. 97-120.

[59]. Eboko, Fred, *Repenser l'action publique en Afrique. Du sida à l'analyse de la globalisation des politiques publiques*, Paris, Karthala, 2015, « Vers une matrice d'action publique en Afrique ? Approche trans-sectorielle de l'action publique en Afrique contemporaine », Paris, Science Po, *Questions de recherche* n° 45, 2015, p. 40.

pratiques et de représentations qui concourent à la production de modes politiquement légitimés, de régulation de rapports sociaux ».[60]

L'instrumentation de l'action publique, selon la définition de Patrick Le Galès et Pierre Lascoumes, est l'ensemble des problèmes posés par le choix et l'usage des outils (des techniques, des moyens d'opérer, des dispositifs) qui permettent de matérialiser et d'opérationnaliser l'action gouvernementale.[61] Elle constitue un dispositif, à la fois technique et social, qui organise des rapports sociaux spécifiques entre la puissance publique et ses destinataires en fonction des représentations et des significations. C'est une approche qui incite à saisir les politiques d'État dans leur matérialité.

Aborder l'identification comme un dispositif,[62] c'est reconnaître qu'elle est d'abord et avant tout un opérateur matériel et administratif à visée symbolique.[63] Cet opérateur matériel consiste en un ensemble d'objets, de techniques, de procédures de mise en œuvre, d'usages et d'environnements aménagés.

Dans le cas qui nous intéresse, ces objets sont des procédures de production de cartes d'identité dans les différents centres d'identification. Il s'agit d'envisager, à la fois les raisons qui poussent à retenir la technique et les effets de cette technique. Comprendre l'instrumentation est une façon de saisir les transformations de l'État en envisageant l'étude des pratiques et des recompositions de l'action publique d'identification des individus au Tchad.

Elle nous permet de réinterroger la construction et l'appropriation des logiques d'authentification des identités au Tchad. Le rapport entre administrations publique et privée dans la mise en place d'instruments d'action publique est important. L'État oriente ses politiques publiques plutôt que de les conduire, ce que Lester M.

---

[60]. Vincent Dubois, cité in Cohen Antonin, Lacroix Bernard et Riutort Philippe, (dir.), *Nouveau manuel de science politique*, Paris, la Découverte, 2015.

[61]. Lascoumes Pierre et Le Galès Patrick, *Gouverner par les instruments,* Paris, Sciences po Presse, 2004, p. 12.

[62]. Foucault Michel, *Sécurité, territoire et population*, Paris, Seuil, 2004, p. 110-125.

[63]. *Ibid.* p. 112.

Salamon appelle « *steering* » et « *rowing* ».[64] Concrètement, cela renvoie à la question de la marge de manœuvre de l'État tchadien quand il négocie avec les entreprises privées pour la confection des cartes.

Le lien entre l'identification et le pouvoir disciplinaire de l'État, que nous comptons saisir dans ce travail, fait écho à cette procédure d'institutionnalisation du pouvoir de contrôle de l'État prussien que Pascale Laborier décrit dans ses travaux sur les sciences camérales. Elle note que la politique du bien-être des citoyens prend son socle dans le développement des « sciences camérales »[65] dans les administrations et au service du pouvoir absolutiste. Cela fait apparaître une science de la police, de la caméralistique et de l'économie visant la formation d'un nouveau corps des agents de l'État[66] à travers la naissance de techniques administratives. On conçoit l'identification comme un ensemble de mécanismes et d'actes de pouvoir qui utilisent des instruments pour rendre visible, enregistrer, reconnaître, exclure, comparer, saisir les corps dans les détails de leurs marques et de leurs mesures.[67]

La visibilité ou la mise en visibilité en est donc une propriété essentielle. Pour l'État, identifier c'est voir un corps dans ses détails,[68] voir une vie dans son mouvement, voir un visage, par la médiation matérielle de la pièce d'identité ou des traces laissées par l'identification dans les instruments d'enregistrement. C'est aussi sur cette idée que Martine Kaluszynski a étudié l'anthropométrie judiciaire d'Alphonse Bertillon. Pour elle, poser la question de l'identification des individus permet de saisir l'État à partir de son rôle quotidien d'étatisation des identités. Le dispositif d'identification des nomades,

---

[64]. Salamon Lester M., *The tools of government. A guide of the new governance*, Oxford, Oxford Universty Press, 2002.

[65]. Laborier Pascale, Audren Frédéric et al, *Sciences camérales : activités pratiques et histoire des dispositifs publics*, Paris, Presse Universitaire de France, 2011, p. 15.

[66]. Laborier Pascale, « La "bonne police". Sciences camérales et pouvoir absolutiste dans les États allemands ». *Politix,* Vol, 12, n° 48, 1999.

[67]. Salter Mark, "Passeports, mobility, and security: How smart can be border be? "*International studies perspectives,* n ° 5, 2004/1.

[68]. Hugues Peeters, Philippe Charlie, « Contribution à la théorie du dispositif *», Hermès*, n ° 25, 1999.

notamment les Tsiganes, mis en place par l'État, par la loi de 1912, en France, constitue un mécanisme de contrôle et de surveillance de ce peuple.

Le pouvoir technique et professionnel est bien présent dans le processus d'enregistrement et de déclaration des traits biologiques sur un papier d'identité et qui permet de rendre fiable et crédible l'unicité de l'identité d'une personne à travers l'usage des données du corps et du statut social. La réflexion sur le concept d'instrument d'action publique et sur sa dimension technique ne porte pas seulement sur la redéfinition du rapport aux objets techniques, celle qu'on désigne communément sous le terme de « rationalité instrumentale ».[69] On se trouve dans une logique de moyens mis en œuvre afin d'aboutir à une fin. Mentionner son nom, prénom, âge, profession, sur un document d'identité constitue un système d'information qui produit essentiellement des données juridiques, administratives et statistiques. Cette déclaration sert d'abord à l'État et à ses politiques sécuritaires.

Le dispositif d'identification des individus constitue ce que Pierre Bourdieu appelle la « main droite » de l'État.[70] C'est une politique régalienne car elle constitue une manifestation concrète de l'État à travers son pouvoir bureaucratique. Le besoin que l'État crée, à travers l'usage de la carte d'identité, soumet la population à sa demande, c'est-à-dire que celle-ci vienne au service de l'identification. Cette demande va de pair avec d'autres modalités de l'exercice du pouvoir. Celles-ci peuvent être parfois coercitives tout en participant également à la recherche de normalité et aux processus de légitimation.[71] En outre, les dispositifs qui répondent aux demandes de justice, d'ordre, de stabilité et d'amélioration de la vie quotidienne peuvent être simultanément des vecteurs de la violence d'État.[72] Se faire délivrer une carte d'identité semble un acte banal, mais quand on observe les différents circuits que les individus sont appelés à suivre et les exigences bureaucratiques auxquelles ils sont soumis, cela constitue

---

[69]. Peeters Hugues et Philippe Charlier, Ibid. p. 6.

[70]. Lenoir Remi, « L'État selon Pierre Bourdieu », *Sociétés contemporaines*, 2012/3, n° 87, pp. 123-154.

[71]. Hibou Beatrice, *op.*

[72]. *Ibid*, p. 184.

un mode de gouvernement. Selon Hibou, ces mécanismes expriment une volonté d'apaiser les relations sociales, d'obtenir une sécurité dans l'ordre sociétal et, simultanément, témoignent d'une volonté de contrôle et de surveillance. Elle indique que l'orientation politique et sécuritaire crée une double dépendance : plus on offre de sécurité à la population, plus on crée de la dépendance. Elle analyse les dispositifs et les pratiques qui font de la domination une « douceur insidieuse »,[73] les modalités largement acceptées, voire recherchées et souvent légitimées, et non la dimension purement répressive de l'exercice de pouvoir, l'usage de la peur et de la violence.[74] Hibou affirme aussi que les contours de l'économie, en tant que dispositif, « ne sont pas définis à l'avance et que « l'invention de l'économique » résulte du processus complexe lié aussi bien à la construction de l'État national qu'à la réalité sociale et à l'exercice disciplinaire du pouvoir ».[75] Le processus d'identification des individus fait partie de cet instrument par lequel l'État tchadien exerce son pouvoir.

Les interprétations que font les différents services de l'État dans la définition de l'identification peuvent orienter son but. Les services de police peuvent considérer l'identification comme un moyen de contrôle, ce qui ne doit pas être le cas des agents de la santé publique. Pour Keith Breckenridge, les médecins réclamaient la mise en place de dispositifs d'identification des individus dans le but de lutter contre l'épidémie du paludisme qui sévissait alors. Leur logique était celle de la santé publique. L'identification, selon l'auteur, est aussi liée aux politiques sociales, notamment l'élargissement des pensions de retraite et le système de la protection sociale en Afrique du Sud. En revanche, le service de la police misait sur l'identification des individus afin de pouvoir contrôler et appliquer les mesures de la politique ségrégationniste du régime d'apartheid. Ce texte donne une autre version des faits et des pistes importantes d'analyse sur la question. L'usage de la carte d'identité, que nous traitons dans notre travail, montre bien le lien qui existe entre ce document d'identité et la question de la protection sociale. Les assurances sociales, la caisse nationale de

---

[73]. C'est un concept foucaldien que Béatrice Hibou emprunte ici afin d'expliquer la domination.
[74]. Ibid p. 120.
[75]. Ibid p. 71.

retraite et la caisse nationale de la prévoyance sociale exigent, le plus souvent, des titres d'identité dans toute demande liée au traitement de dossiers des assurés. Cette exigence conduit les bénéficiaires à demander une carte d'identité. « Je dois déposer les papiers de la retraite, c'est pourquoi je suis venu faire ma carte d'identité. » « Mon mari est décédé et pour avoir la pension de veuve, il faut que je dépose la demande avec la carte nationale d'identité ».[76] Ces types de propos sont récurrents au service de l'identité civile.

II.2. Des papiers négociés : clientélisme et corruption

Les études faites par les agences de développement soulignent les difficultés de fonctionnement des administrations africaines. Les administrations publiques tchadiennes ne sont pas épargnées par ces conclusions. Nous souhaitons cependant aller au-delà de cette approche normative des entrepreneurs de développement pour comprendre les supposés difficultés des administrations dans leur contexte social. Le travail de Jean-Pierre Olivier de Sardan et des chercheurs du LASDEL[77] nous permettent de répondre en partie à ce questionnement. Dans leur ouvrage sur l'État au travail, Thomas Bierschenk et Jean-Pierre Olivier de Sardan apportent des idées nouvelles en formulant des critiques contre les approches considérant l'État africain comme une entité, sans pénétrer à l'intérieur de son fonctionnement. Ils plaident au contraire pour une analyse concrète des administrations, des services publics, du système bureaucratique et de la relation entre fonctionnaires et usagers.[78] Jean-Pierre Olivier de Sardan se questionne sur le fonctionnement actuel de la bureaucratie en Afrique et notamment sur le rôle des intermédiaires[79] en essayant de s'interroger sur la place qu'occupent les intermédiaires dans l'histoire de la formation des administrations africaines. Le mode de fonctionnement et d'organisation de l'administration coloniale basé sur le

---

[76]. Carnet d'enquête de terrain, N'Djamena, 2016.

[77]. Bierschenk Thomas et Olivier de Sardan Jean-Pierre, (dir.), *States at work. Dynamics of African bureaucracies*, London, Boston, Brill, 2014, pp. 440.

[78]. Olivier de Sardan Jean-Pierre, « État, bureaucratie et gouvernance en Afrique de l'ouest francophone », *Politique africaine*, n° 96, 2004.

79. Tidjani Alou Mahaman, « La justice au plus offrant. Les infortunes du système judiciaires en Afrique de l'Ouest (autour du cas du Niger) », *Politique africaine*, n° 83, 2001/3, pp. 59-78.

« privilègisme », le recours aux intermédiaires, le despotisme et le clientélisme sont réappropriés aujourd'hui par les agents des États en Afrique. C'est ce que nous observons dans ce travail, en étudiant les interactions sociales entre les agents de guichets et les usagers du service de l'identité civile au Tchad.

La corruption, que nous considérons ici comme un fait social,[80] semble être un mode de gouvernement au quotidien dans toutes les administrations publiques et dans le service de l'identité civile, en particulier. Les pratiques de corruption ne sont pas seulement du ressort des agents qui délivrent la carte d'identité, comme cela est souvent mentionné par les usagers du service de l'identité civile.[81] Elles sont aussi le produit de tout un ensemble d'interactions sociales qui vont au-delà de la sphère administrative.

La plupart des usagers ont à l'esprit que sans un intermédiaire ou sans donner une somme d'argent à un agent de guichet, il est difficile d'avoir la carte d'identité ou le passeport. La corruption est diffuse dans toutes les procédures de demande de carte d'identité. Passer par un intermédiaire ou payer plus pour obtenir sa carte nationale d'identité sont des pratiques aujourd'hui banales. Elles constituent ce que Max Weber appelle la « sottise humaine »[82] qu'il est important de prendre au sérieux dans l'analyse des rapports de domination.

Penser la domination en prenant en compte les constellations d'intérêts hétérogènes permet de saisir le fonctionnement de l'État à partir des pratiques et des significations que chaque acteur donne à son geste et à son acte. En ce sens, la « politique du ventre »[83] ne doit pas être comprise comme la banalisation de la corruption et du clientélisme ; elle est plutôt le mode d'appropriation d'un projet hégémonique intégrant l'ensemble de la population, un processus de

---

[80]. Nicaise Guillaume, « Petite corruption et situations de pluralisme normatif au Burundi », *Afrique contemporaine,* 2018/2, N° 266, p. 193-213.
[81]. Carnet de terrain, N'Djamena, Goré, 2016-2017.
[82]. Weber Max cité par Beatrice Hibou, *Anatomie de la domination*, Paris, La Découverte, 2011.
[83]. Bayart Jean-François, *L'État en Afrique. La politique du ventre.* Paris, Fayard, 2éme Edition, 2006.

généralisation de l'accès à l'État et à ses « bienfaits [84] ». Pour Beatrice Hibou, l'exercice du pouvoir n'est pas seulement une affaire de violence, mais il se manifeste aussi dans la politique du bien-être de la population.

Pour Hibou, le désir du progrès technique et du savoir scientifique constitue aussi un support de domination.[85] La croyance totale et sereine dans la rationalité technique et instrumentale est un mécanisme par lequel l'État modèle son rapport de domination envers ses citoyens. Dans son ouvrage sur l'anatomie politique de la domination, elle met en exergue le cas des régimes fascistes qui en étant conservateurs, avaient aussi le goût de la conquête de la modernité donnant naissance au « mouvement moderniste ».[86] Le pouvoir bolchevique tirait par exemple sa légitimité de cette capacité savante et moderne à rationaliser, à calculer et à prévoir.[87] Pour elle, le rôle de la technocratie dans l'exercice disciplinaire,[88] voire totalitaire du pouvoir est emblématique en la matière. En citant Michel Foucault, elle note ainsi que « la technique fait souvent illusion, mais il va de soi que contrôle politique et contrôle du savoir ne font qu'un. »[89]

La rhétorique du renouveau, du changement ou de la rénovation entendent jouer du désir de modernité, de la transformation et de l'imaginaire de la technicité : « Pourtant, en dépit de la rhétorique technocratique, jamais les entités publiques et parapubliques ne furent autant politisées, la nomination des directeurs et cadres étant à la discrétion du politique et poussant nécessairement à la « loyauté » et à l'adoption des comportements « politiquement conformes ». Ces administrations parallèles furent le principal lieu du système de dépouille et, le plus souvent, les techniciens participèrent

---

[84]. Hibou Béatrice, op. cit. p. 78.

[85]. Hibou Béatrice, *Anatomie politique de la domination*, Paris, La Découverte, 2011, p. 123.

[86]. Hibou Béatrice, *op. cit*, p. 116.

[87]. *Ibid*, p. 117.

[88]. Laborier Pascale, « Les sciences camérales, prolégomènes à toute bureaucratie future ou parade pour gibier de potence ? » dans Laborier Pascale, et al, *Les sciences camérales, op. cit.* pp. 11-30.

[89]. Hibou Béatrice, *op. cit*. p. 120.

systématiquement à ce clientélisme politique ».[90] Selon elle, de la modernisation administrative, on assiste par exemple à la « reconfiguration caractéristique de l'État en Afrique », où les positions d'accumulation et les positions de pouvoir se renforcent mutuellement pour dessiner les contours de la domination.[91]

En étudiant le processus d'identification des individus, tout semble dire que ce dispositif constitue un fait « banal », mais quand on essaie de prendre en compte tous les paramètres, il est possible de dire ici que les papiers d'identité sont bel et bien des instruments par lesquels l'État tchadien exerce son pouvoir. Les interventions de l'État sont « pénétrables à la technique gouvernementale[92] » et présentent une modalité particulièrement banale de l'exercice de la domination. Il faut saisir cette banalité dans l'exercice du pouvoir non pas par le seul rôle de l'État mais aussi essayer de l'analyser dans un système d'interdépendances entre les structures nationales et internationales.

II.3. Des papiers et des armes

La question de l'État et du mode de gouvernement se pose, en des termes particuliers, en Afrique subsaharienne. Comme l'a montré Frédéric Cooper, l'État colonial a été historiquement construit comme un « garde-barrière », c'est-à-dire tourné vers l'extérieur.[93] L'une des conséquences de cette politique est que l'État postcolonial a hérité d'une bureaucratie faible et d'une connaissance limitée de sa population. En d'autres termes, l'État colonial ne s'intéressait pas à l'identification des individus et ce legs colonial a marqué les États africains, à l'exception de l'Afrique du Sud.

Cette caractéristique de l'État postcolonial est renforcée dans le cas du Tchad. L'État dans le bassin du Lac Tchad a historiquement été

---

[90]. Debos Marielle, « La biométrie électorale au Tchad. Controverses et techno-politiques et imaginaire de la modernité », *Politique africaine*, vol. 4, n° 152, 2018 p. 101-120.

[91]. Hibou Béatrice, *op. cit.* p. 137.

[92]. Hibou, *Ibid.*

[93]. Cooper Frederick, *L'Afrique dans le monde. Capitalisme, empire, État-nation*, Paris, Payot, coll. « Bibliothèque historique », 2015.

formé comme une « garnison-entrepôt » laissant une grande place aux militaires.[94] Les travaux de Marielle Debos montrent que le Tchad est gouverné par les armes et que ce mode de gouvernement trouve son origine dans l'histoire coloniale et postcoloniale.[95] Elle souligne également que le Tchad n'a pas été « gouvernementalisé » comme l'a été l'État en Europe, à partir du 18e siècle. Dans un pays où le mode de gouvernement ne repose pas sur une connaissance fine de la population et du territoire, les politiques d'identification posent un défi particulier.

III. Les papiers d'identité à l'intersection des logiques locales et globales

L'analyse de ces techniques d'identification permet de reposer le fondement des théories classiques des relations internationales qui conçoivent les phénomènes internationaux dans une binarité : interne-externe. En essayant de critiquer ces théories, Didier Bigo propose une approche qui permet de saisir les phénomènes internationaux non pas par cette dualité mais dans une perspective combinatoire.[96]

Pour se démarquer des théories réalistes qui ont longtemps dominé le champ d'étude des relations internationales, Didier Bigo propose ce qu'il nomme la « sociologie politique de l'international ». L'*International political sociology* (IPS) propose une alternative de recherche en relations internationales qui permet de dépasser cette dualité, interne/externe, guerre/paix, État/acteurs-internationaux, police/armée.[97] L'analyse des questions internationales et, notamment, celles liées aux enjeux actuels d'identification des individus, doit être lue par les instruments de la sociologie politique de l'international.

---

94. Roitman Janet, « La garnison-entrepôt : une manière de gouverner dans le bassin du lac Tchad », *Critique Internationale*, n° 19, 2003, pp. 93-115.

95. Debos Marielle, *Living by the Gun in Chad: Combatants, Impunity and State Formation*, Londres, Zed Books, 2018.

96. Bigo Didier, « Sociologie politique de l'international. Une alternative », Paris, *Cultures et conflits*, article inédits, 2008, « Pour une sociologie des guildes transnationales », *Cultures et Conflits*, 109, printemps 2018, 31 p.

97. Voir à ce propos les projets éditoriaux de revues telles que *Cultures et Conflits* ou *International Political Sociology*.

Identifier n'est plus du seul pouvoir de l'État, mais il est le produit d'un ensemble d'acteurs. `

L'introduction de la carte d'identité biométrique, au Tchad, en 2002, ne peut pas se comprendre sans la prise en compte du contexte international de l'après 11 septembre 2001.[98] Dans un article sur la carte d'identité britannique, Pierre Piazza et Laurent Laniel ont montré le rôle des politiques anti-terroristes et anti-criminalité dans la dynamique ayant conduit à l'encartement des individus, en lien avec la politique de lutte contre la criminalité et le terrorisme en France et en Grande Bretagne.[99] Aujourd'hui avec la politique de lutte contre la criminalité transnationale, les autorités sécuritaires considèrent que la carte d'identité constitue un des moyens les plus efficaces de lutte contre l'insécurité à partir du fichage des candidats aux actes criminels.[100] Pourtant, comme le montrent Pierre Piazza et Laurent Laniel, il n'a jamais été démontré que les papiers d'identité et la biométrie étaient des moyens efficaces de lutte contre le terrorisme ou la criminalité. Au Tchad également, ce contexte géopolitique a joué un rôle important.

III.1. L'identification comme accès au droit

Les organisations internationales ont joué un rôle clé dans les politiques d'identification dans les pays du Sud. L'intervention de ces organisations sur la question de l'identification des individus au Tchad se pose sur la base de trois principaux domaines. Le premier domaine est celui de l'accès à la personnalité juridique et donc aux droits. Dans le Pacte International relatif aux droits civils et politiques de 1966, il est indiqué, dans son article 16, que « chacun a droit à la reconnaissance en tout lieu de sa personnalité juridique » et l'article 24, alinéa 1 et 2 de compléter, « tout enfant doit être enregistré immédiatement après sa naissance et avoir un nom », « tout enfant a le droit d'acquérir une

---

[101]. ONU, Article 16 et 24 du *Pacte international relatif aux droits civils et politiques* de 1966.

[101]. ONU, Article 16 et 24 du *Pacte international relatif aux droits civils et politiques* de 1966.

[101]. ONU, Article 16 et 24 du *Pacte international relatif aux droits civils et politiques* de 1966.

nationalité ».[101] Ces textes sont complétés par d'autres instruments internationaux dont les organisations internationales se servent pour accompagner les États comme le Tchad à donner la possibilité à tous les enfants d'être inscrits sur le registre d'état civil. Le Fonds des Nations Unies pour l'Enfance (UNICEF), le Fonds des Nations Unies pour la Population et le Programme des Nations Unies pour le Développement sont les principales institutions internationales qui apportent de l'aide technique et financière à l'État tchadien dans sa politique nationale de déclarations des faits d'état civil. D'autres organisations internationales et agences de développement, à l'instar de l'Union européenne, de la coopération Suisse, de l'USAID, s'impliquent de plus en plus dans le financement des organes étatiques en charge du système d'état civil.

III.2. Politiques sécuritaires et anti-migratoires

Aujourd'hui, avec l'arrivée de la biométrie, l'identification des individus ne se pose pas uniquement pour des raisons humanitaires ou de développement. Elle est un moyen que les pouvoirs politiques utilisent pour renforcer (ou tenter de renforcer) les frontières nationales.

Au nom de la lutte contre la migration internationale et la menace terroriste,[102] nous sommes dans une logique de modernisation du système d'enregistrement des faits d'état civil et d'identification des individus dans tous les services de l'État.

Le tournant fut le début des années 2000, avec les attentats du 11 septembre, ceux de Bali, en 2002, et ceux de Madrid, en 2003. Ces événements ont joué un rôle majeur dans la politique des États en matière d'identification des individus.[103]

---

[101]. ONU, Article 16 et 24 du *Pacte international relatif aux droits civils et politiques* de 1966.

[102]. Bigo Didier, « Sécurité et immigration : vers une gouvernementalité par l'inquiétude ? », *Cultures et Conflits,* n° 31-32, 1998, p. 20.

[103]. Bigo Didier, « La mondialisation de l'(in)sécurité ? Réflexions sur le champ des professionnels de la gestion des inquiétudes et analytique de la trans-nationalisation des processus d'(in)sécurisation », *Cultures et Conflits*, 2005/2, (52), p. 52-102.

L'Organisation internationale de l'aviation civile (OACI) et le département d'État américain ont imposé à tous les États d'introduire les données électroniques dans leurs documents d'identité, en particulier ce qui concerne les papiers de voyage. La mesure concernait en premier lieu les passeports mais, avec la montée en puissance des industries d'identification biométrique, les États ont commencé à valoriser la technologie du « high Tech ».[104]

Ce bouleversement de l'ordre international avec les attentats du 11 septembre a conduit à la redéfinition des politiques et des techniques de gestion des inquiétudes à travers le monde.[105] Sous l'impulsion du gouvernement américain, avec la création du « *Homeland Security* » en 2002, la biométrie est devenue une technologie clé dans l'identification des individus. Les États-Unis et les acteurs internationaux privés ont réussi, au nom de la lutte contre le terrorisme, à impulser les technologies d'identification, à l'exemple de la biométrie, au rang mondial. Le Tchad, qui connaît depuis plusieurs années des guerres et des tensions politiques mettant en cause sa stabilité, a introduit la biométrie en tant que dispositif d'identification des individus. Cette technique d'identification biométrique a aussi été introduite au moment où le Tchad faisait face à la crise du Darfour avec la gestion des flux de réfugiés soudanais.[106] Avec l'accueil des réfugiés sur le sol tchadien et la fluidité des identités sur cette frontière, l'État semble avoir voulu résoudre le problème de l'usurpation des titres d'identité par l'usage de cette technique. L'État tchadien décide de sécuriser son passeport à travers la biométrie une année seulement après la décision du gouvernement américain obligeant tous les ressortissants d'un pays étrangers désirant se rendre sur son sol à disposer d'un document de voyage biométrique.[107] Pourtant, le gouvernement américain avait

---

[104]. Piazza Pierre, « La biométrie. Usage policier et fantasmes technologiques », In. Laurent Mucchielli, (dir.), *La frénésie sécuritaire. Retour à l'ordre et nouveau contrôle social*, Paris, La Découverte, 2008, p. 125-136.

[105]. Lyon David, « Le 11 septembre, la guerre au terrorisme et la surveillance généralisée », in : Didier Bigo et al. Au nom du 11 septembre, Paris, La Découverte, pp. 90-103.

[106]. Behrends Andrea, "On categorizing. Doing and undoing refugees in the aftermath of the large scale displacement." Faculty of Social Science. University of Vienna. 2018. 32 p.

[107]. Ceyhan Ayse, Op cit, *Cultures et conflits*, 2006, p. 14.

placé le Tchad sur la liste noire des pays dont les ressortissants ne pouvaient pas entrer aux USA. Cette décision était d'autant plus étonnante que le Tchad est considéré par les États-Unis et la France comme un allié dans la « guerre contre le terrorisme » au Sahel et au Sahara.[108] Il a fallu que les experts du gouvernement américain viennent au Tchad vérifier les dispositifs d'identifications avant que la sanction ne soit levée[109].

III.3. Un marché lucratif

Depuis 2002, le service d'identification au Tchad a fait l'objet de nombreuses réformes par lesquelles l'État a privatisé le secteur en confiant à l'entreprise SEMLEX les activités de production de la carte nationale d'identité. Depuis 2016, après la création de l'Agence Nationale des Titres Sécurisés, le contrat de l'identification et de la délivrance des extraits d'acte de naissance et de la carte nationale d'identité est attribué à l'entreprise française IDEMIA, l'ancien groupe Morpho.

La « décharge »[110] de ce service d'identité civile permet à ces entreprises spécialisées dans la technologie d'identification de produire des cartes d'identité nationale biométrique pour les Tchadiens. La raison évoquée par les autorités politiques pour justifier la sous-traitance de cette technologie est celle de la faiblesse du système d'état civil et la nécessité de sécuriser tous les documents d'identité.

Le ministre de la communication et porte-parole du gouvernement indique, dans le compte rendu du conseil des ministres du 18 avril 2019, que « le nouveau système introduit des données personnelles biométriques dans le processus d'identification des personnes en tenant compte du besoin crucial de la sécurisation des documents d'identité pour lutter efficacement contre la fraude par

---

[108]. Tubiana Jérôme, Debos Marielle, *Déby's Chad: Political Manipulation at Home, Military Intervention Abroad, Challenging Times Ahead*, USIP, Peaceworks n° 136, 2017.

[109]. Tchad : Levée de l'interdiction d'entrée sur le territoire pour les tchadiens, France 24, 11/4/2018.

[110]. Hibou Beatrice, « La "décharge". Le nouvel interventionnisme », *Politique africaine*, vol. 1, n° 73, 1999, pp. 6-15.

usurpation d'identité, les trafics illicites, les crimes transfrontaliers et le terrorisme international… ».[111]

Pour les autorités tchadiennes, la contractualisation de la production de ce document d'identité pourrait permettre à l'État d'étendre le service public dans d'autres régions du pays que les structures étatiques n'ont pas pu couvrir.

Cet attrait pour la modernisation du système d'identification ne semble pas lié seulement aux raisons que nous venons d'évoquer, mais il se situe dans le contexte global du début des années 2000, marqué par une politique de contrôle et de surveillance généralisée, dans lequel l'identification des individus devient un enjeu important[112] et qui conduit à des actions concertées des États, des entreprises privées et des organisations internationales.

Depuis 2002, après l'introduction de la biométrie dans le dispositif d'encartement, l'État tchadien s'est lancé dans ce que le sous-directeur du service de l'identité civile appelle la « modernisation » des mécanismes de mise en papier des identités au Tchad[113]. Cette politique de modernisation s'est matérialisée par la mise en place des techniques biométriques aux services des concours et des examens, notamment l'établissement des cartes scolaires biométriques aux candidats au baccalauréat, l'identification biométrique des fonctionnaires et agents de l'État, le recensement électoral biométrique et la création d'une Agence Nationale des Titres Sécurisés. Cette modernisation s'accompagne de l'intervention de plus en plus importante des firmes internationales dans les politiques d'identification des individus.

Les élections sont un autre marché important pour la biométrie. Au Tchad, comme dans plus de la moitié des pays du continent, les

---

[111]. Journal Alwhida, Compte rendu du conseil des ministres de la date du 18 avril 2019, consulté le 19/04/2019.
[112]. Lyon David, Surveillance after September 11, Polity press, 2003 *The surveillance. Watching as a way of life*, Polity press, Cambridge Malden mass, 2018. David Lyon and Colin Bennet, *Playing the ID card. Understanding the significance identity card system*, Routledge, 2008.
[113]. Carnet de terrain, N'Djamena 2017.

listes électorales ont été établies avec la biométrie. Comme l'a montré Marielle Debos, la biométrie électorale a été introduite au Tchad comme une « solution » à la crise politique.[114]

Un ensemble d'acteurs locaux et internationaux ont contribué à la construction d'un imaginaire qui associe la biométrie à la modernité et à la démocratie. Si la biométrie n'a pas empêché la fraude et les violences électorales, elle a constitué un marché lucratif pour l'entreprise française qui avait remporté le marché : Morpho (aujourd'hui Idemia) avait conclu un contrat de près de 25 millions d'euros pour un peu plus de 6 millions d'électeurs.

Les entreprises privées disposent d'une marge importante dans la conservation et l'usage des données. L'exemple le plus visible est celui des compagnies aériennes qui sont pleinement impliquées aujourd'hui dans la pratique d'identification et de contrôle des individus. Ces compagnies contrôlent et vérifient la conformité des passeports et des visas de leurs voyageurs. Pour Jean-François Bayart, ces compagnies aériennes sont des institutions disciplinaires[115] : au nom de la lutte contre l'immigration, le pouvoir de ces compagnies est étendu au contrôle des passagers dans les aéroports. La frontière aérienne est contrôlée au même titre que les frontières terrestres[116], ce qui donne le pouvoir aux sociétés privées de sécurité[117] et à ces compagnies aériennes de se substituer aux agents de l'État. Au demeurant, l'analyse des dispositifs d'identification permet de déconstruire ce dualisme qui domine dans les théories *mainstream* en relations internationales. La sociologie politique de l'international nous aide à saisir les modalités d'identification de l'État tchadien, non pas seulement par un prisme d'imbrication, mais elle permet aussi d'analyser le rôle des acteurs dans la mise en agenda de ces politiques.

---

114. Debos Marielle, « La biométrie électorale au Tchad : controverses technopolitiques et imaginaires de la modernité », *Politique africaine*, No. 152, décembre 2018, pp. 101-120.

115. Bayart Jean-François, *Le gouvernement du monde. Une critique de la globalisation*, Paris, Fayard, 2004, p. 8

116. Frowd M. Philippe, *Security at the borders. Transnational practices and technologies in West Africa*, Cambridge, Cambridge University press, 2018, pp. 2-3.

117. Bigo Didier, « *Editorial-Les entreprises coercition para-privées : de nouveaux mercenaires ?* », Cultures et Conflits, 52 hiver 2003, 2-5 p.

Nous allons, à présent, montrer les outils méthodologiques que nous avons utilisés dans le cadre de ce travail.

IV. Méthodologie de la recherche

Pour conduire cette recherche, nous avons croisé plusieurs méthodes : les entretiens semi-directifs, les observations et le traitement d'archives privées que nous avons récupérées auprès d'un ancien agent du fichier central du centre d'identification judiciaire, l'ancien nom du service de l'identité civile de N'Djamena. Les enquêtes de terrain sont réalisées, de novembre 2015 à janvier 2016, de juillet à septembre 2016 et de mai à septembre 2017, principalement dans les communes de N'Djamena et de Goré. À partir de ces deux terrains, nous avons voulu initialement observer les pratiques d'identification des individus à partir des dispositifs publics de mise en papier des individus : les services de l'identité civile. Mais, dès notre premier terrain exploratoire, nous avons constaté que le centre de Moundou, dont dépendait la commune de Goré, était fermé pour des questions « techniques » – selon le responsable de ce centre que nous avons rencontré, lors de notre séjour de recherche, en janvier 2016. Le centre de Moundou était le seul centre fonctionnel qui couvrait toutes les régions du sud. La fermeture a fait que toutes les activités d'identification et de production de cartes d'identité sont concentrées dans le seul centre situé au commissariat central de N'Djamena. C'est ainsi que nous avons orienté notre recherche en essayant de nous concentrer sur l'analyse du dispositif d'identification de N'Djamena. Dans la commune de Goré, nous avons observé les différentes formes d'usages des documents d'identité par les populations. Il s'agit d'analyser le rapport que celles-ci entretiennent, en fonction de leur lieu de résidence (urbain ou rural), avec la carte d'identité. Avec ce choix de Goré, nous avons saisi les pratiques de la carte d'identité en lien avec la fluidité de la frontière entre le Tchad et la Centrafrique : la ville de Goré est située à 30 kilomètres de la frontière centrafricaine. La délimitation des frontières entre ces deux pays pendant la colonisation a conduit à la séparation de familles appartenant à un même groupe social-culturel, les Kaba et, conséquemment, à un problème d'identification d'après les autorités politiques et sécuritaires que nous avons pu interroger lors de notre première enquête de terrain[118].

Figure 1 : Carte de localisation des groupes sociaux à Goré

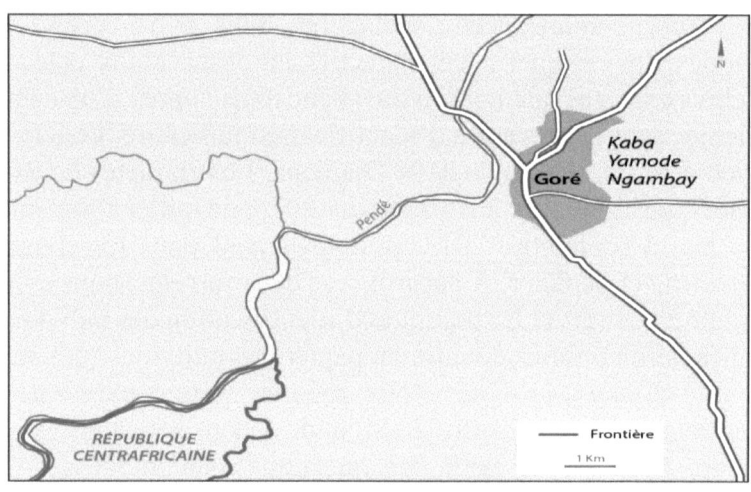

Source, service information cartographique IRD/Janvier 2020

L'idée est de partir de l'observation des pratiques en cours au sein des services de l'identité civile pour analyser les dynamiques politiques, sociales et culturelles de l'identification des individus. Nous avons observé les faits et les actes liés à l'identification dans le service de l'identité civile du commissariat central de N'Djamena ainsi que des entretiens semi-directifs avec les agents des guichets administratifs et avec les porteurs des cartes d'identité de N'Djamena et de Goré.

IV.1. Les entretiens semi-directifs

Notre enquête de terrain commence par des entretiens à N'Djamena avec les responsables de la police, le directeur de la police scientifique et le sous-directeur du service de l'identité civile. Nous avons en tout réalisé 133 entretiens, dont la durée varie de 15 à 45 minutes. Tous nos entretiens sont anonymisés. Après avoir pris le temps pour expliquer les motifs de notre recherche, nous avons été autorisés à

---

[118]. Enquête de terrain avec la préfecture du département de la Nya Pendé et le commissaire de la brigade territoire de sécurité en 2016.

conduire nos enquêtes de terrain au service de l'identité civile. Les entretiens réalisés avec les autorités administratives sont consacrés à l'organisation et au fonctionnement des services de l'identité civile. Notre premier entretien a eu lieu avec le directeur général de la police technique scientifique et de l'identité civile, en décembre 2015. Au cours de celui-ci, nous avons exposé l'objet de notre recherche et demandé à ce que le directeur nous autorise à conduire des enquêtes dans le centre d'identification du commissariat central de N'Djamena ainsi que dans les services de l'identité civile des arrondissements et de celui de Moundou. C'est après cet entretien que nous avons rencontré le sous-directeur du service de l'identité civile dans son bureau. Pendant une dizaine de minutes, nous avons discuté avec le sous-directeur, en présence du chef de service du centre d'identification autour des différents sous-services qu'ils nomment « sections ». Les sections dans ce cadre sont des circuits qui vont du contrôle des dossiers de demande de la carte d'identité à sa délivrance. Le sous-directeur nous a présenté rapidement les différents problèmes que rencontrent ses agents dans l'accomplissement des activités du service d'identification. Il s'agit des problèmes techniques, notamment les pannes des ordinateurs d'identification. La seule imprimante de production des cartes est souvent en panne. En plus de ces entretiens, nous avons discuté avec le sous-directeur de la police technique et scientifique sur l'organisation et le fonctionnement du service d'identité civile. Il est question dans cet entretien de comprendre les nouvelles méthodes de la police scientifique en matière d'identification et de saisir les liens qui existent entre les différents organes de l'État sur le sujet. C'est au cours de cet entretien qu'il nous a présenté les activités de la police technique, notamment sur l'identification biométrique des prisonniers. Cette activité de « fichage »[119], selon ses termes, est financée par l'Union européenne et le programme allemand pour le développement (GIZ).

Ce sont des entretiens individuels avec des agents du service de l'identité civile de N'Djamena, des agents de l'Association pour la Promotion de la Liberté Fondamentale au Tchad (APLFT), le préfet et le sous-préfet du département de la Nya Pendé, le maire de la commune de Goré, le chef du service de l'état civil de Goré, les usagers de la carte

---

[119]. Le fichage a été utilisé plusieurs fois par le sous-directeur de la police technique et scientifique pour expliquer l'activité d'identification de toutes les personnes en conflit avec la loi.

d'identité et les anciens agents du centre d'identification. Sur ces entretiens, 58 entretiens ont été réalisés à Goré, 67 à N'Djamena, 5 à Moundou et 3 dans le bus de voyage reliant l'axe N'Djamena-Moundou. Parmi nos enquêtes, nous comptons 63 femmes dont 37 résidant à Goré, Danamadja et Kobitey. Ce différentiel, entre les femmes de la capitale et celles de la commune de Goré s'explique par les objectifs fixés au début de notre terrain. Nous avons fait le choix d'interroger plus de femmes des zones rurales afin de saisir le rapport qu'elles entretiennent avec les papiers d'identité et de faire ainsi une analyse comparée avec celles qui habitent dans les milieux urbains. Le nombre de femmes que nous avons rencontrées, pendant notre séjour d'enquêtes de terrain dans les camps des retournés, à Danamadja et à Kobitey, a aussi accru l'effectif des femmes parmi les enquêtées.

IV.2. Observation des pratiques quotidiennes de la bureaucratie des identités

Nous avons réalisé plusieurs observations au sein du service de l'identité civile du commissariat central de N'Djamena. Ces observations nous ont permis de suivre les différents circuits d'identification et de production des cartes nationales d'identité. Nous avons aussi observé les activités d'enregistrement des faits d'état civil du service d'état civil de la commune de N'Djamena et de Goré. Cette observation a permis de saisir les diverses manières dont les agents interprètent les normes qui régissent le fonctionnement de ces centres d'identification et de déclaration des faits d'état civil.

Nous avons effectué des observations participantes sur les routes, en empruntant des moyens de transport en commun pour observer les pratiques et les usages des cartes d'identités. Cette ethnographie[120] des barrières de route nous a aidé à saisir les gestes, le discours des porteurs et le rôle des agents de contrôle de ces checkpoints. Nous avons observé les pratiques et les attitudes des agents de sécurité et des usagers tout au long de notre trajet de voyage. Lors du recensement électoral biométrique de 2015, nous avons aussi effectué des observations pendant le processus d'enrôlement. Ces observations nous ont permis de voir le rôle que jouent les témoignages

---

[120]. Beaud Stéphane, « L'usage de l'entretien en sciences sociales. Plaidoyer pour l'entretien ethnographique », *Politix,* n° 35, 1996, p. 226-257.

en tant qu'instrument d'authentification de l'identité dans le processus d'identification.

IV.3. Archives

En plus de ces entretiens et observations, nous avons consulté les archives des registres d'état civil de l'époque coloniale à la mairie de N'Djamena et aux archives nationales du Tchad, les archives du service de la documentation du ministère de l'Intérieur et de l'Administration du territoire, de la Justice selon le directeur de la police scientifique, toutes les archives de la police et celles du centre d'identification auraient en effet été détruites après l'introduction de la biométrie. Aujourd'hui, le service de l'identité ne dispose d'aucun service d'archives. Les documents sont entassés dans le couloir à l'entrée du centre d'identification pour attendre leur destruction.

Le seul service qui conserve et qui garde aujourd'hui les archives est celui de la direction de la documentation du secrétariat général du gouvernement et celui du journal officiel qui garde les lois, décrets et arrêtés des différentes institutions de l'État. La fréquentation de ces services nous a permis de collecter les différents textes législatifs de 1960 à 2016. Il s'agit d'une loi, d'un décret et de deux ordonnances sur l'état civil. Une ordonnance sur le code de la nationalité, trois décrets et une autre ordonnance pour la carte nationale d'identité. Ces textes nous ont permis de retracer l'évolution des politiques publiques d'identification dès les premières années de l'indépendance jusqu'aujourd'hui.

IV.4. Une enquête en terrain difficile

Enquêter dans les services de la police, au Tchad, constitue ce que certains auteurs appellent les « terrains difficiles ou risqués ».[121] Si tout terrain est susceptible d'être considéré comme difficile,[122] certains le sont plus que d'autres. La difficulté de terrain doit s'entendre

---

[121]. Bouzama Magali et Campana Aurèlie, « Enquêter en milieu "difficile" », *Revue française de science politique*, 2007/1, vo. 57, p. 8.

[122]. Ayimpam Sylvie et Jacky Bouju, « Objets tabous, sujets sensibles, lieux dangereux. Les terrains difficiles aujourd'hui », *Civilisations*, (en ligne), n° 64, 2015, p. 6.

en termes relationnels : elle se tisse dans les interactions entre l'enquêteur et les enquêtés qui actualisent leurs *habitus* respectifs dans la situation d'enquête. La difficulté du terrain rappelle aussi la question classique en ethnographie de l'accès au terrain et celle de la présentation de soi.[123] Le chercheur ainsi exposé doit, en effet, puiser dans ses propres ressources pour réduire les difficultés et se construire une identité éloignée. Le « terrain », comme le note Bertrand Pulman, est un lieu où se déroulent les affrontements.[124]

Nous montrons précisément dans le cadre de ce travail les particularités à partir de l'étude du milieu policier au Tchad. Les négociations d'entrée sur le terrain, les demandes acceptées ou refusées d'entretiens ou l'indisponibilité des archives constituent des difficultés majeures pour tout chercheur qui travaille sur le Tchad et en particulier sur cet objet qu'est celui de la carte d'identité. Le chercheur doit ici souvent faire face à une incompréhension de la part des enquêtés, qui vont dans un premier temps marquer une distance, voire faire preuve d'une grande suspicion à son endroit. Soupçonné d'être un espion, un journaliste, le chercheur est dans une position délicate. Notre expérience au service de l'identification permet d'éclairer cette idée sur la base des questions qui nous ont été posées à notre arrivée sur le terrain : est-il tchadien ? Est-il journaliste ? S'il est tchadien, de quelle région serait-il ? Est-il du nord ou du sud du Tchad ? Appartient-il à un parti politique ? N'est-il pas de l'opposition ? ... Il faut retenir dans ces questions les fractures sociales, politiques et géographiques qui existent au Tchad et qui sont liées à l'histoire politique de ce pays. Dès notre premier jour d'enquête dans le centre d'identification du commissariat central de N'Djamena, nous avons constaté une ambiance glaciale dans le bureau de la secrétaire du chef de service de l'identité civile, après avoir rencontré le directeur et le sous-directeur de la police technique : « C'est toi le stagiaire qui est venu de France » ? « Tu n'as pas trouvé un stage en France ? ». Nous avons expliqué à notre interlocuteur que nous sommes en train d'effectuer un stage de recherche et non un stage

---

[123]. Bué Nicolas, « Gérer les relations d'enquête en terrain imbriqués. Risque d'enclicage et distances aux enquêtés dans une recherche sur une coalition partisane locale », *Revue internationale de politique comparée*, 2010/4, vol. 17.

[124]. Cité par Magali Boumaza et Aurèlie Campana, « Enquêter en milieu difficile, Revue française de science politique, 2007, p. 9-11.

professionnel. Notons ici que toutes ces questions constituent pour nous une ressource importante d'informations.

Le service de l'identité civile est sous la responsabilité de la police nationale. Mener des recherches dans ce lieu est, en permanence, un travail de négociation des rapports sociaux. Pour avoir accès à ce terrain d'enquête, il faut une autorisation de recherche, délivrée par le directeur national de la police et contresignée par le directeur de la police technique et scientifique. Conduire une enquête dans un milieu où la question de la sécurité est devenue la première préoccupation des autorités est par définition difficile. Mais ce qu'il semble important d'analyser à propos de cette péripétie d'enquête de terrain, ce sont les pratiques et les stratégies que développent le personnel en charge de cette autorisation quand ils sont en face d'un dossier de chercheur. Pour cette autorisation, nous avons dû patienter trois à quatre semaines, nous avons fait l de nombreux déplacements à la direction de la police et au service des courriers pour nous renseigner sur la demande d'autorisation.

Durant cette période d'attente, il faut savoir se comporter, saluer avec respect, se montrer gentil même si vous savez que vous êtes dans vos droits. En somme, les attitudes, les comportements et les réactions sont scrutés par les agents du service de sécurité. Pour un petit écart de langage avec les agents, il est possible que votre dossier soit mis dans les tiroirs. Dès que la demande est approuvée par le directeur de la police, la suite de la procédure se déroule rapidement. Mais il est aussi possible que le chef de service du centre d'identification refuse d'accepter la demande du chercheur. Ma demande a ainsi fait, dans un premier temps, l'objet d'un refus de la part du directeur de l'identité civile, alors qu'elle avait été approuvée par le directeur de la police nationale et le directeur de la police scientifique. Dans de tels cas, le chercheur est appelé à utiliser le réseau intermédiaire, il peut s'agir des amis ou des parents, pour faire avancer ses dossiers. Ce premier contact permet déjà de faire un lien avec ce que certains auteurs appellent la « bureaucratie des courtiers »[125] qu'analysent notamment Thomas Bierschenk, Jean-Pierre Olivier de Sardan sur les administrations

---

[125]. Bierschenk Thomas, Jean-Pierre Chauveau & Jean-Pierre Olivier de Sardan (dir.), *Courtiers en développement : les villages africains en quête de projets*. Paris, Karthala, 2000.

publiques en Afrique. Toutes ces démarches ou ces difficultés de terrain nécessitent la connaissance des codes et des pratiques du milieu dans lequel le chercheur compte faire ses recherches[126]. Il faut aussi noter que le manque de travaux de recherche sur la police tchadienne et la destruction de toutes ses archives de 1900 à 2010 renforcent la fermeture de cette administration policière aux chercheurs.

V. Questionner les études sur le Tchad à partir de l'analyse des politiques et pratiques des papiers d'identité

Le Tchad est un terrain en friches dans le domaine de la recherche en sciences sociales. Au-delà des articles de presse et de la littérature grise, les travaux en sciences sociales restent encore limités. Cette rareté s'explique par plusieurs facteurs que nous avons évoqués dans la méthodologie de recherche et qui ne favorisent pas les conditions de recherche dans ce pays. Après l'accession du pays à l'indépendance, les papiers d'identité ont aussi joué un rôle important dans la formation et l'affermissement de l'État. A travers cette recherche, nous sommes entrés au sein de l'appareil de l'État et avons saisi certaines de ses différentes facettes. Nous avons observé que l'identification des individus a été et est, pour les différents pouvoirs politiques du Tchad, un instrument par lequel l'État réaffirme son autorité en essayant de pénétrer dans les sphères aussi bien privées que publiques des personnes ; ce qui est un enjeu d'autant plus grand que l'État a été construit sur une administration faible et une capacité limitée d'identifier les individus. Nous retenons deux principaux points qui résument les travaux en sciences sociales sur le Tchad.

V.1. La question du pluralisme ethnique et confessionnelle

La diversité ethnique et religieuse est vue dans cette perspective comme un frein à l'unité nationale, ce qui pourrait poser le problème de la formation de la nation tchadienne. Cet angle d'analyse continue d'alimenter les débats au sein des sphères politiques et scientifiques. C'est dans cette perspective que la question de la forme de l'État a été

---

[126]. Olivier de Sardan Jean-Pierre, « La politique du Terrain. Sur la production des données en anthropologie », *Enquête* (en ligne 1), 1995, p. 6-9.

posée pendant la conférence nationale souveraine de 1993,[127] et en 2016 avec la réforme constitutionnelle. On présente le Tchad, le plus souvent, comme deux entités distinctes, à savoir le Nord qui serait composé de la communauté musulmane et le Sud par les populations de croyances animiste et chrétienne. Certains chercheurs tchadiens parlent même de la « désintégration » de l'État.[128]

V.2. Les conflits : gestion de l'État et ingérences

Un ensemble de travaux portent sur les différentes guerres et les épisodes de violences que le Tchad a connues pendant la période coloniale[129] et postcoloniale. Certains travaux saisissent cette question sur une longue durée, en décrivant les rapports sociaux qui existaient avant et pendant la colonisation. Ils montrent que les guerres actuelles du Tchad sont en partie liées aux relations de domination qui prévalaient entre les structures politiques bien organisées du nord et les organisations lignagères du Sud.[130]

Dans le sahel, les pouvoirs monarchiques tiraient leurs économies de la vente des esclaves capturés dans les zones soudaniennes. En plus de ces razzias, la conquête coloniale du Tchad s'est faite par la guerre mais aussi par la distinction entre le « Tchad utile » et le « Tchad inutile », qui a fini par des politiques discriminatoires envers certaines populations du nord sur les plans éducatif, politique et économique.

Mais ces facteurs historiques du conflit au Tchad sont à mettre en lien avec la gouvernance politique qui a conduit depuis plus de cinquante ans à des guerres civiles et militaires. D'autres travaux

---

[127]. Buijtenhuijs Robert, *La conférence nationale souveraine du Tchad. Essai d'histoire immédiate*, Paris, Karthala, 1993.

[128]. Gali Ngotté Gatta, *Tchad : guerre civile et désagrégation de l'État*, Paris, Présence africaine, 2001.

[129]. Debos Marielle, « Tchad 1900-1960 », Encyclopédie des violences de masse, Sciences Po, 2008 ; Triaud Jean-Louis, La légende noire de la Sanûsiyya ; une confrérie musulmane saharienne sous le regard français (1840-1930), Maison des sciences de l'homme, 2 vol., 1995.

[130]. Arditi Claude, « Les violences ordinaires ont une histoire : le cas du Tchad », Politique africaine, n° 91, octobre 2003, pp. 51-67.

insistent sur la dimension régionale des conflits[131] et mettent notamment en évidence le rôle clé joué par l'armée française qui n'a quasiment jamais quitté le Tchad.[132]

Les premières révoltes face à l'ordre social et politique sont présentées comme une conséquence de la politique qualifiée de régionaliste, ethnique et violente du premier président tchadien, François Tombalbaye. C'est dans ce contexte que naît le Front de Libération Nationale du Tchad (FROLINAT), le premier mouvement rebelle, quelques années après l'accession à l'autonomie du pays.

Les travaux sur la situation politique mentionnent comme cause du « problème tchadien » la mauvaise gestion de l'État par les premières élites. A partir de 1965, année de la création du FROLINAT, en passant par le pouvoir du CSM, du GUNT, de l'UNIR et aujourd'hui celui du MPS, la littérature scientifique sur le Tchad met en lumière le rôle des élites tchadiennes dans les différentes difficultés que rencontre l'État dans le processus de sa formation[133].

La production scientifique sur le Tchad s'articule autour de ces deux dimensions, qui ne sont pas exhaustives mais qui structurent les

---

[131]. Nolutshungu C. Sam *Limits of Anarchy. Intervention and State Formation in Chad*, Charlottesville, University Press of Virginia, 1996 ; Burr J. Millard et Robert O. Collins, *The long road to disaster in Darfur*, Princeton, Markus Wiener, 2006.

[132]. Debos Marielle, Powell Nathaniel, « L'autre pays des "guerres sans fin" : Une histoire de la France militaire au Tchad (1960-2016) », *Les Temps Modernes*, n° 693-694, 2017, pp. 222-266.

[133]. Dingammadji Arnaud, *Ngarta Tombalbaye. Parcours dans la vie politique du Tchad (1959-1975)*, Paris, L'Harmattan, 2007, *Les gouvernements du Tchad : De Gabrielle Lisette à Idriss Deby Itno, (1957-2010)*, N'Djamena, Paris, Al Mouna, L'Harmattan, 2011, Abderahman Dadi, *Tchad, L'État retrouvé*, Paris, L'Harmattan, 2000, Laoukissam Laurent Feckoua, *Tchad. La solution fédérale. Une dynamique de paix et une stratégie de développement par la gestion partagée*, Paris, Présence africaine, 1996, Robert Buijtenhuijs, *Le Frolinat et les guerres civiles du Tchad (1977-1984)*, Paris, Karthala, 1987. Christian Bouquet, *Tchad. Genèse d'un conflit*, Paris, L'Harmattan, 1982, Bichara Idriss Haggar, *Histoire politique du Tchad sous le régime du président François Tombalbaye. 1960-1975. Déjà le Tchad est parti !* Paris, L'Harmattan, 2007, *Les partis politiques et les mouvements d'opposition armés de 1990 à 2012*, Paris, L'Harmattan, 2014, *Quand les hommes en armes s'imposent aux politiques. Tchad (1975-1982)*, Paris, L'Harmattan, 2017.

grandes questions qui reviennent le plus souvent dans les travaux en sciences sociales.

En étudiant les politiques et les pratiques des papiers d'identité, nous avons voulu poser le débat d'une autre manière et sortir de la logique qui consiste à comprendre les phénomènes politiques du Tchad à travers l'histoire de ses conflits. Cette histoire reste un élément important dans l'organisation sociale, politique et économique du pays, mais elle ne doit pas être la seule voie que les recherches doivent emprunter. L'étude des papiers d'identité permet de questionner plusieurs objets, notamment sur la formation de l'État et ses mécanismes de monopolisation et de démonopolisation.[134]

Cette recherche nous permettra d'interroger, à partir de l'identification, les différents moments de l'histoire politique, économique et sociale du Tchad. Il faut rappeler que l'instauration des papiers d'identité au Tchad est liée, comme nous l'avons mentionné, au contexte colonial qui en faisait un usage d'abord de catégorisation entre ceux qu'on appelait les « indigènes » et les citoyens français avant qu'il ne soit répandu à tous les citoyens, après l'octroi des droits sociaux et politiques. Pour rendre observable cette catégorisation, les papiers d'identité sont des supports sur lesquels ces distinctions sont inscrites. Bien que nous n'ayons pas mené de recherches sur la période coloniale, notre travail entend contribuer à la connaissance de l'ordre colonial et postcolonial, car nous savons que ces pratiques d'identification, héritées de l'administration coloniale, sont aujourd'hui reproduites par les élites tchadiennes. Laurent Feckoua qualifie même l'administration tchadienne contemporaine « d'une pâle copie de l'administration coloniale »,[135] qui se serait transformée au cours de l'évolution politique et sociale de l'État.

Cette recherche nous permettra aussi de saisir les enchevêtrements qui existent entre les logiques nationales et transnationales à travers les politiques de l'identification des individus. Le résultat de ce travail vise à montrer, surtout avec l'exemple de la

---

[134]. Contrat de rattachement ISP 2020-2024, Axe 4, « Formations et transformations des États – Du jeu national à l'enjeu transnational ».
[135]. Laoukissam Laurent Feckoua, Ibid. p. 19.

biométrie, que ces questionnements transcendent le contexte national. La montée en puissance de la biométrie s'accompagne aussi des pratiques de la corruption, qui ne sont pas seulement liées aux comportements des élites nationales, mais qui engagent aussi des élites économiques et politiques des pays producteurs des technologies biométriques. Des questionnements, qui sont de l'ordre du classique, dans les travaux sur les administrations publiques en Afrique, se posent dans cette recherche, à savoir sur la corruption, le clientélisme politique, l'injustice sociale et les alliances politiques et familiales dans la prédation des ressources publiques.

VI. Plan de l'ouvrage

Le travail est organisé autour de trois parties. La première partie analyse les dynamiques politiques et administratives de l'identification des individus. Nous retracerons dans le premier chapitre le processus de l'invention du système d'état civil et de la carte d'identité en remontant jusqu'à la création de l'administration coloniale dans les années 1900. Le rapport entre l'état civil et la fluidité des noms est appréhendé dans le deuxième chapitre. Quant au troisième chapitre, il est consacré à l'analyse des politiques internationales en matière d'état civil et d'identification civile des individus. Dans la deuxième partie, nous étudions le processus de papierisation des identités au quotidien. Le quatrième chapitre nous permet de saisir le fonctionnement des services publics de l'identité civile de N'Djamena. Le chapitre cinq est consacré à l'analyse des politiques de biométrisation des identités civiles. Les politiques et pratiques d'identification des « retournés » tchadiens de la crise centrafricaine font l'objet d'une étude dans le chapitre six. Notre troisième partie appréhende les usages sociaux de la carte d'identité. Le chapitre sept de cette troisième partie traite des questions liées aux interactions sociales dans les guichets du service de l'identité civile. Dans le huitième chapitre, nous étudions la vie sociale des papiers d'identité au quotidien. Enfin, dans le chapitre neuf, il est question d'analyser la problématique du contrôle des papiers d'identité à N'Djamena et aux postes de contrôle de sécurité.

PREMIERE PARTIE

LA BUREAUCRATISATION DES IDENTITES

La première partie de ce travail étudie les politiques d'identification des individus depuis les premières années de l'administration coloniale. Avant l'introduction des papiers d'identité, il existait diverses techniques et pratiques d'identification des individus en fonction des groupes sociaux et des localités. La création du poste administratif au bord du fleuve Chari, après la conquête de Kousseri en 1900, marque le début des nouvelles formes d'identification des individus.

Le premier chapitre retrace l'histoire de la bureaucratie de l'identité de l'époque coloniale aux premières années de l'accession du Tchad à l'indépendance.

Le deuxième chapitre analyse la rencontre entre les techniques d'identification sociale et celles issues de la bureaucratie et étudie comment ces différentes techniques coexistent et s'enchevêtrent. Au Tchad, le nom d'un enfant renvoie à un événement, une expérience ou une épreuve de la famille ou un membre de la famille. Nommer en outre n'est pas seulement l'affaire des parents : des membres de la famille et de l'entourage y participent. L'individu peut ainsi avoir deux à trois noms, ce qui pose des difficultés d'harmonisation pour les services d'état civil.

Le troisième chapitre explore les politiques internationales en matière d'état civil et d'identification des individus au Tchad. Nous montrons dans ce chapitre que la papierisation des identités fait partie de l'agenda des organisations internationales depuis la déclaration des objectifs du millénaire en 2000 et plus encore depuis les objectifs du développement durable en 2015, qui consacrent une part importante à la question de l'identification. L'organisation des Nations Unies et ses différents organismes spécialisés accompagnent les États dans leurs politiques nationales de déclaration des faits d'état civil. Cet intérêt des organisations internationales s'est renforcé avec l'introduction de nouvelles technologies d'identification, comme réponse à la lutte contre l'insécurité transnationale.

CHAPITRE I

L'HISTORICITE DES POLITIQUES DE PAPIERISATION DES IDENTITES

Comprendre l'historicité de la politique d'identification des individus au Tchad, nécessite le rappel des différentes phases de l'histoire administrative et politique de la construction de l'État tchadien. Pour parler de la formation de l'État, nous emprunterons la distinction introduite par Bruce Berman et John Lonsdale, entre la « construction de l'État », en tant que création délibérée d'un appareil de contrôle politique, et la « formation de l'État » en tant que « processus historique conflictuel, involontaire et largement inconscient, conduit, dans le désordre des affrontements et des compromis, par la masse des anonymes ».[136]

La « formation de l'État » selon la définition de ces auteurs va nous conduire à remonter au-delà de la conquête coloniale du Tchad. Nous sommes bien conscients que l'État tchadien est « formé » et « construit »[137] selon des dynamiques plurielles, mais en ce qui concerne les questions d'identification des individus qui nous préoccupent dans ce travail, nous faisons le choix de parler de sa formation, en référence à l'administration coloniale et à différentes structures sociales et politiques préétablies avant les conquêtes coloniales.

Cet espace, appelé aujourd'hui « Tchad », a été dirigé pendant plusieurs siècles par trois grands empires, dans le Nord et le Centre, le

---

[136]. Bayart Jean-François, (dir.), *La greffe de l'État,* Paris, Karthala, 1996, p. 6. « Hors de la « vallée malheureuse » de l'africanisme », In : Revue française de science politique, 44e année, n° 1, 1994, pp. 136-139. Cette distinction est faite dans l'ouvrage publié par Bruce Berman et John Lonsdale, *Unhappy valley ; Conflict in Kenya and Africa. Book two: violence and ethnicity*, James Currey, 1992, 288 p.

[137]. Debos Marielle, *Le métier des armes au Tchad. Le gouvernement de l'entre-guerres*, Paris, Karthala, 2013, p. 219.

Kanem-Bornou, le Baguirmi et le Ouaddaï. Selon plusieurs auteurs,[138] la population du nord du Tchad était hiérarchisée et divisée en groupes distincts. La collecte de l'impôt[139] et le commerce des esclaves constituaient les principales activités de ces empires. L'historiographie des études sur le Tchad montre qu'il existait une culture lettrée dans le Nord et le Centre grâce à l'implantation de l'islam, dans cette région, vers le Xe siècle.[140] Mais une administration structurée n'y existait pas. En ce qui concerne l'identification des individus, il faut attendre l'arrivée de l'administration coloniale pour qu'il y ait diffusion de la culture des papiers d'identité dans ces sociétés. Quant aux populations du Sud, elles ne semblent pas non plus avoir connu ces types d'organisation, mais une structuration centrée autour des membres de la famille. Elles sont sédentaires et pratiquaient l'agriculture et l'élevage, à l'exception de la société Moundang qui, selon, Gali Ngothé Gatta, avait une structure organisationnelle inspirée du modèle Foulbé.[141] Le pouvoir de ces sociétés du Sud était organisé autour des clans et des lignages. Selon ce chercheur, il n'y a jamais eu, dans le Sud-Tchad, une structure juridico-administrative centralisée qui ressemblerait à un État moderne.[142] Il faut attendre la création du service administratif par la colonisation pour que la bureaucratie des identités soit mise en place au Tchad. Ainsi l'histoire de la carte d'identité est liée à l'évolution politique et administrative des colonies de l'Afrique équatoriale française (AEF). Dès les premières années de la colonisation, les papiers d'identité avaient deux fonctions, les impôts et la sécurité.

---

[138]. Bouquet Christian, *Tchad : Genèse d'un conflit,* Paris, L'Harmattan, 1982 ; Bernard Lanne, « Les populations du Sud-Tchad », *Revue française d'études politiques africaine*s, n° 163-164, 1979

[139]. Gervais Raymond, « La plus riche des colonies pauvres : La politique monétaire et fiscale de la France au Tchad (1900-1920) », *Journal canadien des études africaines*, vol.16, n° 1, 1982, pp. 93-11.2.

[140]. Kodi Mahamat, Islam, sociétés et pouvoir politique au Baguirmi (Tchad) : Des origines au milieu du XIXe siècle, Thèse de doctorat d'Histoire, Université Paris la Sorbonne, 1993.

[141]. Gatta Gali Ngothe, *Tchad : guerre civile et désagrégation de l'État,* Paris, Présence africaine, 1982 p. 33.

[142]. Gatta Gali Ngothe. Ibid. p. 35.

L'objet de ce chapitre est de retracer l'histoire de l'identification des individus au Tchad. Nous voulons chercher à comprendre comment les papiers d'identité furent introduits dans les sociétés du Tchad qui, avant l'arrivée de la colonisation, disposaient de leurs propres modes de reconnaissance d'identités des membres. L'introduction du papier comme méthode d'identification va induire de nouvelles manières de penser et d'agir qui vont transformer, peu à peu, le mode d'organisation de ces sociétés. Ce chapitre est structuré autour de cinq parties. Nous allons, tout d'abord, analyser la relation entre la conquête coloniale du Tchad et l'introduction des papiers d'identité. Il est aussi question de voir comment les papiers d'identité constituaient un dispositif de contrôle social des indigènes pendant la période de la colonisation. Le deuxième point sera sur le changement politique intervenu vers la fin des années 1946 avec la création de l'Union française et l'octroi des droits sociaux et politiques aux indigènes.

Après l'accession à l'indépendance, en 1960, le gouvernement tchadien a institué la première carte nationale d'identité. Nous essaierons ensuite d'analyser les dynamiques politiques liées à cette carte d'identité, dans la troisième partie. La quatrième partie du chapitre appréhende la carte d'identité comme support de l'identité. Il s'agit ici de décrire et d'analyser les différentes informations contenues dans une carte d'identité délivrée en 1978. Enfin, notre dernière section sera consacrée à l'analyse de la politisation des dispositifs d'identification des individus par les régimes qui se sont succédé au Tchad.

I. La conquête du Tchad et les papiers d'identités (1900 à 1945)

Les frontières actuelles du Tchad sont issues des conventions signées entre la France, l'Allemagne et la Grande-Bretagne, en 1894, 1898 et 1899.[143] C'est après la Conférence de Berlin que les territoires du Tchad sont revenus à la France. Selon certains historiens,[144] la conquête des territoires du Tchad serait liée à la position stratégique du lac Tchad, reliant quatre États, le Cameroun, le Nigeria, le Niger et le Tchad. Après plusieurs missions d'exploration, la France fait face à la

---

[143]. Abakar Abdoulaye Kassambara, La situation économique et sociale du Tchad de 1900 à 1960, thèse de doctorat en Histoire, Université de Strasbourg, 2010.
[144]. Bouquet Christian, *Tchad : Genèse d'un conflit*, Paris, L'Harmattan, 1992.

résistance des populations locales et des armées de l'esclavagiste Rabah.[145]

Pour imposer son monopole sur ces territoires, la France doit utiliser des moyens importants pour détruire la capacité guerrière de Rabah. C'est ainsi que le gouvernement français envoie trois missions, la mission Joalland-Meynier, venant du Niger, la colonne Foureau-Lamy, formée au Congo et la mission Gentil.

En se rejoignant au confluent des deux fleuves, le Logone et le Chari, ces missions mirent fin à la puissance de Rabah. Celui-ci avait conquis et occupé, pendant des années, les royaumes du Baguirmi et du Bornou. Il installa la capitale de son empire à Dikowa, réorganisa son armée et tissa de nouvelles alliances avec d'autres pays arabes afin de lancer d'autres opérations.

C'est lorsqu'il se prépara pour attaquer le Ouaddaï que l'armée française lui fit face. Les forces armées françaises furent appuyées, dans ce combat, par les chasseurs et les soldats de l'empire du Baguirmi qui ont souffert des attaques répétitives de Rabah.

C'est le 5 septembre 1900, après la bataille du 22 mai, à Kousseri, petite localité située à l'extrême nord du Cameroun, opposant les soldats de l'armée française et les troupes de Rabah que le Président de la République française, Émile Loubet, signe, à Rambouillet, un décret créant un Territoire militaire des pays et protectorats du Tchad, rattaché aux territoires du Congo Français et dépendances. C'est lors de cette bataille que le commandant de la colonne Foureau-Lamy trouva la mort. Ce décret permettra à la France de hisser son drapeau et de créer un poste administratif, dans un petit village arabe, Kotoko, situé au confluent du fleuve Logone et du Chari, qui sera appelé le 29 mai 1900 Fort-Lamy, à la mémoire du commandant Lamy.

---

[145]. Rabah (Rabih al-Zubeir ibn Fadl Allah ou Rabih Fadlallah) (vers 1842-1900) est un seigneur de la guerre au Soudan et un trafiquant d'esclaves qui devint sultan du Bornou en Afrique centrale, jusqu'à sa mort, le 22 avril 1900, au cours d'un affrontement avec l'armée française (https://fr.wikipedia.org/wiki/Rabah).

Figure 2: Carte géographique du Tchad

Source, IRD, Service d'information géographique, Janvier 2020.

La création du poste administratif de Fort-Lamy ne donne pas encore carte blanche à l'armée française. Elle a dû faire face non seulement aux troupes de Rabah, mais aussi à celles du sultan du Ouaddaï et aux partisans de la confrérie religieuse sénoussites, au Nord. Ce territoire militaire des pays du Tchad est érigé en circonscription en 1902, dont la direction politique et financière est confiée à un administrateur civil. Il faut attendre quatre ans après la création de la circonscription pour qu'un autre décret, du 11 février 1906, crée la colonie l'Oubangui-Chari-Tchad, placée sous l'autorité d'un lieutenant-gouverneur résidant à Bangui. À ce moment, tout le territoire du Tchad n'était pas encore sous l'occupation française, à l'exemple de la grande partie des régions du nord, notamment l'empire du Ouaddaï, resté hostile à la France jusqu'en 1911.

Avec la création de la fédération d'Afrique Équatoriale française (AEF), en 1910, le territoire du Tchad est intégré à cette entité. Le 12 avril 1916, le territoire du Tchad est séparé de l'Oubangui-Chari, ce qui lui donne le statut de colonie sous la direction d'un administrateur, le lieutenant-gouverneur. Il est assisté d'un conseil d'administration et d'une administration militaire. Pour reprendre la formule de Pierre Hugot, le Tchad est resté jusqu'aux années 1960 un territoire des « commandants ».[146] L'administration du Borkou-Ennedi-Tibesti (BET), par exemple, resta jusqu'en 1964, avant que cette région ne revînt de droit aux administrateurs civils tchadiens, c'est-à-dire quatre ans après l'indépendance du Tchad, en 1960.

Après une période d'improvisation pendant la conquête et les premières années d'occupation, le gouverneur général Merlin institua, le 5 octobre 1910, pour l'Afrique Équatoriale française (AEF) un système de découpage territorial doté d'une administration locale. Ces subdivisions territoriales prirent le nom de districts, en 1947, et furent placées sous l'administration directe du gouverneur général de Brazzaville, au moins jusqu'à la loi-cadre de 1956.[147] A côté de l'administration coloniale, il existait une administration locale, gérée par des chefs traditionnels, selon les communautés ethniques. L'administration locale, basée sur l'oralité, va pour la première fois faire face à la culture de papier. Mais cette nouvelle pratique allait

---

[146]. Hugo Pierre, *Le Tchad*, nouvelle éditions latines, cité par Jean Cabot et Christian Bouquet, *Le Tchad,* Que sais-je ?, Paris, PUF, 1973, Gali Ngothé, T*chad. Guerre civile et désagrégation de l'État*, Paris, Présence africaine, 1985.

[147]. La loi n° 56-619 du 23 juin 1956, dite loi-cadre Defferre, autorisa le gouvernement français à mettre en œuvre les réformes et à prendre les mesures propres à assurer l'évolution des territoires sous l'empire français. Elle crée dans les territoires d'outre-mer des Conseils de gouvernement élus au suffrage universel, ce qui permet au pouvoir exécutif local d'être plus autonome vis-à-vis de la métropole. Elle crée aussi le collège électoral unique alors que jusque-là les habitants étaient répartis en deux collèges selon leur statut civil. https://fr.wikipedia.org/wiki/Loi-cadre_Defferre.

rencontrer des obstacles, d'abord du fait de l'ignorance par les populations locales de la langue de la colonisation qui est le français et en second lieu par la méconnaissance de toute culture administrative. Mais ces difficultés allaient être résolues par la scolarisation des premiers cadres tchadiens dans les années 1940.[148] Pour pacifier l'espace conquis, l'administration coloniale transforma certains gros villages en postes militaires, traça des routes pour relier les villages aux autres contrées et ensuite, regroupa ces villages pour former des cantons et des circonscriptions. Les cantons et les villages ont ainsi été créés, à partir de 1920, par l'arrêté du gouverneur général, sur proposition des chefs de districts.[149] Cette politique permettait aux commandants d'être en contact avec les populations autochtones par l'intermédiaire des autorités locales.

Dans le but d'avoir une mainmise sur la population locale, parfois hostile à la présence de l'administration coloniale et aux levées d'impôts, l'État français va mettre en place un dispositif d'identification et de recensements de la population afin de contrôler la circulation des « indigènes ».[150] C'est dans ce contexte que naquirent le certificat de sortie ainsi que la déclaration de déplacement dans les districts ou auprès des chefs de canton. L'instauration de cette déclaration de sortie ou du certificat de déplacement temporaire marque, à notre avis, le début de l'institutionnalisation de la bureaucratie des identités au Tchad. C'est pourquoi, s'interroger sur la bureaucratisation des identités au Tchad nous amène à faire un travail de choix entre les différents documents d'identité qui font l'objet des politiques et des pratiques de ces artefacts[151] pour reprendre le terme cher à Béatrice

---

[148]. Hassan Khayar Issa, *Tchad. Regards sur les élites ouaddaniennes*, Paris, CNRS, 1984, 23 pages. Adoum Mbaioso, *L'éducation au Tchad : bilan, problème et perspectives*, Paris, Karthala, 1990, p. 99. Ali Koré Aboubakar, La socialisation politique du Tchad. Analyse critique des contenus des livres scolaires pour la période de 1960-2005, Thèse de doctorat en Sociologie à l'Université de Franche-Comté, 2011.p. 134.

[149]. Colosio Valerio, (Re)-naming the cantons, re-exerting authority. Ambiguities of law and nature of power in rural Chad. (Proposition article non publié), 2019.

[150]. Lanne Bernard, *op. cit.* p. 231.

[151]. Fraenkel Béatrice, « Epreuves de l'identification » in Claudia Moatti et Wolfgang Kaiser, (dir.), *Gens de passage en Méditerranée de l'antiquité à*

Fraenkel. C'est pour cette raison qu'il est important dans le cadre de ce travail de s'interroger sur l'identification.

Dans les territoires de l'Afrique Équatoriale française, il faut attendre l'année 1894 pour que le premier dispositif d'enregistrement des faits d'état civil soit instauré pour les citoyens français vivant sur le territoire colonisé.[152] Cette première expérience d'identification n'était pas effective sur tout le territoire ni étendue à tous les individus concernés de la région. Le Tchad, en tant que territoire militaire et protectorat des pays du Tchad, a connu son dispositif d'identification, créé par un arrêté du Gouverneur général, en 1903. C'est après la création du poste administratif de Fort-Lamy que l'administration coloniale a mis en place un centre pour l'état civil permettant l'enregistrement des actes d'état civil pour les administrateurs coloniaux et leurs collaborateurs. L'administration de l'état civil a fonctionné sur la base de cet arrêté sur tout le territoire du Tchad.[153] L'établissement des actes d'état civil fut sous la responsabilité du commandement militaire de Fort-Lamy. Pour obtenir un extrait d'acte de naissance, de reconnaissance, de mariage ou de décès, il fallait appartenir à une catégorie socio-professionnelle telle que, ouvrier, militaire ou administrateur colonial.

Les registres d'état civil de 1915 et 1917 que nous avons consultés à la mairie de N'Djamena indiquent cette différenciation. C'est après une dizaine d'années que la déclaration des faits d'état civil est élargie à une certaine catégorie de population dite « évoluée ». L'appartenance ethnique est mentionnée dans le registre d'état civil en termes de « race » ou de « coutume ». On voit sur le registre des extraits d'actes de naissance délivrés à la commune de Fort Lamy, en 1915, la « race » d'appartenance « Goulaye,[154] Kabalaye, Sara ou Mousseye » est mentionnée. Il semble important de rappeler ici que

---

l'époque moderne. Procédures de contrôle et identification, Paris, Maisonneuve et Larose, 2007, p. 174.

[152]. Ministère du Plan et de la Coopération internationale, Rapport sur la gestion de l'état civil dans une collectivité locale, N'Djamena, novembre 2015.

[153]. Lanne Bernard, *Histoire politique du Tchad de 1945 à 1958: administration, partis, élections,* Paris, Karthala, 1998.

[154]. Goulaye, un groupe social situé entre trois régions, la Tandjilé, Le Logone oriental et le Mandoul, proche du groupe Sara, au sud du Tchad.

cette distinction est le résultat du régime de l'indigénat auquel la population locale était soumise. Selon les auteurs comme Jacques Le Cornec et Bernard Lanne, le régime de l'indigénat a été organisé très sommairement par un décret du 17 mars 1903. La création des papiers d'identité participe de ce régime de domination coloniale, que Georges Balandier nomme, dans un article publié en 1951, la « situation coloniale ».[155] Ces mesures administratives ont permis aux colonisateurs d'avoir un regard sur les mouvements des populations locales. Pour comprendre l'histoire de l'institution des papiers d'identité, il est crucial de saisir la logique de l'administration coloniale, à partir des catégories que cet appareil bureaucratique a fabriquées : des indigènes, des « évolués », des citoyens… C'est à travers ce système d'indigénat que l'on pourrait reconstituer l'histoire des papiers d'identité au Tchad.

Dans la « situation coloniale », bon nombre de dispositions concernant les libertés publiques ou les droits furent prises par décrets émanant du ministère des Colonies, doté ainsi d'un véritable pouvoir. Les administrateurs ne faisaient souvent que ratifier des situations de fait, qualifiées de spécificités locales : la division de la population entre les colonisateurs et les colonisés, entre citoyens et sujets français. Toutes les libertés étaient soumises à un Code de l'indigénat, qui limitait les libertés.[156]

Il faut rappeler que ce code était un régime juridique doté d'une contrainte et applicable sur tous les territoires sous domination coloniale.[157] Il fut introduit, en 1881, en Algérie puis en Afrique subsaharienne. Ceci constituait un système de peine spécifique infligée par l'administration sans ou avec l'intervention de l'autorité judiciaire, et renvoie à la notion de « sujet », « d'indigène » et au statut juridique de tous ceux qui, dans l'empire colonial, n'étaient pas des citoyens français.

---

[155]. Balandier Georges, « Situation coloniale : Approche théorique », *Cahiers internationaux*, vol. 11, Paris, PUF, 1951, p. 8.
[156]. Archives d'Afrique Équatoriale française, version électronique, GG 174 : conseil d'administration de l'AEF.
[157]. Ibid : Réglementation de la justice indigène en AEF.

Qui est indigène avant 1946 au Tchad ? La réponse est donnée par les articles 3 et 39 du décret, du 12 mai 1910, réorganisant la justice en Afrique-Équatoriale française, définissant le non-indigène ; est indigène quiconque n'aurait pas appartenu aux catégories suivantes : les citoyens français, les étrangers appartenant à une nationalité reconnue ou à une nation en relations diplomatiques avec la France, les indigènes des colonies ou possessions françaises jouissant, dans leur pays d'origine, du statut métropolitain.[158] Un citoyen a un statut civil métropolitain, c'est-à-dire qu'il est régi par le Code civil. Un indigène tchadien est régi par un statut civil coutumier.[159]

Dans chaque circonscription, la justice est rendue par un tribunal indigène présidé par le chef de circonscription, assisté de deux assesseurs, un fonctionnaire colonial et deux indigènes nommés tous deux par le Lieutenant-gouverneur. Après les réformes dites humanistes, inspirées par le gouverneur général de l'AEF, Felix Éboué, en 1941, un autre décret institua, en 1943, des juridictions coutumières. Elles ne furent pas mises en application. Le texte juridique de 1944 crée les tribunaux coutumiers, composés uniquement des chefs et de notables indigènes et présidés par un des chefs. Nous insistons sur ce sujet pour dire que l'activité des tribunaux indigènes se fondait exclusivement sur des déclarations orales, sans lois écrites et presque sans registres.[160] Le seul domaine du droit civil où l'administration coloniale intervenait était celui de l'état civil. Bernard Lanne indique, dans son ouvrage, qu'en 1940, à Melfi, une circonscription au centre du Tchad, l'administrateur Hersé rendit 100 jugements déclaratifs de mariage lors d'un recrutement des tirailleurs, permettant ainsi à leurs épouses de percevoir des indemnités de guerre. Plus tard, des fonctionnaires firent reconnaître la naissance de leurs enfants par des jugements supplétifs pour bénéficier des prestations familiales. C'est à ce moment que certaines administrations commencèrent à enregistrer des naissances et des décès aux dispensaires et à la prison dans d'autres

---

[158]. Archives de l'AEF, GG 361 tribunaux indigènes. Ces archives sont diffusées en ligne par la direction des archives de la bibliothèque nationale de Brazzaville. Ce sont des données numérisées dont l'accès est ouvert et gratuit.

[159]. Décrets, Arrêtés et circulaires de 1906 organisant la justice française et indigène en AEF.

[160]. Lanne Bernard, *Histoire politique du Tchad de 1945 à 1958. Administration, partis, élections,* Paris, Karthala, 1998, p. 42.

circonscriptions, afin de pouvoir délivrer des jugements supplétifs aux combattants.

Les centres d'état civil existaient bien avant cette période dans les grands centres urbains, Fort-Lamy, Fort-Archambault, Moundou et Abéché, mais les populations locales n'étaient pas concernées, à l'exception des collaborateurs de l'administration coloniale, comme les interprètes, les cuisiniers, les tirailleurs qui pouvaient prétendre déclarer la naissance de leurs enfants. À la lecture des dispositions de ce régime de l'indigénat, on peut comprendre que l'administration coloniale avait un pouvoir de contrôle à distance, non seulement sur l'individu par la voie de son identification, mais aussi par son appartenance à un groupe social.

Avant la mise en place de ce dispositif de déclaration des actes d'état civil, le gouverneur général avait pris un arrêté, le 26 février 1937, instituant une déclaration ou un certificat de sortie pour les indigènes. Pour tout déplacement dépassant un délai de dix jours, il fallait disposer d'un laissez-passer délivré par le chef de la subdivision territoriale. Un changement définitif de résidence exigeait une déclaration ou un certificat délivré par un chef de village ou du district. Sur la base de ce laissez-passer, les administrateurs coloniaux avaient un regard éclairé sur l'identité de l'individu en fonction de ses déplacements.

Le peu de succès du laissez-passer a poussé le gouverneur général à apporter des améliorations par un nouveau papier, appelé « carte d'identité facultative ».[161] Cette carte était gratuite et pouvait tenir lieu de « laisser-passer ». Elle comporte le nom, le prénom, la coutume, les informations sur l'imposition et la photographie du porteur. Cependant, sa confection n'était possible que dans les localités où il y avait un centre d'identification, ce qui a fait qu'elle n'a pas eu plus de succès que le laissez-passer. Le 27 avril 1940, les autorités coloniales rendirent obligatoire cette carte. Deux autres mesures phares furent introduites en 1944 et 1949 dans le contexte de la politique coloniale d'identification des individus sur le territoire tchadien. L'arrêté du 27 mai 1944 du gouverneur général de l'AEF rendit officiel l'instauration d'un livret d'identité, établi par les chefs de subdivision

---

[161]. Lanne Bernard, op. cit.p. 65.

moyennant une somme de 1 F (précises). Le livret donnait de nombreux renseignements sur l'identité et la situation fiscale, judiciaire et sanitaire du porteur. Une sanction sévère était prévue pour tous ceux qui ne détenaient pas ce document. C'est aussi le cas du processus d'identification qui a pris sa source dès la mise en place du poste administratif de Fort-Lamy, avec l'établissement des actes d'état civil réservés aux citoyens français.

La formalisation de cette pratique d'identification va être effective grâce à la collaboration locale,[162] aux autorités locales, les chefferies,[163] que l'administration coloniale créa dans les différents villages, cantons, districts, circonscriptions et départements. En imposant des chefs parfois impopulaires, ceux-ci sont désignés parmi les personnalités les plus soumises à l'autorité française parfois parmi les plus serviles.[164] Ces chefs n'étaient pas seulement des autorités locales, mais ils étaient aussi des agents de renseignements auprès de leurs propres congénères. Pour faire un voyage d'un village à un autre, le sujet est appelé à informer son chef du motif et du lieu de son déplacement. Grâce à ces relais locaux, l'administration coloniale pouvait avoir des informations sur les personnes qui pourraient sembler dangereuses. Les commandants s'en servaient le plus souvent pour la collecte des impôts.[165]

Il faut dire que l'impôt a joué un rôle prépondérant dans l'histoire de l'identification des individus. Les tickets d'impôts furent utilisés comme des cartes d'identité, car on pouvait voir sur ces tickets le nom, le prénom et la taille de la famille.[166] Les chefs recevaient, à chaque collecte, un pourcentage qui leur revenait de droit. L'administration créait ce système afin d'inciter les chefs à collecter

---

[162]. Rothiot Jean-Paul, « Une chefferie précoloniale au Niger face aux représentants coloniaux. Naissance et essor d'une dynastie », *Cahier d'histoire,, Revue d'histoire critique,,* 2001,, p.p. 2

[163]. Tidjani Alou Mahaman, « La chefferie et ses transformations : de la chefferie coloniale à la chefferie postcoloniale », Rapport du *Lasdel, Etudes et Travaux n°* 76, Niger, 2009

[164]. Bouquet Christian, *Tchad. Genèse d'un conflit*, Paris, L'Harmattan, 1982.

[165]. Roger Gervais, op. cit. p. 9.

[166]. Gonidec Pierre-François, *La République du Tchad*, Berger-Levrault, Paris, 1971.

davantage d'impôts auprès des habitants de leur circonscription. Comme le précise Gonidec, les chefs étaient « fonctionnarisés ».[167] Cette politique fut modifiée en théorie, par le gouverneur Eboué, en 1941.

Le rapport entre les chefs de canton et les districts était permanent, car c'est aussi à ce niveau que tout convergeait : les ordres et directives venant d'en haut et les rapports avec les administrés.

II. L'Union française et l'octroi des droits sociaux en Afrique-Équatoriale française (1946-1958)

Nous allons montrer, dans cette sous-partie, comment les réformes politiques entreprises par le gouvernement français après la Seconde Guerre mondiale ont conduit à une transformation de la vie politique et du statut civil des populations de l'AEF et du Tchad en particulier. Nous allons étudier le lien qui existe entre la constitution française de 1946 et l'évolution des droits sociaux et politiques. Cette constitution prévoit la création de l'Union française, réunissant tous les territoires d'outre-mer et ceux de la métropole. Il est important de rappeler que l'esprit de l'Union française est né pendant la conférence de Brazzaville.

Le 30 janvier 1944, plus de dix-huit gouverneurs des colonies françaises d'Afrique noire, les représentants de l'assemblée consultative d'Algérie et d'Afrique du Nord se sont réunis à Brazzaville, capitale de l'AEF, en présence du Général de Gaulle.

Dans son discours introductif, celui-ci déclare, « Il n'y aurait aucun progrès si les hommes, dans leur terre natale, ne pouvaient s'élever jusqu'au niveau où ils seront capables de participer chez eux à la gestion de leurs propres affaires » En poursuivant son discours, il indiqua qu'il fallait « étudier les considérations morales, sociales, politiques et économiques qui (…) paraissent devoir être appliquées dans chacun de nos territoires pour qu'ils s'intègrent dans l'Union française avec leur personnalité, leurs intérêts, leurs aspirations et leurs avenirs ».[168]

---

[167]. Gonidec, Ibid p. 53.
[168]. Lanne, *Op. cit.* p. 42.

Ce discours répondait, en partie, aux voix qui se sont levées pour dénoncer les pratiques de l'administration coloniale d'une manière générale et les effets de la domination coloniale, en particulier. Il est ressorti de cette conférence plusieurs recommandations dont celle de la mise en place d'une assemblée constituante dans chaque colonie.

Au retour de la conférence de Brazzaville, des élections constituantes étaient organisées successivement en 1945 et en 1946, ouvrant ainsi le chemin à l'autonomie du Tchad. On peut remarquer, dans le préambule de la Constitution de 1946, que :

> « La France forme avec les peuples d'outre-mer une union fondée sur l'égalité de droits et des devoirs, sans distinction de race ni de religion. L'Union française est composée des nations et des peuples qui mettent en commun leurs ressources et leurs efforts pour développer leurs civilisations respectives (…). Fidèle à sa mission traditionnelle, la France entend conduire les peuples, dont elle a pris la charge, à la liberté de s'administrer eux-mêmes et de gérer démocratiquement leurs affaires ; écartant tous systèmes de colonisation fondés sur l'arbitraire, elle garantit à tous l'égal accès aux fonctions publiques et à l'exercice individuel ou collectif des droits et libertés proclamés ou confirmés ci-dessus ».[169]

Ce passage de la constitution change le destin politique et administratif des populations de l'Afrique-Equatoriale française. Ce qui est important, et surtout en lien avec la question que nous traitons, est celui du changement intervenu avec la loi du 7 mai 1946, dite « loi Lamine Gueye », étendant, en théorie, le statut de citoyen à toutes les populations des territoires d'outre-mer. « A partir du 1er juin 1946, tous les ressortissants des territoires d'outre-mer (Algérie comprise) ont la qualité de citoyen, au même titre que les nationaux français de la métropole et des territoires d'outre-mer ».[170] La loi Lamine Gueye va donner une nouvelle orientation au gouvernement français dans la gestion politique et administrative de toutes les colonies.

---

[169]. Lanne, Ibid. p. 44.
[170]. Loi n° 46-940 du 7 mai 1946, tendant à proclamer citoyens tous les ressortissants des territoires d'outre-mer, Digithèque MJP, consulté le 5 janvier 2018.

Les populations du Tchad qui, comme celles des autres colonies de l'AEF, sont soumises à l'ordre du système de l'indigénat, peuvent désormais bénéficier, grâce à cette loi, de droits civiques et politiques.

Dans les textes de la Constitution de 1946, le régime de l'indigénat qui prévalait dans les colonies fut officiellement supprimé. Cette politique coloniale de catégorisation des individus[171] qui aboutit notamment à la cristallisation d'un système de distinction et d'opposition entre « sujet » et « citoyen », « code civil » et « code de l'indigénat », trouva enfin ses limites grâce à la constitution et à la loi Lamine Gueye. L'organisation judiciaire qui était scindée en deux catégories, le tribunal coutumier pour les indigènes et le tribunal du droit civil pour les ressortissants européens, est aussi rejetée par le texte de la Constitution. Désormais, seul le droit civil français est appliqué sur tout le territoire de l'Union française. C'est ainsi que la bureaucratie des identités qui, dès la création des différents postes administratifs sur les territoires occupés, avait un but policier et judiciaire, va prendre une autre tournure. Les papiers d'identité avaient, dans la plupart des cas une fonction de contrôle sur la mobilité des personnes, car l'administration coloniale se servait des fiches d'identification, des certificats de sortie et de la carte d'identité pour contrôler les déplacements des populations.

En lien direct avec le changement intervenu en 1946, l'administration coloniale autorise l'usage obligatoire de la carte d'identité, à la différence de celle de 1944 qui n'était qu'un livret d'identité. La dernière mesure très importante prise par l'administration coloniale est celle des libertés de circulation et des déplacements à l'intérieur des territoires de l'AEF. C'est suite à cette décision que le Haut-commissaire Cornut-Gentille, nommé en 1948, prit un nouvel arrêté en 1949 – abrogeant ceux de 1937, 1940 et 1944 – pour instituer une carte d'identité unique sur tous les territoires de l'Afrique Equatoriale française. Cette carte est obligatoire à partir de 16 ans. Les autorités ont repris le format de la carte d'identité de 1940, en introduisant, la coutume, les informations fiscales et sanitaires. Après la suppression du régime de l'indigénat, tous les citoyens tchadiens pouvaient obtenir cette carte qui porte aussi les empreintes digitales du

---

[171]. Saada Emmanuelle, « Citoyens et sujet françaises usages du droit en situation coloniale, *Genèses 2003/4, n° 53.*

porteur. Il faut aussi noter que grâce à l'abolition du système de l'indigénat, deux mesures importantes ont été supprimées, à savoir celles des sanctions de police administrative et celles des peines exceptionnelles de l'indigénat, c'est-à-dire l'internement, l'assignation à résidence et les amendes collectives prévues dans le décret de 1924. Désormais, en tant que citoyen de l'AEF, l'individu pouvait obtenir une carte d'identité de la fédération et participer à la vie politique et civique de son territoire.

L'identification permettait à l'administration coloniale, à partir de ses relais locaux (commandants de cercle,[172] chefs de district, interprètes, autorités indigènes), de se renseigner sur les indigènes qui pouvaient potentiellement entrer dans la catégorie de suspects.[173] C'est la fonction des certificats de sorties ou de déclaration de changement de résidence qui furent introduits dans le but de contrôler le déplacement des indigènes.

Comme le souligne Pierre Birnbaum, cité par Gali Ngotté Gatta, avec la colonisation, « une machine politico-administrative durable et complexe, servie par des fonctionnaires qui s'identifient à leur rôle, coupée de la société civile sur laquelle elle tente d'exercer une tutelle complète : en la contrôlant par ses organes administratifs, en la dominant par la police, en l'animant par ses interventions économiques, en l'assujettissant enfin par la conquête des esprits et leur ralliement à ses valeurs ».[174]

III. Les papiers d'identité à la période postcoloniale

Bien avant la mise en place de la carte d'identité, les pratiques d'identification existaient dans les différentes communautés du Tchad. Identifier un individu est une pratique qui, dans le milieu traditionnel,

---

[172]. Dimier Véronique, « Le commandant de cercle : Un « expert » en administration coloniale, un « spécialiste » de l'indigène ?, *Revue d'Histoire des sciences humaines 200/1, n° 10*.

[173]. Drame Amadou, La direction des affaires politiques et administratives : Histoire d'une institution de contrôle du gouvernement colonial français en Afrique de l'Ouest, Thèse d'Histoire, Université Cheik Anta Diop, 2016.

[174]. Birnbaum Pierre, *La logique de l'État,* Paris, Fayard, 1982, cité par Gali Ngotté Gatta, *Tchad. Guerre civile et désagrégation de l'État*, Paris, Présence africaine, 1985.

s'effectuait par certains éléments liés à chaque appartenance culturelle. Avant l'arrivée de la colonisation, pour identifier une personne dans les villages, la langue, l'initiation, les scarifications, la culture étaient les éléments de base d'identification des individus. L'identification passe désormais par une technique bureaucratique qui nécessite l'enregistrement des différentes caractéristiques liées à l'âge, au sexe, à la descendance, à la profession des parents et au lieu d'origine.

Ce changement modifie les comportements des familles et des personnes qui doivent désormais laisser leurs anciennes techniques d'identification et s'adapter à la nouvelle donne par la déclaration de leur identité morphologique inscrite sur le support matérielle qu'est le papier d'identité. Au-delà de la question culturelle, l'introduction de la technique d'identification des individus pose aussi le problème de la construction du nouvel État tchadien. A la différence de l'identification papierisée, ces modalités d'identifications sont, dans la plupart des cas, basés sur les éléments culturels des mêmes groupes sociaux ou sur les individus issus de la même communauté. Le Tchad est un territoire composé de plusieurs communautés qui disposent chacune d'un mode d'identification : un Sara Kaba[175] se distingue d'un Gabri[176] ou d'un Gambaye[177] par sa langue, ses cicatrices, son nom, sa culture, un Tama[178] se singularise aussi du Kotoko[179] ou de l'Arabe par ses signes faciaux et aussi sa langue… Ce sont des pratiques qui permettent à chaque membre de la communauté de se singulariser et de se distinguer des membres des autres communautés. Car cela permet à chaque groupe social de savoir « qui est qui » à partir des techniques qui sont conventionnellement définies au sein de ce groupe. L'introduction de cette culture de papier d'identité par la colonisation transforme ces modes et pratiques d'identification en des « raisons

---

[175]. Groupe social vivant au sud du Tchad, partagé entre la République centrafricaine et le Tchad

[176]. Communauté peuplée dans la région de la Tandjilé. Appelée Gaberi par Casimir Maistre, l'explorateur français qui a signé un traité avec le chef de cette communauté en 1892.

[177]. Les Gambays sont partagés entre le Logone occidental (Moundou) et le Logone oriental (Doba).

[178]. Tama est un groupe social proche des Zagawa. Cette communauté habite dans l'Est du Pays.

[179]. Les Kotoko sont partagés entre le nord du Cameroun et le centre du Tchad.

graphiques »,[180] dont le support est le papier. Nous allons apporter plus d'éclaircissement sur ces questions dans le deuxième chapitre de cette partie.

Dès l'indépendance, en 1960, les nouvelles autorités politiques tchadiennes ont repris cette culture de papierisation des identités en prenant une ordonnance, en 1961,[181] réglementant l'état civil et une autre, en 1962,[182] portant sur le Code de la nationalité tchadienne. Un autre décret est pris, en 1961, instituant la carte d'identité nationale, sur le modèle de la carte d'identité coloniale ; seules les mentions sur le régime de fiscalité et la coutume sont supprimées. Le premier article de ce décret précise : « il est institué une nouvelle carte d'identité nationale dont la délivrance peut être sollicitée par tout Tchadien, âgé de 15 ans au minimum, dès lors qu'il est en mesure de justifier de son identité et de sa nationalité ».[183] C'est aussi ce même décret, en référence au Code de la nationalité, qui fixe les modalités d'acquisition de cette pièce d'identité. C'est alors qu'un document, appelé carte d'identité de nationale tchadienne, fut créé, en remplacement de la carte d'identité coloniale de 1949. Ces ordonnances n'ont pas connu une évolution majeure ni l'application intégrale des différentes dispositions incluses dans ce décret-loi de 1961 et 1962.

IV. Les papiers d'identité comme support de l'identité

Aujourd'hui, les papiers d'identité font partie du quotidien des Tchadiens. Qu'il s'agisse de l'extrait d'acte de naissance, de la carte d'identité nationale, du passeport, du livret de famille, ces « pièces d'identité », sont nos compagnons quotidiens qui parfois nous défendent, parfois nous discriminent et justifient notre identité civile et sociale auprès des administrations publiques ou privées.[184] Nous

---

[180]. Goody Jack, *La Raison graphique. La domestication de la pensée sauvage*, Éditions de Minuit, 1979.

[181]. Revue juridique du CEFOD, code de la nationalité au Tchad, 2010.

[182]. Ibid. Document du CEFOD.

[183]. Décret, n° 174 portant l'institutionnalisation de la carte d'identité nationale, 1961.

[184]. Lyon David, *Identifying citizens. ID card as surveillance*, Polity press, Cambridge, 2009, p. 6

allons tenter, dans ce qui suit, de saisir le papier d'identité comme objet et support de cette identité civile. Il s'agira de s'interroger sur le signifiant et le signifié de ce produit de la bureaucratisation. Nous proposons cependant de nous arrêter ici sur la carte instaurée en 1961 à la suite de l'indépendance du Tchad. On se base principalement sur un duplicata de carte sur le modèle de 1961, délivré dans un centre d'identification judiciaire en 1978 pour une femme que nous appellerons, sous un pseudonyme, Marie Baldji.

Figure 3 : Duplicata de la carte d'identité nationale de 1961

Source : Archive privée, fournie par J., agent retraité du centre d'identification judiciaire, décembre 2015

À première vue, à l'indépendance, la nouvelle politique d'encartement de l'État tchadien semble marquer une rupture, du moins dans la vision politique des nouvelles autorités, avec celle de l'administration coloniale, notamment avec la suppression de la mention « coutume » ou « race »[185] qui était indiquée sur la carte d'identité et faisait ainsi référence au groupe socioculturel d'appartenance de son porteur. Elle paraît donc correspondre à une nouvelle représentation de l'individu tchadien : les origines ethniques n'entrent plus en ligne de compte dans la définition du citoyen de l'État-nation. Après une rapide esquisse de la genèse de cette carte, nous décrirons le modèle de 1961 avant de questionner les informations que cet objet nous offre sur les représentations des citoyens tchadiens par leur État indépendant.

La carte d'identité tchadienne de 1961 comporte différents types d'informations sur lesquelles il faudrait se pencher. Cette carte d'identité est établie sur un support papier bleu de 105mm de hauteur et 74mm de largeur. Sur le dos de la carte, on trouve la mention « République du Tchad » avec la devise nationale, « Unité, Travail, Progrès » ainsi que le numéro de la carte et le nom de l'imprimeur. L'autre face de la carte contient les informations d'état civil du porteur qui sont : son nom et son prénom, mais aussi le nom de son père et de sa mère, sa date et son lieu de naissance ainsi que son domicile et sa profession. On constate qu'il est indiqué que Marie Baldji, propriétaire de cette carte, est née « vers 1959 » ce qui peut signifier que Marie avait obtenu son inscription sur le registre des naissances sur la base de témoignages, une pratique très courante dans les centres d'état civil au Tchad. Sur la base de ces témoignages, le tribunal peut délivrer un extrait de jugement supplétif qui permet à la personne d'obtenir son inscription sur le registre des naissances dans un centre d'état civil.

Il faut rappeler que la question de l'enregistrement des naissances se pose avec acuité au Tchad. Aujourd'hui, avec l'encartement biométrique, tous ceux qui sont « nés vers » se retrouvent automatiquement attribué comme date de naissance, la date du premier janvier de l'année indiquée sur leur état civil. Ainsi, sur la carte biométrique actuelle de Marie Baldji on trouvera indiqué qu'elle est née le 1er janvier 1959. « Le système est programmé selon les traditions occidentales d'enregistrement des naissances avec le nom, le prénom, la date et le lieu de naissance. Ce qui n'est pas notre tradition au Tchad.

---

[185]. Les archives de la mairie de N'Djamena indiquent bien ces catégorisations. Tous les extraits d'acte d'état civil de 1915 à 2019 sont conservés au service des archives de la mairie.

Aujourd'hui, on donne des dates à des gens alors qu'ils ne sont pas nés exactement à cette date »,[186] me disait un agent du centre d'identification de N'Djamena.[187] Les techniques d'identification informatisées, nous le verrons en détail dans le quatrième chapitre de ce travail, tranchent de ce fait avec les anciennes pratiques d'encartement, qui produisaient des documents manuscrits ou dactylographiés et permettaient à travers cette pratique une plus grande précision des données.

Une photo en noir et blanc est rivetée à la carte et représente une preuve de la personnalité « réelle » de son porteur. L'autre preuve de l'identité physique du porteur est l'empreinte digitale de l'index gauche. Cette pratique d'identification anthropométrique avait été instaurée avec l'introduction du livret d'identité dans les années 1930 par l'administration coloniale. Au-delà d'une logique technique et scientifique prônée par les autorités politiques, les empreintes digitales reflètent la dimension policière de la politique d'identification et de l'encartement du citoyen tchadien. En effet, elles permettent de singulariser et de classifier les individus en fonction de leurs caractéristiques biométriques, ce qui constitue un élément important dans le cadre des enquêtes judiciaires, comme me l'explique un technicien du service d'identification de N'Djamena.[188] Ces types d'enquêtes policières semblent être facilités par le fichier central qui regroupe toute la base de données des personnes enregistrées. Sur cette carte, on lit par ailleurs aussi une formule dactyloscopique, c'est-à-dire les procédés d'identification par les empreintes digitales à travers lesquels chaque identifié est classé en fonction de chiffres, pairs ou impairs. Le lieu et la date de délivrance, le timbre de 600 FCFA, soit environ un 1 euro en 2020, le domicile et la signature de l'administration, cette dernière étant matérialisée par celle du chef du bureau central d'identification, sont toutes des informations qu'on retrouve aussi sur la carte. Ainsi, un premier regard sur cette carte d'identité tchadienne de la période post-indépendance montre bien que la pratique de l'identification des individus permet non seulement d'interroger le rapport du citoyen tchadien à son État mais aussi les

---

[186]. Entretien, Chef du service d'identification, N'Djamena, août 2017.

[187]. Entretien avec agent d'identification au centre de N'Djamena, juillet 2016.

[188]. Source d'enquête de terrain à N'Djamena, août 2016.

nouvelles pratiques d'identification bureaucratisée qui résultent de l'écrit ou de la « raison graphique »,[189] notion chère à l'anthropologue Jack Goody. Par ailleurs, l'indication du lieu de résidence sur la carte suggère que le citoyen tchadien est avant tout perçu comme un individu sédentaire. Ceci constitue une question importante dans le contexte tchadien où on sait qu'il existe une part importante de populations nomades[190] ou d'éleveurs transhumants.[191]

Toutes les informations personnelles sur le support qu'est le papier d'identité soulèvent ainsi des interrogations importantes. La description de la carte d'identité nationale de 1961 permet de comprendre l'action de l'État à travers ses dynamiques et ses complexités, et considère la carte d'identité comme un objet juridique, administratif et politique. Car, comme nous le rappelle Michel Offerlé, l'analyse sociohistorique de la carte d'identité permet d'interroger l'État dans ses services, non pas par le reflexe théorique, mais dans les actes les plus quotidiens de l'État en action et de l'action de l'État.[192] Avec l'indépendance, le nouvel État tchadien conserve cet héritage de la culture bureaucratique dans tous les appareils institutionnels du pays. Il étend ses missions dans le domaine de l'identification des individus afin de s'assurer de sa présence non seulement politique, mais aussi par la matérialisation des documents d'identité portant ses sceaux. Cette extension quantitative et qualitative des missions de l'État par le biais de l'institutionnalisation des documents d'identités, débouche nécessairement sur une différenciation, une formalisation et une professionnalisation de son appareil administratif.[193] Les autorités ont mis en place la bureaucratie des identités non seulement pour manifester la présence effective de l'État, mais aussi pour implanter la violence symbolique sur la base du processus administratif de mise en

---

[189]. Goody Jack, *Pouvoir et savoir de l'écrit*, Paris, la Dispute, 2008.

[190]. Bernus Edmon, Boiley Pierre et al., *Nomades et commandants. Administrations et sociétés nomades dans l'ancienne AOF*, Paris, Karthala, 1993

[191]. Dangbet Zakinet, Des transhumants entre alliances et conflits, les Arabes du Batha (Tchad) :1635-2012, Thèse d'Histoire à l'Université d'Aix Marseille, 2015.

[192]. Offerlé Michel, « L'électeur et ses papiers. Enquêtes sur les cartes et les listes électorales (1848-1939), *Genèses,* 13, 1993.p. 8. Voir aussi la notion de « l'État en action » avec Jobert Bruno et pierre Muller, *L'État en action. Politiques publiques et corporatismes*, Paris, Presse universitaire de France, 1987.

[193]. Offerlé Michel, Ibid.p. 4.

papier. Pour Andreas Anter qui cite Max Weber, l'État moderne est né lorsque « le prince prend sous son égide la monopolisation de la violence et de la bureaucratisation de l'administration. »[194]

V. La politisation des mécanismes et des logiques d'identification

La question de l'identification a toujours été au cœur de l'action politique des différents régimes qui se sont succédé au Tchad. Avec la politique de la révolution culturelle, en 1973, le président François Tombalbaye avait un regard de contrôle sur les dispositifs « d'encartement » des citoyens tchadiens.

La politique culturelle du retour à l'authenticité africaine ou tchadienne avait comme socle la question de l'identification. Elle se caractérisait principalement par le changement de prénoms de consonance occidentale.

C'est précisément dans les années 1970 que François Tombalbaye, le premier président tchadien, imita son homologue zaïrois, Joseph-Désiré Mobutu,[195] et décida par la voie de son nouvel organe politique, Mouvement national de la révolution culturelle et sociale (MNRCS), d'instituer ce qu'il appelle l'authenticité africaine qui, selon lui, est vue comme un retour aux sources, aux valeurs du passé. Elle prend pour point de départ le yo-ndo,[196] un rite d'initiation Sara, une communauté ethnique au sud du Tchad dont le président Tombalbaye fait partie. Dans le cadre de cette révolution culturelle, le

---

[194] Anter Andreas, « L'histoire de l'État comme histoire de la bureaucratie » in Max Weber et la bureaucratie, *Trivium,* 2010.p. 13

[195]. Mobutu instaure « le Mouvement populaire de la Révolution » et devient le maréchal-président en 1982. Un de ses souhaits est que le pays retrouve sa culture profonde, c'est alors la *Zaïrianisation* (décolonisation culturelle). En 1971, il renomme à la fois le pays, le fleuve et la monnaie sous le nom de Zaïre. La même année, il impose un costume traditionnel, crée une version zaïroise du costume occidental : « l'abacost» (à bas le costume) et il oblige les Zaïrois à choisir des prénoms d'origine africaine et locale (donc non chrétiens, ce qu'il fait lui-même en devenant *Mobutu Sese Seko Kuku Ngbendu Wa Za Banga*, c'est-à-dire « Mobutu le guerrier qui va de victoire en victoire sans que personne ne puisse l'arrêter ». https://fr.wikipedia.org/wiki/Mobutu_Sese_Seko.

[196]. Sur les pratiques d'initiation appelée « Yo-ndo », voir Jaulin Robert, *La mort Sara. L'ordre de la vie ou la pensée de la mort au Tchad,* Paris, Editions CNRS, 2011.

yo-ndo prend une tout autre configuration. Il vise essentiellement les populations du sud, des hauts fonctionnaires aux jeunes paysans essentiellement analphabètes. L'une des mesures porte sur le changement des noms de rues et des avenues des grandes villes. Toutes les rues et les avenues portant le nom des personnes d'origine étrangères sont rebaptisées à partir de septembre 1973, à l'exception de l'avenue Charles de Gaulle qui n'a pas été rebaptisée. Selon Arnaud Dingammadji,[197] François Tombalbaye avait un grand respect pour le premier président de la République française. Cette admiration était telle qu'il ne pouvait changer le nom de cette grande avenue portant le nom de ce grand homme. Fort-Lamy, la capitale s'appelle désormais N'Djamena. Le président donne lui-même l'exemple en prenant le prénom de N'garta au lieu de François. « N'gar » en langue « Sara » signifie chef. Dans son état civil, le prénom François n'y figure plus, car il s'appelle désormais Ngarta Tombalbaye. Cette politique du retour à l'authenticité tchadienne a complètement transformé les dispositifs d'identification des individus. Prenons l'exemple de la direction de l'état civil de la mairie de N'Djamena où un responsable du service de changement de noms a été nommé par un décret présidentiel.

Ce service est chargé uniquement de suivre et de faire la promotion des changements de noms à cette époque. Pour la période 1973-1974, on note la délivrance de plus de deux millions d'extraits d'actes de naissance de changement de noms à la mairie de N'Djamena.[198] Le changement de ces noms se fait dans la plupart des cas dans les grands centres urbains, Moundou, Sarh, Abéché et N'Djamena. Ce retour à l'"authenticité tchadienne" est aussi accompagné par une politique autoritaire, obligeant les pasteurs et prêtres à se conformer à cette politique. Ce qui a conduit à des mécontentements chez les fidèles catholiques et évangélistes dans les préfectures du Logone et de la Tandjilé. Deux ans après cette politique, le président Ngarta Tombalbaye est renversé par un coup d'État, mettant ainsi fin au mouvement de la révolution culturelle et sociale.

La fin du régime de Tombalbaye marque le début d'une nouvelle ère politique au Tchad avec notamment les différentes crises

---

[197]. Dingammadji Arnaud, *Ngarta Tombalbaye : parcours et rôle dans la vie politique du Tchad, 1959-1975*, L'Harmattan, Paris, 2007.p. 164
[198]. Archives du service de l'état civil de N'Djamena.

qui vont bouleverser la vie politique, sociale et administrative, jusqu'en 1982. Même si le dispositif d'identification fonctionnait pendant cette période de troubles, son intérêt fut faible dans la mesure où les administrations ont été désorganisées à tel point qu'il était difficile d'obtenir une carte d'identité.

Avec la guerre civile de 1979, le pays était presque divisé en deux, le Nord avec comme capitale N'Djamena et le Sud avec comme capitale Moundou. Par ailleurs, le contrôle des papiers d'identité était renforcé dans les quartiers et sur les grandes artères du pays.[199]

Dès son arrivée au pouvoir, en 1982, le Président Hissein Habré introduit, sur les papiers d'identité, l'arabe comme langue officielle aux côtés du français. Cela constitue certes une nouvelle politique culturelle, mais transforme également les pratiques administratives notamment dans les services de la carte d'identité et de l'état civil.

Ce changement fait suite à une des revendications du Front de Libération Nationale du Tchad (FROLINAT), un groupe armé créé en 1965, au centre du Tchad et qui, pendant plusieurs années, avait exigé la reconnaissance de l'arabe comme deuxième langue de l'administration, afin de lutter contre les discriminations à l'encontre des populations musulmanes du Nord.

---

[199]. Entretien avec Sougui, commissaire à la retraite (septembre 2016).

Figure 4: Carte nationale d'identité de 1985 avec la mention arabe

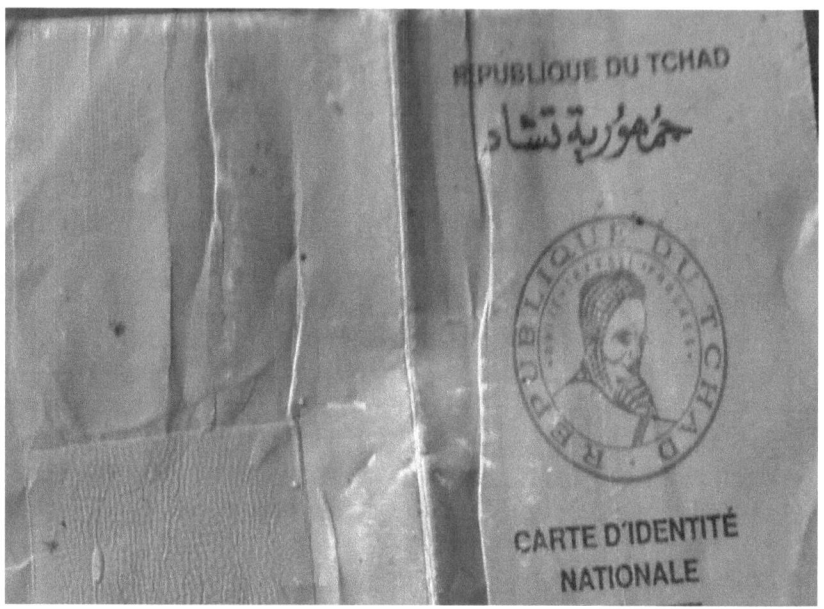

Source : Archive privée de la famille Donda, N'Djamena 2016

La Direction de la documentation et de la sécurité (DDS), organe répressif de l'État, est créée avec pour mission de quadriller la population, de la surveiller dans ses moindres gestes et attitudes afin de débusquer les prétendus ennemis de la nation pour les neutraliser définitivement. »[200] Des fiches sont établies sur la base des papiers d'identité, carte d'identité, passeport, extrait d'acte de naissance, carte professionnelle, carte d'étudiant… Selon le décret du 26 janvier 1983, la DDS a pour attributions l'identification et la collecte des renseignements émanant de l'intérieur et de l'extérieur. Elle est une institution administrative qui a une compétence sur tout le territoire national. Ses agents sont disséminés dans les préfectures, les cantons et même les villages. Dans ses activités quotidiennes, la DDS est renforcée par le service des renseignements généraux qui dépend de la direction de la sûreté nationale, elle est aussi rattachée au ministère de l'Intérieur et de l'Administration du territoire, auquel le service de la

---

[200]. Tetémadi Mahamed Bangoura, *Violence politique et conflits en Afrique : Le cas du Tchad,* L'Harmattan, 2006, p. 17.

carte d'identité est directement lié à ce département de la sûreté nationale. L'autre organe d'identification fut le parti unique, Union nationale pour l'indépendance et la révolution (UNIR), auquel tous les Tchadiens doivent adhérer ; ceux qui refusent ou ne se montrèrent pas motivés sont repérés et considérés comme des ennemis du régime. Il existe des comités locaux dans tout le pays, les préfectures, communes, quartiers, cantons, villages. Pour éviter les ennuis avec la DDS, la majorité des Tchadiens, bon gré mal gré, prennent une carte d'adhésion au parti.[201]

À la fin du régime d'Hissein Habré, en 1989, le ministère de l'Intérieur et de la Sûreté nationale, préparait un décret de réforme des cartes d'identité. Celui-ci n'a jamais été publié, en raison du coup d'État perpétré par d'Idriss Deby. En 1991 un autre décret est pris afin de pouvoir réglementer les services de carte d'identité. Sur la base de ces deux décrets, on peut, à présent, faire l'hypothèse que la carte d'identité sert bien à ce que Pierre Piazza appelle « le resserrement des allégeances à la communauté politique »,[202] mais aussi à la lutte contre l'insécurité et, le plus souvent, au service des pouvoirs autoritaires. L'identification était et reste toujours un enjeu politique non seulement pour les administrations publiques, mais aussi pour les services de sécurité aux ordres des régimes politiques.

La carte d'identité et l'état civil constituent des domaines qui suscitent peu d'intérêt pour le gouvernement tchadien. Quand on étudie les journaux officiels, il y a qu'une loi pour l'état civil, une ordonnance pour le code de nationalité et deux décrets pour la carte d'identité nationale. C'est seulement dans les années 2000 que les autorités tchadiennes vont accorder une grande importance aux papiers d'identité d'une manière générale et à la carte d'identité en particulier.

Cette attention s'explique par le fait que la carte d'identité nationale, avec l'introduction de la biométrie, devient un enjeu non seulement national, mais aussi international et surtout un enjeu financier très important. Pour Sougui, commissaire à la retraite au

---

[201]. Tetemadi Mahamad Bangoura, Ibid. p. 57.

[202]. Piazza Pierre et Laurent Laniel, « l'encartement, réponse au terrorisme (France Grande Bretagne) » ? in Xavier Crettiez, *Du papier à la biométrie : Identifier les individus*, Presses de Sciences Po(PFNSP), Académique, 2006, p. 10.

service d'identisation judicaire, ancien nom du service de l'identité civile :

> « Les autorités politiques n'avaient aucune volonté de développer le service d'encartement des individus. C'est la police et la justice qui s'en servaient pour des enquêtes judiciaires ».[203]

Depuis 2002, les autorités du ministère de la sécurité publique mènent régulièrement des campagnes de sensibilisation pour susciter l'intérêt de ce document d'identité auprès de la population. Ils avancent les arguments selon lesquels la carte d'identité informatisée serait un moyen efficace de lutter contre l'usurpation des papiers d'identité. Ce discours est celui des autorités, mais quand on interroge les usagers sur cette question, la carte d'identité a bien d'autres logiques qui n'ont rien à voir avec ces arguments.

Conclusion

Au demeurant, comme le souligne Claudine Dardy dans son ouvrage, « il est bien des situations de notre quotidien actuel qui n'ont de réalité que de papier.[204] La carte d'identité nationale est fille de l'histoire coloniale du Tchad, qui a hérité de cette culture de l'écrit introduite pendant cette période. Avant l'introduction des papiers d'identité, le langage et les signes furent des moyens par lesquels un membre d'une communauté identifiait le membre d'un autre groupe social. Aujourd'hui cette technique "d'oralisation" des identités laisse peu à peu la place à la paperasse, c'est-à-dire au « *government of paper* » pour reprendre le titre du célèbre ouvrage de Mathew Hull.[205] Pour connaître le nom et l'âge d'une personne, il faut se munir d'un support matériel, appelé carte d'identité, extrait d'état civil, livret de famille, passeport… Bien que le poids de cette identité papierisée reste limité dans certains milieux, dans les zones rurales du Tchad, personne

---

[203]. Extrait d'entretien avec Sougui, ancien chef de service du centre d'identification judiciaire, N'Djamena, (août 2017).

[204]. Dardy Claudine, Identités de papiers, Lieu commun, 1990, p. 23.

[205]. Hull S. Matthew, *Government of Paper. The Materiality of Bureaucracy in Urban Pakistan*, Berkeley/Los Angeles/Londres, University of California Press, 2012, 301 p.

ne peut douter du changement qu'elle a apporté dans la vie quotidienne. Après l'Indépendance, les différents gouvernements tchadiens ont mis en place des dispositifs d'identification des citoyens. Mais très vite, cet intérêt a été freiné par les crises successives qu'a connues le pays du fait de la limitation des activités de l'administration des identités pendant cette période. Par ailleurs, les autorités des différents régimes politiques ont tenté, par des politiques autoritaires, de faire usage de l'identification des individus à partir des appareils administratifs des services de sécurités ou des partis politiques. Il faut attendre précisément 2002 pour que la problématique de l'identification devienne un sujet important pour les autorités politiques au Tchad. Nous allons analyser dans le deuxième chapitre la relation entre l'état civil et le changement des noms et des âges.

CHAPITRE II

L'ETAT CIVIL FACE A LA FLUIDITE DES NOMS ET DES AGES

> « Connaître un enfant, un homme, une femme dans notre communauté, c'est par le nom que nous donnent les parents que cela se fait, que ce soit du côté paternel ou maternel et même, parfois, par un habitant du village. Car le nom lui-même est porteur d'un message qui permet de retracer l'histoire conflictuelle, joyeuse ou parfois triste de la famille dont l'enfant est né. L'enfant peut porter deux à trois noms différents selon les familles, mais le plus souvent le nom donné par le père qui l'emporte sur tous les autres noms ».[206]

Cet extrait d'un entretien résume les différents mécanismes par lesquels les individus sont identifiés dans le contexte social tchadien. Il faut rappeler que ce mécanisme diffère selon les groupes ethniques ; il ne s'agit pas ici de généraliser à tous les milieux sociaux, mais de dégager, à partir du cas de certaines communautés au sud du pays, les structures et les enjeux d'identification anthroponymique que nous essayons d'analyser dans ce chapitre. Notre ambition n'est pas de faire une étude onomastique, comme le font le plus souvent les sociolinguistes,[207] mais de comprendre les différentes pratiques d'identification dans ces groupes sociaux afin de saisir les complexités qui existent entre ces mécanismes d'identification communautaire et des modalités d'identification bureaucratique issues de l'administration coloniale.

---

[206]. Madjiram Clarisse, institutrice retraitée, entretien à Goré, septembre 2016.

[207]. Bromberger Christian, « Pour une analyse anthropologique des noms de personnes », in *Langage,* 16e année, n° 66, 1982, pp. 103-124 ; Maurice Houis, Les noms individuels chez les Mossi, Dakar, IFAN, 1963, Jacques Fédy, « le nom, c'est l'homme ». Données africaines d'anthroponyme », *L'homme*, 2009/3, n° 191, p. 77-106 ; Cécile Leguy, « Noms de personne et expression des ambitions matrimoniales chez les Bwa du Mali », *Journal des africanistes [en ligne] n° 75-2, 2005.*

Identifier une personne, dans la société tchadienne, est d'abord une question de nomination. Nommer n'est pas seulement identifier un individu, c'est aussi un mécanisme par lequel l'individu est inséré dans son groupe d'appartenance. Le nom est un facteur d'intégration sociale. Il peut varier pour certains groupes qui pratiquent l'initiation masculine et féminine, dans le temps et aussi dans l'espace. Le nom reçu à la naissance est conservé pendant un moment donné et, après les rites d'initiation, le jeune garçon ou la jeune fille reçoit un autre nom qui témoigne de son passage à l'âge d'adulte. Ces mécanismes d'identification existent dans plusieurs communautés tchadiennes et, en particulier, chez les Sara,[208] les Ngambaye et bien d'autres groupes ethniques résidant dans la commune de Goré, au sud du Tchad, ce qui fait que l'enfant peut, à la fin, avoir trois à quatre noms qui lui sont reconnus dans son environnement social. Cette pratique pose, à long terme, des problèmes aux administrateurs de l'état civil, qui se plaignent de la difficulté rencontrée dans la retranscription de tous ces noms sur les extraits d'acte de naissance, car l'enfant ne peut avoir deux à trois noms sur un extrait d'acte de naissance.[209]

Nous allons, dans un premier temps, essayer de décrire les différentes pratiques anthroponymiques au sein de ces différentes communautés. Après avoir présenté les caractéristiques onomastiques des personnes, il sera question de saisir le rapport qui existe entre les pratiques sociales d'identification et les modalités bureaucratiques d'identification. Nous finirons ce chapitre par une analyse consacrée à l'attribution des noms en rapport avec les questionnements liés au changement de nom.

I. Comment les gens nomment-ils leurs enfants ?

Il faut rappeler que l'étude des noms en Afrique fait l'objet de recherches anthropologiques et linguistiques depuis assez longtemps et dans des contextes différents.[210] La plupart de ces études abordent la

---

[208]. Jaulin Robert, *La mort Sara. L'ordre de la vie ou la pensée de la mort au Tchad*, Paris, Éditions CNRS, 2011.

[209]. Carnet de terrain, discussion avec les deux secrétaires du service de l'identification civile de la commune de Goré, 2017.

[210]. Houis Maurice, Les noms individuels chez les Mossi, Dakar, IFAN, 1963, J. Fédy, « le nom, c'est l'homme ». Données africaines d'anthroponyme »,

question des données anthroponymiques par les processus rituels de nomination et surtout en mettant l'accent sur la fonction sociale que les noms remplissent dans les sociétés africaines, chaque nom étant, en principe, porteur de signification.

Comme l'écrit Denis Vasse, « personne ne peut répondre au nom qui lui est donné s'il n'est pas accueilli par le visage qui le nomme ».[211] Nous ne pensons pas revenir sur cette question qui a largement été travaillée par des recherches en anthropologie. Dans le cadre de ce travail, nous comptons montrer les imbrications existant entre les pratiques d'identification sociales et le processus de mise en papier dans le contexte tchadien. L'identification, en tant que mode de reconnaissance, de « face à face »,[212] des personnes, a toujours été pratiquée dans les communautés ethniques du Tchad. Elle était qualifiée, autrefois, de traditionnelle et constitue un mécanisme par lequel chaque individu est accepté en tant que membre de sa communauté. Chaque groupe social dispose de son propre mode d'identification sous la forme de signes conventionnellement définis et intériorisés par tout individu appartenant à ce groupe.

Donner un nom à un enfant répond à des critères qui sont définis par chaque communauté, à l'instar des communautés ethniques telles que les Kera, Kenga, Gabri, Nangtcheré, Kaba, Moundang, Dadjo, Sar, Ngambaye et bien d'autres groupes sociaux qui composent la société tchadienne. Les cérémonies de nomination sont souvent des moments spéciaux qui, dans la plupart des cas, permettent de faire la fête à l'honneur de la famille qui vient d'avoir un nouveau-né. L'exemple de l'ethnie Kaba, qui constitue la plus forte communauté de la commune de Goré et des villages environnants, nous permet de saisir ces différentes pratiques de nomination. Les Kaba font partie du groupe Sara. Ils sont partagés entre la République centrafricaine et le Tchad.

L'homme, 2009/3, n° 191, P. 77-106, C. Leguy, « Noms de personne et expression des ambitions matrimoniales chez les Bwa du Mali », *Journal des africanistes [en ligne] n° 75-2, 2005*.

[211]. Vasse Denis, *La Grande Menace. La psychanalyse et l'enfant*. Paris, Le Seuil, 2004, cité par Jacques Fedy, « Le nom, c'est l'homme ». Données africaines d'anthroponymie » Édition de l'E.H.S.S., L'Homme, n° 191, 2009, p. 77 à 106.

[212]. Noiriel Gerard, (dir.), *L'identification. Genèse d'un travail d'État*, Paris, Belin, 2007, p. 8-10

Leurs principales activités sont l'agriculture, la chasse et l'élevage de subsistance (caprins, volailles et bovins d'attelage). Ils sont apparentés au groupe Yamode et bien d'autres groupes ethniques qui habitent des deux côtés de la frontière tchado-centrafricaine. La famille est structurée autour du chef de famille, elle est naturellement dirigée par un homme.

En cas de décès, un cousin ou frère du défunt épouse la veuve et prend la place du chef.[213] Aujourd'hui, cette pratique tend à disparaître sous l'effet des campagnes de sensibilisation des associations de défense des droits de l'Homme. Quant au mariage, il est endogamique, mais se pratique avec des cousins lointains.

Nous constatons aussi que ce sont les femmes qui portent le nom de leurs époux. Bien que cet exemple reste minoritaire au Tchad, parce que cela concerne le plus souvent quelques couples qui résident dans les milieux urbains et constituent une « classe moyenne »[214] avec un niveau d'étude élevé. Pour se conformer aux devoirs du mariage et aussi pour des questions d'assurances sociales en lien avec le travail, ces femmes acceptent de porter le nom de leurs époux.[215] Précisons ici que porter le nom d'un époux, dans le contexte tchadien, n'est pas une simple question d'assurance sociale comme nous venons de souligner. Cette pratique renvoie à l'organisation sociale de type patriarcal[216] qui fonde l'ordre social au Tchad. Cette inégalité entre la femme et

---

[213]. Ces données sont recueillies à travers des entretiens que nous avons eus avec Gilbert, militaire retrait et originaire de cette communauté Kaba. Des entretiens avec François, membre de la famille du chef de canton de Goré.

[214]. Rivière Claude, « Classes et stratification sociales en Afrique », *Cahiers internationaux de Sociologie*, nouvelle série, vol 59, 1975, pp. 285-314. Pierre Jacquemont, « Les classes moyennes changent-elles la donne en Afrique », *Afrique contemporaine*, 2012/4, n° 244, pp. 17-31. Dominique Darbon, « Classe(s), une revue de la littérature. Concept utile pour suivre les dynamiques de Afrique », Afrique contemporaine, 2012/4, n° 234, pp. 33-51.

[215]. Carnet de terrain, entretien non structuré avec le chef de service de l'identification civile de la mairie de N'Djamena. Il est chargé de préparer et d'officier la cérémonie du mariage civil (différent du mariage coutumier ou religieux), à la mairie de N'Djamena.

[216]. Le patriarcat est « une forme d'organisation sociale et juridique fondée sur la détention de l'autorité par les hommes » https://fr.wikipedia.org/wiki/Patriarcat (sociologie).

l'homme, qui provient de l'organisation structurale dans les différents groupes sociaux du Tchad, se transpose dans le droit positif dont les règles définissant le mariage sont issues.

L'attribution du nom du nouveau-né se fait généralement à la naissance. L'enfant doit porter le nom que le père lui donne. Les grands-parents du côté maternel peuvent aussi lui donner un nom. La différence est que ce nom, donné par les parents de la femme, n'est connu que dans l'environnement social de cette famille, étant donné que le lignage est de nature patriarcale. En matière de patronyme, par exemple, nous constatons que le plus souvent les enfants utilisent le nom du père quand il s'agit de questions relatives à l'administration. Le cas le plus habituel est celui de la déclaration des faits d'état civil où l'administration transcrit généralement dans le registre d'état civil le nom donné par le père. Il est très rare que le nom donné par la mère soit transcrit dans le registre. Il arrive que les parents soient quelquefois confrontés aux problèmes du choix qu'exige l'administration des identités. Nous avons observé ces cas à la commune de Goré où une femme, divorcée d'avec son époux, est venue déclarer la naissance de sa fille. Elle donne les informations concernant sa fille, nom, prénom, date et lieu de naissance, nom du père et de la mère. À la surprise de la femme, l'agent d'état civil lui pose la question pour savoir si le nom qu'elle donne à sa fille est bien celui que le père lui avait donné. Ce cas révèle bien le système patriarcal qui détermine l'imaginaire de certains agents en charge de l'identification des individus. Ces cas sont ordinaires dans les régions reculées, notamment dans les villages où les questions de nomination sont encore liées à l'environnement social. Dans d'autres situations, ce sont les amis du couple qui donnent le nom au nouveau-né.

Le plus souvent, un enfant se retrouve avec deux à trois noms qu'il doit gérer dans ses relations quotidiennes. Car ces différents noms sont connus selon le milieu, qu'il s'agisse des grands-parents du côté paternel ou maternel. Selon André, le neveu du chef de canton de Goré, avec qui nous avons eu un entretien, pendant notre séjour d'enquête de terrain, en décembre 2015, la naissance d'un enfant est un grand événement qui rassemble les familles. C'est pourquoi le moment de l'attribution du nom doit aussi être un moment solennel qui détermine la vie de l'enfant et de la famille.

> « Dans notre société, le nom est sacré, car le nom peut être donné en souvenir de nos ancêtres. Pour nommer un

nouveau-né, la famille doit faire des prières en demandant à nos ancêtres d'accorder une chance et une longue vie au nouveau-né. Le nom donné à cet enfant peut être changé lorsqu'il partira en initiation. C'est au moment où il acquerra les capacités d'une personne adulte. C'est pourquoi il portera un autre nom ».[217]

Cet extrait d'entretien mentionne bien le caractère sacré du nom dont les anthropologues font état sur d'autres terrains, en Afrique.[218] C'est ce caractère sacré qui justifie les rites particuliers de nomination qui sont aussi pratiqués en fonction des significations que chaque famille donne à cet événement. C'est le cas, par exemple, de la communauté Theda au nord du Tchad que Jacques Fedy a décrit dans ses recherches.[219] Il explique que chez les Theda du nord du Tchad, en milieu musulman, les rituels de nomination d'un nouveau-né se passent d'abord par une femme âgée qui vient chuchoter à l'oreille de l'enfant, le jour même de sa naissance, ces mots : « Ton nom est X ». On proclame alors le nom qui a été choisi par la mère ou la grand-mère ; c'est le nom du côté maternel. Sept jours plus tard, le père tuera un mouton pour une fête avec sa parenté, pour une nouvelle proclamation du nom : soit celui donné à la naissance, surtout s'il est tiré du Coran, soit un nom choisi et proclamé par un marabout présent, du côté paternel.[220]

Le nom représente la première identité de la personne, car il permet non seulement d'identifier son porteur à travers son groupe d'appartenance, mais encore le nom est aussi un moyen dont l'individu se sert dans ses rapports quotidiens avec les amis ou les autres membres de sa parenté. Cette identité est le produit d'un processus de symbolisation que les parents ont mis en œuvre et en lien avec les circonstances qui précèdent la naissance de cet enfant. C'est pourquoi la question de la signification des noms, chez les Kaba, constitue aussi un aspect important dans la vie sociale de l'enfant et de la famille.

---

[217]. Extrait d'entretien avec André, assesseur à la justice de paix de Goré (mai 2017).
[218]. Houis Maurice, op. cit. Dakar, IFAN, 1963.
[219]. Fedy Jacques, « Le nom, c'est l'homme. Données africaines d'anthroponymie » Édition de l'E.H.S.S., L'Homme, n° 191, 2009, p. 77 à 106.
[220]. Fedy Jacques, Ibid. p. 77-106.

L'exemple du nom Digamadji, qui signifie « le garçon est bien » ou de son équivalent Dénemadji, « la fille est bien », dénote le plus souvent la situation de certaines familles qui, pendant une période donnée, n'ont pas vu la naissance d'un garçon, depuis plusieurs années, ou, encore un couple qui obtient la naissance d'une fille après la naissance de deux ou trois garçons (pendant plusieurs années de vie de couple). Ainsi, chaque nom est porteur de sens et est un message qui nous renseigne soit sur les circonstances qui ont précédé la naissance de l'enfant, soit sur les expériences vécues par les parents ou les membres de la famille, au moment de la naissance.[221]

> « Le nom, c'est le moi social, le moi relationnel : l'être reconnu, appelé, désigné, cité, loué ou dénigré, béni ou maudit, célébré et chanté. Il est significatif de noter que, dans plusieurs langues du Tchad, un même terme de la langue exprime à la fois le moi visible, globalement manifesté, très approximativement rendu en Français par le terme "corps" et le moi social qu'est le nom ».[222]

Le nom est, le plus souvent, défini comme appartenant au corps de son porteur. Ce qui explique un très fort attachement de l'individu à son nom. « Le nom, c'est l'Homme » tel est le sens du proverbe burundais « Izina ni ryo muntu » que Jacques Fedy a souligné dans son travail sur les noms en Afrique centrale. En Kenga, une langue de la région du Guera au Tchad, le « Rôô-ma », signifie à la fois « mon corps » et « mon nom ».[223] Le fait que le nom devient corps de son porteur peut faire l'objet de dénigrement, d'injures ou de gloire. Dans le milieu de la communauté Gabri, par exemple, un griot peut se servir du nom du chef pour chanter et prononcer des paroles de gloire à son honneur, ce qui existe aussi dans plusieurs sociétés de griot en Afrique de l'Ouest. Le nom chez les Kaba ou dans d'autres communautés ethniques a aussi une portée symbolique, sociale et culturelle. Ces différentes valeurs anthroponymiques déterminent le rapport que les gens ont avec leur nom. Bien que dans le contexte tchadien et surtout dans les groupes ethniques du sud du Tchad, une personne puisse avoir

---

[221]. Dingamtoudji Maikoubou, *Les noms de personnes chez les Ngambayes du Tchad*, L'Harmattan, 2012, p. 15.
[222]. Ibid, p. 77-106.
[223]. Ibid. p. 78.

deux à trois noms, cela n'enlève pas la valeur qu'elle accorde à tous ces noms.

La scarification constitue aussi l'une des techniques d'identification les plus répandues sur le territoire ; on la retrouve chez le groupe Sara, chez les Ngambayes, les Gabris, les Mboulalas, les Kanembus et tout un ensemble de communautés du sud jusqu'au nord du Tchad. D'autres mécanismes d'identification sont liés à la langue, à la religion, à la profession (les chasseurs, les pêcheurs, les agriculteurs, etc.), à la religion ou au village de naissance. Sur cette base, l'individu est toujours lié à une communauté, même en dehors de sa région. Cela différencie le mécanisme d'identification traditionnel de ceux existants dans système bureaucratique de certification de l'identité, au moins dans la forme, mais dans le fond, ces deux mécanismes d'identifications se complètent, surtout dans le contexte tchadien que nous étudions. Pour certains responsables des communautés ethniques qui continuent de pratiquer la technique d'identification par la scarification, les cicatrices ainsi obtenues sont un signe non seulement de beauté, mais aussi un instrument d'identification des membres de la communauté. C'est le cas de Digam, âgé de 78 ans, notable de la communauté Kaba à Goré :

> « Les gens pensent que la carte d'identité que nous portons quotidiennement sur nous est différente de nos identités. Mais moi, je ne crois pas à cela. Elle n'est pas différente de nos pratiques traditionnelles de cicatrisation connues par plusieurs ethnies au Tchad. Du sud au nord, nous avons les cicatrices qui nous permettent de distinguer les gens avec précision en fonction des formes de ces signes. Si c'est un Ngam, tu sais que c'est un Ngam avec ses longues cicatrices, si c'est un Ouaddaien, tu sais que c'est un Ouaddaien avec ses cicatrices de petite taille. Si c'est un Peul du Tchad, tu sais aussi que c'est un Peul avec la forme de ses cicatrices qui est différente. Alors on a juste utilisé les machines pour prendre des empreintes et des photos qui sont les éléments de nos corps comme les cicatrices sont elles aussi sur le corps ».[224]

---

[224]. Extrait d'entretien avec Digam, habitant de Goré, juin 2016.

Cet extrait d'entretien nous rappelle le discours de ceux qui gardent le lien avec les pratiques d'identification sociale. Le caractère, aujourd'hui, ordinaire de la carte d'identité n'exclut pas un attachement à des signes et cicatrices qui continuent d'être inscrits sur les corps dans certaines communautés même si ces marqueurs d'identité perdent de valeur sous l'effet de la modernité.

C'est aussi l'occasion de minorer l'ampleur du discours des acteurs politiques qui considèrent la carte d'identité comme un outil idéal de leur politique de certification et d'authentification des identités. Ces deux techniques d'identification, qu'on a tendance à opposer, ont toujours été liées à travers les procédures d'identification. Le papier d'identité n'est qu'un résumé des signes et des cicatrices corporelles.

Le cas du processus d'encartement permet de rendre compte de ce rapport qui existe entre l'identification sociale et le papier d'identité dans le service d'identité civile.

À travers la procédure et la fiche d'identification que nous avons observées, on peut voir clairement la place qu'occupent les scarifications dans la description des caractéristiques physiques du demandeur de la carte d'identité. Les agents d'identification prennent le temps pour noter les différents signes et marqueurs qu'ils jugent importants dans la connaissance parfaite du détenteur de la carte d'identité ou du passeport. On peut lire sur la fiche, par exemple, Monsieur X est né vers 1986, à Pala. Fils de Hassane D. et de Falmata I. Monsieur X a une taille de 1,70 cm, yeux marrons, il est porteur de calvitie et de balafres au visage…

Nous décrivons ici de manière caricaturale ces informations, mais quand on observe ces fiches d'identification, appelée fiche de signalement dans le milieu policier, la description est détaillée avec précision et jusqu'à la forme du nez ou de la bouche. Nous sommes dans la technique du bertillonnage, même si le travail que font aujourd'hui les agents du service de l'identité civile n'a rien d'identique à cette invention d'Alphonse Bertillon.

Figure 5: Fiche de signalement : marques particulières et cicatrices

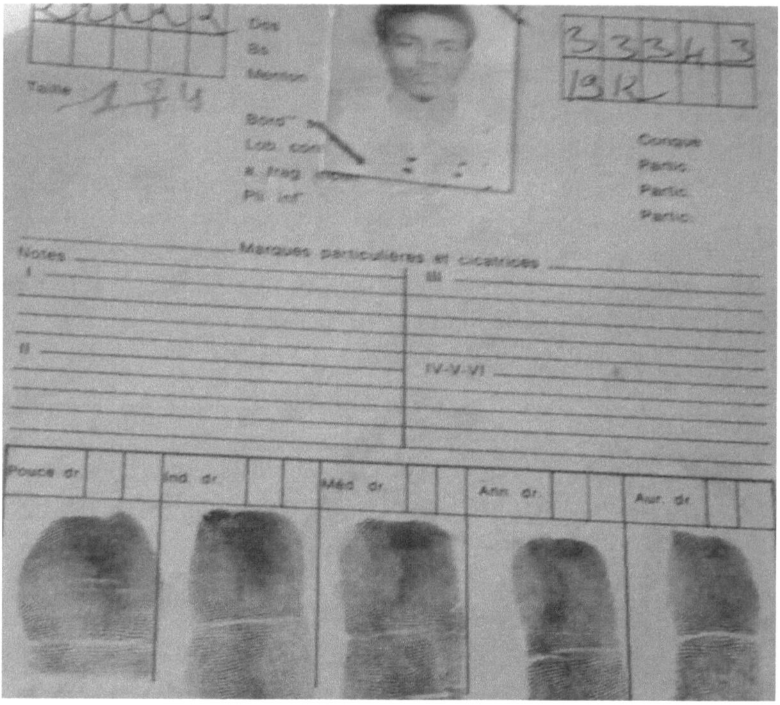

Archive privée donnée par Jérôme, ancien responsable du fichier central

Donda, un ancien responsable du fichier central du centre d'identification judiciaire (ancien nom du service de l'identité civile), nous a confirmé la place qu'occupent les cicatrices et les signes, dans l'entretien informel :

> « Mon travail consiste à décrire avec précision l'aspect physique de celui qui veut avoir la carte d'identité. La couleur des yeux, les cheveux, le nez, les cicatrices, tous ces signes sont nécessaires dans les fiches de signalement. Nous les conservons dans le fichier central du service d'identification judiciaire. En cas d'enquêtes judiciaires, ce sont ces descriptions qui aideront les officiers de la police judiciaire à produire des informations sur le dossier. Ils pourront comparer les informations contenues dans les

fiches de signalement et le portrait physique de la personne ».[225]

Ce propos d'un ancien responsable du centre d'identification montre bien le lien qui existe entre la production des papiers d'identité et les marqueurs d'identité. Aujourd'hui, on constate que ces traces faciales sont en état de disparition, car de plus en plus des gens ne veulent plus être défigurés, comme disait un jeune pendant notre entretien à N'Djamena. Aujourd'hui, ce sont les jeunes filles et garçons qui portent ces traces pour des questions de beauté. Ces signes faciaux deviennent, de nos jours, une sorte de tatouage de beauté. Mais la question que l'on se pose est de savoir comment ces marqueurs d'identité, qui sont le nom et les cicatrices faciales, sont en interaction avec les pratiques d'identification bureaucratiques. Nous essaierons d'apporter quelques éléments de réponse à cette question.

II. Quel nom enregistrer à l'état civil ?

L'arrivée du papier d'identité avec la colonisation complète les mécanismes et les pratiques d'identification des individus qui existaient déjà dans les différentes communautés. Les administrations de l'identification se sont, dans certaines mesures, saisies de ce mécanisme d'identification sociale qui constitue, dans ces régions colonisées, des pratiques endogènes de certifications et d'authentification de leurs membres. Nous allons essayer de saisir les complicités de cette relation de l'identification sociale avec les modalités bureaucratiques d'identification. Le papier est juste utilisé comme un support par lequel les différents éléments du corps sont inscrits. Parmi ces mécanismes, le nom représente un élément important dans la description de l'individu, que la bureaucratie des identités semble mettre en relief. C'est dans cet esprit que Claude Lévi-Strauss écrit dans la « pensée sauvage » :

> « Le nom est une marque d'identification, qui confirme par application d'une règle, l'appartenance de l'individu qu'on nomme à une classe préordonnée d'un groupe social dans un système de groupes, un statut natal dans un système de statut ; dans l'autre cas, le nom est une libre création de l'individu qui nomme et exprime, au moyen de celui qu'il

---

[225] Carnet de terrain (entretien informel avec Donda, ancien responsable du fichier central d'identification), N'Djamena, avril 2017.

> nomme un état transitoire de sa propre subjectivité. […] On ne nomme donc jamais : on classe l'autre si le nom qu'on lui donne est fonction des caractères qu'il a, ou on se classe soi-même ».[226]

Le nom est le premier marqueur d'identité qui détermine les modalités de mise en papier dans les administrations des identités. Le cas d'un enfant né dans un centre de santé, même si les naissances dans les centres de santé restent encore faibles au Tchad, il faut que cet enfant soit identifié par un nom afin de faciliter sa prise en charge, et ce premier mécanisme d'identification permettra à la famille de suivre d'autres démarches administratives. C'est sur la base de ce document, le certificat de naissance, que les agents d'état civil inscrivent le nouveau-né dans un registre créé pour cela. Le pouvoir du nom n'est pas seulement résumé à la naissance, mais il exercera une autorité même après la mort. Il suffit d'aller dans les cimetières pour constater le pouvoir que le nom exerce sur nos sociétés. On dit toujours la tombe de « Togbé », « Ronel », « Koléoumoune », de « Khamis », de « Mahamat », et ces noms sont gravés généralement sur les tombes, car le nom a un rôle symbolique et mémoriel. Le nom est un facteur qui permet à l'individu de s'insérer dans sa communauté. Il est le reflet et la mémoire de chaque famille. C'est dans cette perspective que Françoise Armengaud montre le caractère symbolique du nom.

> « Les individus font vraiment partie de leur société à partir de la nomination, qui les fait entrer dans l'ordre symbolique et social et qui a une certaine stabilité symbolique, emblématique et mémorielle des noms, l'individu n'est qu'un humble et transitoire onomaphore ».[227]

Étant donné la valeur du nom dans nos sociétés et notamment chez les Kaba, il est important de s'interroger sur les enjeux d'identification bureaucratique ou digitale qui semblent devenir aujourd'hui un mécanisme de certification des identités au Tchad. Nous venons de voir que les pratiques de nominations sont variées et

---

[226]. Lévi-Strauss Claude, *La pensée sauvage*, Paris, Pocket, Coll. « Agora », 1990, p. 240.
[227]. Armengaud Françoise, le *Nom*, Encyclopaedia Universalis, France, S . A, 2006, P. 5, cité par Dingamtoudji Maikoubou, *Les noms de personnes chez les Ngambayes du Tchad*, Paris, L'Harmattan, 2012, p. 22.

complexes dans les différents groupes sociaux au Tchad. À la différence des sociétés occidentales, dont l'acte de nommer un enfant est de l'affaire des parents ou des grands-parents, en Afrique et, en particulier, au Tchad, nommer un enfant n'est pas exclusivement réservé à ses parents. Cette pratique de nomination expose l'enfant à une multiplicité de noms qui, sur la durée, occasionnera d'autres difficultés liées à la fluidité de son identité. La bureaucratie des identités se définit à partir des procédures de mise en papier, dont la preuve constitue un élément central de ses traits. Cette preuve est perçue à travers le corps, dont le nom constitue le fondement. Sur la base de cette logique, la variabilité de nom de l'individu est suspectée en termes de fluidité de l'identité.

> « There is no stop to the giving of names in African societies, so that a person can acquire a sizeable collection of names by the times he becomes an old man […]. It is to be noted that Africans change names without any formalities about it, and a person may be registered (for example in school, university and tax office) under another name "tomorrow". This practice causes not only confusion but irritation at times ».[228]

Cette citation de l'anthropologue kenyan, datée des années 1970, reste toujours d'actualité dans le contexte tchadien, quand on observe aujourd'hui les pratiques d'identification des individus. La question des noms demeure une principale hypothèse par laquelle l'État pense fonder sa politique de certification et d'authentification des identités. Il faut noter que le système local d'identification et l'identification papierisée se sont concaténés dans les procédures d'identification que l'État met en place. On pourrait croire à la rupture des pratiques d'identification, avec la rencontre de ces deux mécanismes, si on raisonne en termes binaires – pratiques traditionnelles et pratiques modernes d'identification –, mais nos observations nous indiquent que les papiers d'identité sont la suite logique de l'identification sociale, c'est-à-dire que l'identification bureaucratique est le résultat du processus de nomination dans les sociétés tchadiennes.

---

[228]. Mbiti J.S, *African Religions and philosophy*, New York, Anchor Books, 1970, cité par Jacques Fédy, « Le nom, c'est l'homme'. Données anthroponyme, *L'Homme,* n° 191, 2009/3, p. 79.

Il en va de même en ce qui concerne la question de l'homonymie qui est généralement liée aux pratiques musulmanes, dont les noms doivent être choisis dans le Coran ou donnés par un marabout du quartier ; par exemple, si l'imam de la mosquée du quartier choisit de donner le nom « Mahamat », très courant au Tchad, à un nouveau-né, quand bien même le père de l'enfant s'appelait aussi Mahamat. Lorsqu'il s'agira d'établir un extrait d'acte de naissance, ce nouveau-né s'appellera Mahamat Mahamat. De tels cas sont fréquents au Tchad, et l'administration a souvent du mal à gérer ces situations. Cela semble inévitable dans le contexte tchadien, notamment avec les différentes formes de pratiques de nomination, liées pour la plupart à l'organisation de nos sociétés. Dans une telle situation, la fixation des identités, qui constitue le label de l'administration, nécessite une interrogation. Comment peut-on faire face à un adulte qui a au moins deux à trois noms, qui ne sont pas tous connus par l'administration ? Il peut y avoir sur les documents d'identité officiels (extrait d'acte de naissance, carte nationale d'identité, passeports…) les mêmes noms, c'est-à-dire une personne qui s'appelle, par exemple, « Ahmat Ahmat », et sur un autre papier d'identité on retrouve le même nom « Ahmat Ahmat ». Ce qui pose parfois des difficultés, selon la secrétaire du chef de service de l'identité civile, dans le processus d'identification, même si la technologie d'identification biométrique essaie d'apporter une solution avec les empreintes digitales et les photos numérisées. Hassan, responsable du service d'enrôlement du centre d'identification civile de N'Djamena, a décrit les difficultés auxquelles il fait face au quotidien dans le cadre du processus d'identification des individus.

> « Nous sommes dans un pays où les mêmes prénoms et noms sont utilisés par deux à trois personnes à la fois. L'introduction de la biométrie permet de fournir des informations sûres afin que nous puissions avoir des résultats fiables et crédibles ».[229]

Cette question se pose dans toutes les administrations publiques et, en particulier, avec les agents de la fonction publique où l'État est débordé par la masse salariale qui, selon le ministre de l'Emploi et de

---

[229]. Extrait d'entretien avec Hassan, responsable du service d'enrôlement du centre de l'identité civile du commissariat central de N'Djamena, septembre 2016.

la Fonction publique, serait liée à la question du doublon des noms. Pour solutionner ce problème, l'État a réalisé à plusieurs reprises les recensements des agents, afin de pouvoir corriger cette gêne. Mais on constate que ces différentes mesures n'ont pas apporté la solution voulue. C'est ainsi que le gouvernement a mis en place un audit des diplômes et un recensement de tous les travailleurs du secteur public, en vue d'apporter une solution à cette situation qui commence à peser lourd sur les finances publiques. Il est important de noter que la question de la volatilité ou de la permutabilité des noms est associée à la structure organisationnelle de la société tchadienne.

> « […] on pourrait croire au caractère immuable ou inamovible du nom. Or, l'une des caractéristiques des systèmes de nomination, en usage en Afrique, par rapport à celui nous connaissons en Europe, aujourd'hui, est le fait que la personne n'est pas nommée uniquement à la naissance, mais reçoit une série de noms tout au long de son existence ».[230]

Le gouvernement projette de mettre en place un dispositif d'identification biométrique avec lequel tous les agents du service public auront une carte à puce contenant toutes les données pour leur identification. On veut résoudre ce problème par une solution technologique sans chercher à comprendre les causes réelles, qui semblent avoir leurs racines dans l'organisation sociale de notre société.

III. Dispositif de changement de noms et d'âges dans le service d'identité civile

Le changement de nom que nous abordons dans ce chapitre n'est pas lié pas aux mesures politiques prises par le président Tombalbaye dans les années 1970. Nous avons déjà évoqué cette question dans le premier chapitre ; c'est d'une pratique complètement différente que nous voulons aborder maintenant. Il est question d'appréhender le changement de nom, de prénom et même de l'âge en examinant les procédures réglementaires et les pratiques quotidiennes dans les centres d'identification. Le changement de nom ou l'ajout d'un prénom est un dispositif administratif qui, jusqu'à présent, est méconnu par une

---

[230]. Fedy Jacques, « Le nom, c'est l'homme. Données africaines d'anthroponymie » *Édition de l'E.H.S.S., L'Homme*, n° 191, 2009, p. 77-106.

grande majorité des usagers du service de l'identification. La méconnaissance des textes juridiques qui autorisent le changement de nom ou la modification de prénom très peu connu par les usagers. C'est la raison pour laquelle, quand il s'agit de distinguer les procédures de changement de nom de celles de modification de l'âge, les usagers se perdent dans le linéament des dispositifs juridiques et s'exposent parfois à des décisions arbitraires de la part des agents de l'administration publique. Ce sont les ambiguïtés, les incertitudes et la confusion dans les modalités d'identification du service de l'identité que nous voulons analyser ici.

> « Le changement de nom, il faut une ordonnance du procureur auprès du tribunal de grande instance. La personne doit se présenter au centre d'identification avec l'ordonnance du tribunal qui donne quelques raisons justifiant le changement de nom. Si c'est pour le rajout de prénom, il faut un certificat d'individualité, délivrée par un notaire. Pour la modification de l'âge, la procédure est facile, car il s'agit d'une déclaration de modification de l'âge qui se trouve avec le chef du service de l'identité civile. C'est avec ces documents que la personne peut obtenir un changement de nom, de prénoms ou d'âge. Mais dans la pratique, on ne respecte même pas ces démarches. Il arrive des fois que les gens changent leur nom sans passer chez le procureur ».[231]

Cet extrait d'entretien résume de manière précise les dynamiques en cours dans les centres d'identification. Pour changer un nom, la personne doit se présenter au tribunal avec les motifs justifiant cette demande, mais du fait de la méconnaissance des procédures, il y a des gens qui viennent dans les centres d'identification demander la modification. Cela pose la question de la relation entre les normes et leur application. Le problème se situe à plusieurs niveaux quand on essaie d'appréhender ce sujet. Cette méconnaissance des règles de changement de nom se transforme en une stratégie de contournement de la procédure administrative, ce qui s'explique par la facilité avec

---

[231]. Extrait d'entretien avec Rosine, secrétaire du chef de service de l'identité civile, N'Djamena, juin 2016.

laquelle certains usagers arrivent à modifier leur nom ou prénoms au service de l'identité civile.

Le 17 mars 2017, je me suis rendu au service de l'identité civile du commissariat central pour observer les pratiques d'identification aux guichets. Nous sommes entrés dans le bureau de la secrétaire du chef de service, un jeune d'une trentaine d'années, commandant de la police. La secrétaire m'interroge sur le déroulement de mon travail. Nous étions en train de lui expliquer les difficultés pour discuter avec les agents de police. Quelques minutes après, un homme est entré dans le bureau, un papier à la main ; il dit à la secrétaire qu'il désire modifier son âge. La secrétaire lui demande son ancienne carte d'identité ou son extrait d'acte de naissance. Il lui remet une carte d'identité qui n'a pas encore expiré, c'est-à-dire que la validité de cette carte d'identité est encore de quatre années. Elle lui demande la raison de cette démarche et il répond qu'il souhaite entrer dans l'armée. C'est pourquoi il demande une modification de son âge. En observant sa carte d'identité, on voit qu'il est né en 1982, c'est-à-dire qu'il a 35 ans. Pour lui, avec cet âge, il serait difficile d'intégrer l'armée.

C'est ainsi qu'il désire ramener son année de naissance en 1998. Vu cet écart énorme entre l'année de sa naissance et l'année 1998 qu'il entend désormais conserver, la secrétaire s'oppose à cette demande. Après ce refus de la secrétaire, il fait venir un agent de la police qui le fait son entrée dans le bureau du chef de service. Quelques minutes après, c'est le chef de service qui sort avec un papier signé, autorisant cet homme à aller modifier son âge comme il a demandé. La secrétaire ne peut qu'accepter cette décision de son supérieur hiérarchique.

Cette observation nous permet d'appréhender les pratiques clientélistes qui relèvent de ce que le chercheur Olivier de Sardan nomme des termes de « privilègisme »,[232] de favoritisme, de clientélisme, de gratifications, de pistons ou d'arrangements dans les services publics, en Afrique.[233] On a parfois l'habitude de penser que

---

[232]. Olivier de Sardan Jean-Pierre, « État, bureaucratie et gouvernance en Afrique de l'Ouest francophone », *Karthala, politique africaine*, n° 96, 2004, p. 9-11.

[233]. Blundo Georgio et Jean-Pierre Olivier de Sardan, (dir.), *État et corruption en Afrique. Une Anthropologie comparative des relations entre fonctionnaires et usagers (Bénin, Niger, Sénégal*, Paris, Karthala, p. 23. Voir aussi Beek Jan,

les procédures bureaucratiques sont des règles rationnelles, rigides, et que les usagers sont appelés à suivre sans pouvoir y déroger. Mais quand on observe les différentes pratiques bureaucratiques de ces services, il y a de quoi relativiser la question de la rationalité de l'administration. L'existence de normes dans une administration n'exclut pas une l'interprétation bien différente de son objectif défini à la base. Chaque acteur transcrit à sa manière sa compréhension des règles, lesquelles s'expriment à travers les liens d'affinités ou par des pratiques vénales. Dans le cas du service de l'identification, ce sont parfois les détenteurs de l'autorité, à l'exemple des officiers de l'armée et de la police, qui détournent les règles. Ces pratiques posent la question du fonctionnement des structures de l'État.

La question du changement du nom ou de l'âge reste un enjeu majeur pour les administrations publiques de l'état civil au Tchad. La désorganisation du système de l'état civil constitue aussi une des causes de ce phénomène, à la différence du service de la carte d'identité où une forme de restriction administrative à la modification de nom ou de l'âge semble exister. Mais en matière d'état civil, les processus semblent être faciles, dans la mesure où une personne peut avoir deux à trois extraits d'actes de naissance, même si les textes officiels interdisent ces pratiques. Célestin, un jeune d'une trentaine d'années, élève au lycée technique commercial de N'Djamena, que nous avons rencontré pendant notre séjour de terrain, nous raconte son expérience en ces termes :

> « Je suis né en 1980 dans un petit village de la Tandjilé. C'est dans ce village que je suis entré à l'école ; j'ai obtenu mon CEP et mon concours d'entrée en sixième. Je n'ai pas eu un extrait d'acte de naissance avant d'aller à l'école. C'est lorsque je voulais faire l'examen d'entrée en sixième que le directeur de l'école m'a demandé de constituer un dossier comprenant un extrait d'acte de naissance. Et c'est comme ça que le directeur a pris le nom de tous les élèves de la classe de CM2 (cours moyen deuxième année) qui devaient faire le concours et est allé à la sous-préfecture de Guidari, pour nous faire les actes de naissance moyennant une somme de 2000 FCFA. Après ce premier d'acte de

---

Producing stateness. Police work in Ghana», Leiden/Boston, Brill, 2016, pp. 75-125.

naissance, j'ai changé à deux reprises mon âge avec de nouveaux extraits d'acte de naissance pour le BEP et le Baccalauréat, parce que je me sentais trop âgé ».[234]

L'exemple de Célestin n'est pas un cas isolé : plusieurs enfants et adultes sont dans cette situation. Nous sommes dans « un état de délabrement total du système d'état civil » nous disait le coordonnateur d'une ONG, responsable d'un projet sur l'état civil dans le département de Nya Pendé[235] dont la commune de Goré est le chef-lieu. Le Tchad occupe toujours la dernière place en matière de déclarations des faits d'état civil, en Afrique centrale.

Pour le directeur des affaires politiques et de l'état civil (DAPEC), structure en charge de la politique nationale de l'état civil, la difficulté à laquelle fait aujourd'hui face l'État dans la politique de l'état civil se situe à plusieurs niveaux.

Au niveau national, l'État n'arrive pas à couvrir tous les centres principaux et secondaires de l'état civil implantés dans les différentes régions du pays, ce qui se traduit par le fait que chaque agent d'état civil fait ce que bon lui semble.

Au Tchad, les gens n'ont pas coutume d'utiliser les patronymes. L'usage du patronyme n'est pas popularisé dans toutes les communautés, à l'exception de certaines grandes familles issues du sultanat qui conservent la tradition. Le plus souvent, chaque enfant porte le patronyme du côté de son père, comme cela se pratique dans certaines familles, le cas de la famille Haggar dans la région du Ouaddaï.[236]

C'est dans ces conditions que certaines familles choisissent de modifier ou d'insérer un deuxième nom qui peut être celui du père, d'un

---

[234]. Célestin, extrait d'entretien, N'Djamena (juin 2016).
[235]. La Nya Pendé est l'un des départements de la région du Logone orientale. Il fait frontière avec le nord du Centrafrique. Le chef-lieu du département est la commune de Goré.
[236]. Lidwien Kapteinjs, *Mahdisme et tradition au d'Ar For. Histoire des Massalit 1870-1930*, Traduit par Geneviève D'Avout et Joseph Tubiana, Paris, L'Harmattan, 2006.

grand-père ou simplement un choix arbitraire. C'est le cas d'Antoinette, membre de la commission de contrôle et de vérification, avec qui nous avons eu un entretien ; elle nous raconte son expérience en ces termes :

> « Je suis née dans la région de Mayo-Kebbi. Mon père m'a ramené à l'âge de deux ans à N'Djamena. C'est comme ça que j'ai commencé l'école primaire dans la capitale. C'est lorsque je me suis mariée que je suis entrée à la police grâce à mon mari qui est commissaire de police. Je me suis converti à l'islam en suivant mon mari aussi. En 2006, je voulais aller à la Mecque, en Arabie Saoudite, et il fallait que je dispose d'un passeport pour le voyage. Mais je n'avais pas encore changé mon nom. C'est comme ça que les agents du service de passeport m'ont conseillé de prendre un nom musulman. J'ai pris celui de Maimouna ».[237]

Les raisons du changement de nom ou d'âge se posent de différentes manières, selon des logiques qui se distinguent les unes des autres. Les raisons qui incitent l'individu à vouloir modifier les informations contenues dans son extrait d'acte de naissance ou sa carte d'identité nationale varient. Nous avons, au cours de notre recherche, identifié au moins trois raisons fondamentales qui expliquent, dans la plupart des cas, les raisons du changement de nom ou d'âge :

La première raison est celle liée aux « turpitudes scolaires ». Elle est une des raisons fondamentales de changement des informations d'état civil dans les régions rurales qui dans la plupart des cas ne disposent d'aucun centre d'état civil. Même s'il existe, il faut se déplacer dans une sous-préfecture à plus de 50 kilomètres afin de pouvoir enregistrer un fait d'état civil. Parfois, les habitants de ces villages ignorent complètement l'existence du système d'état civil. En plus du problème de distance des centres d'état civil, il faut relever aussi la question du parcours scolaire des enfants qui, dans certaines zones rurales, commencent très tard leur première année scolaire, et pour ne pas faire l'objet de discrimination des collègues par rapport à leur âge avancé, sollicitent modifier leur âge. L'inspecteur de l'enseignement

---

[237]. Extrait d'entretien avec Joséphine, agent de police au service de l'identité civile du commissariat central, N'Djamena, août 2017.

primaire de la Nya Pendé, que nous avons rencontré pendant notre séjour de recherche, nous dit ceci :

> « Nous savons que l'état civil est capital pour tout citoyen d'un pays et pour l'État. Mais nous constatons que le système d'état civil est méconnu dans notre pays. La situation est encore criarde dans le département de la Nya Pendé. Les parents attendent que les enfants soient en classe des examens avant d'aller demander un extrait d'acte de naissance. Il arrive même que certains enfants n'arrivent pas à composer aux examens d'entrée en sixième parce qu'ils n'ont pas pu obtenir un extrait d'acte de naissance. Heureusement ces dernières années il y a des ONG qui mènent des campagnes de sensibilisations sur le sujet ».[238]

Nous sommes ici dans des situations où, compte tenu des difficultés sociales, les parents se désintéressent de la scolarisation de leurs enfants. Même si dans certains de ces villages, l'école publique existe, les parents préfèrent envoyer leurs enfants aux travaux champêtres. Notre recherche ne porte pas sur le système éducatif, mais il est important de préciser que la problématique l'état civil et celle de la scolarisation sont inextricablement liées.

Dans certaines localités, c'est au moment où les enfants sont en classe d'examen pour l'entrée en sixième qu'on va leur chercher un extrait d'acte de naissance. Louise Barré a pu observer ce même phénomène sur son terrain en Côte d'Ivoire.[239]

La deuxième raison du changement du nom ou de l'âge est d'ordre politique et religieux. Il s'agit de la politisation de certains noms d'origine musulmane. Le Tchad est un pays qui abrite deux grandes communautés religieuses, l'Islam avec un taux de plus de 55 %, le Christianisme avec un taux de plus de 35 %.[240] Sur le plan politique,

---

[238]. Extrait d'entretien de Bichara, adjoint inspecteur de l'enseignement primaire du département de la Nya Pendé (avril 2017).

[239]. Barré Louise, « Mettre son nom. Revendications familiales au sein de procédure d'identification (Cote d'ivoire 1950-1970) », *Genèses*, 2018/3, n° 112, p. 18

[240]. Juergensmeyer Mark, Wade Clark Roof, «Chad», in *Encyclopedia of Global Religion*, SAGE Publications, 2011, p. 190.

depuis le régime du Conseil supérieur militaire (CSM),[241] dirigé par Felix Maloum, tous les chefs de l'État tchadiens sont de confession musulmane. Pour des raisons historiques liées au conflit civil qui a désintégré la cohésion de la société tchadienne, dans les années 1970,[242] ces deux religions ont développé des pratiques d'évangélisation ou d'islamisation dans les différentes localités du pays. Des écoles coraniques sont créées avec l'aide de fondations étrangères venant principalement des Émirats arabes et de l'Arabie Saoudite. Ces pratiques qui relèvent du prosélytisme religieux conduisent à une cristallisation des différentes communautés religieuses existant au Tchad.

> « Aujourd'hui, au Tchad si tu ne t'appelles pas Mahamat, Abdoulaye, Hissein ou Mariam, il est difficile de se faire une place. Ça fait quatre ans que j'ai déposé mon dossier au service de l'intégration de la fonction publique en même temps que des amis dont l'un porte le nom de Youssouf et l'autre Mahamat. Ils ont été intégrés juste deux ans après. Moi, j'en suis à ma quatrième année, aujourd'hui, alors que nous sommes sortis de la même école et avec le même diplôme. Si je portais le nom Mahamat, je ne serais pas dans cette situation ».[243]

Cet extrait d'entretien montre bien comment le nom constitue un élément de distinction et de discrimination régionaliste, politique. Plusieurs jeunes que nous avons rencontrés à N'Djamena et à Moundou expriment le même sentiment. Au regard de cette fracture sociale, une forme de discrimination, par le nom qu'on porte, commence à voir le jour, dans l'espace public, et même sur le marché du travail. Elle entraîne une injustice sociale dans les différents secteurs de la vie politique et sociale. Il faut rappeler que chaque nom apparente son porteur à sa région d'origine, ce qui constitue une voie que ces

---

[241]. Conseil supérieur militaire est un mouvement politique créé en 1975 après le coup d'État contre le président François Tombalbaye. Le Conseil Supérieur Militaire fut dirigé par le général Felix Maloum, qui était président de la République jusqu'en 1978.

[242]. Gatta Gali Ngothe, *Tchad : guerre civile et désagrégation de l'État*, Paris, Présence africaine, 1982.

[243]. Extrait d'entretien avec Jérémie, diplômé en technique vétérinaire, N'Djamena 2017.

entrepreneurs de la désagrégation sociale[244] utilisent pour mettre en place leur politique. Des noms comme Mahamat, Abdoulaye, Ababakar, Hissein, Idriss… sont connus comme des noms d'origine musulmane. Même si aujourd'hui ces noms sont popularisés ; ce ne sont pas exclusivement des musulmans qui portent ces noms au Tchad.

Par contre, des noms comme, Rimadji, Mbayaramadji, Nadjigar, Denenodji, Feckoua, Hinsou, Oumoune, en plus des prénoms chrétiens, sont catégorisés automatiquement comme des noms de ressortissants du Sud ou, parfois, considérés comme des noms de chrétiens. C'est ainsi que, pour l'intérêt des postes politiques, ce qui entre ici dans le registre de la « politique du ventre »,[245] certains hommes politiques ont tendance à changer leur nom.

Cette pratique est très visible dans les partis politiques, qu'il s'agisse des partis de l'opposition ou du parti au pouvoir, le MPS. Même pour les nominations à des postes de responsabilités, le nom joue un rôle important.

Pour Khamis, ancien militant de la Convention nationale démocratique et sociale (CNDS), aujourd'hui militant du MPS, le nom joue un rôle important dans les nominations politiques et même dans le recrutement au sein de la fonction publique.

> « Tu sais, les gens ne disent pas la vérité. On nous dit, oui vous êtes de la même mouvance présidentielle. Vous êtes du même parti politique. Mais tout ça, c'est des mensonges. J'ai changé de veste comme on le dit au Tchad. Avant j'étais avec le CNDS, le parti d'Adoum Moussa Seif, jusqu'en 2001. Avant de prendre la carte du MPS. J'ai travaillé au bureau national du parti pendant cinq ans. Et je peux te confirmer que le nom est indispensable dans les nominations. Si c'est un Khamis comme moi, on dira que c'est un Hadjarai. Si c'est Sougui, d'autres diront que c'est un Gourane. Si c'est Djimadoum, certains vont dire que c'est Sara ou un Ndgambaye. Et juste à cause de ton nom,

---

[244]. Ibid. Gatta Gali NGothe, p. 43.
[245]. Bayart Jean-François, *l'État en Afrique. La politique du ventre*. Paris, Fayard, deuxième Édition 2006.

tes dossiers peuvent être bloqués. J'ai connu des gens qui sont victimes de ces pratiques ».[246]

Le contexte politique lié aux différentes crises que le Tchad a connues offre aujourd'hui un cadre idéal par lequel la politisation des religions, dont les raisons du changement de nom sont le produit par excellence. Ils décident de changer leur nom avec le dessein de se conformer à la majorité, surtout à l'égard de ceux qui gouvernent. Ce propos de Khamis montre aussi les pratiques qui existent dans les partis politiques, en particulier le parti au pouvoir. Ce sont des pratiques qui tirent en partie leur histoire dans les différences crises que le Tchad a connues. Il faut noter que cette pratique ne date pas d'aujourd'hui. Tous les régimes politiques, de Tombalbaye à Idriss Deby, ont pris le clientélisme et le népotisme comme principe de l'exercice du pouvoir, où le nom a toujours été un des instruments dans les nominations aux postes de responsabilités et à l'attribution des contrats des marchés publics.

Dans un texte sur les pratiques de la corruption et du clientélisme au Tchad, Claude Arditi explique le rapport qui existe entre les acteurs politiques et la famille dans l'exercice du pouvoir au Tchad.[247] Dans ce rapport, le nom joue un rôle important, parce que chaque nom renvoie son porteur à une région donnée, à une histoire et à une mémoire. Aujourd'hui, le nom n'est pas seulement un instrument d'identification, mais il est un aussi facteur de discrimination, dans l'embauche, dans l'attribution des marchés publics et même dans les nominations politiques. Ce qui pousse certains individus à changer leur nom.

Le troisième mobile du changement du nom ou de l'âge concerne le marché du travail, et surtout certains secteurs comme celui de l'armée. Aujourd'hui, le seul secteur qui peut recruter au Tchad est celui de l'armée. Même avec la crise financière qui a secoué l'économie

---

[246]. Extrait d'entretien avec Khamis, militant du mouvement patriotique de salut (MPS), parti au pouvoir, N'Djamena, mai 2017.

[247]. Arditi Claude, « Du prix de la kola aux détournements de l'aide internationale : clientélisme et corruption au Tchad. (1900-1998), In Giorgio Blundo, (dir.), *Monnayer les pouvoirs. Espaces, mécanismes et représentations de la corruption*, Paris, PUF - Genève, IUED, 2000, p. 16-32.

tchadienne, l'État continue d'investir dans l'armée, notamment par le recrutement des jeunes. Pour avoir la chance d'être recrutés, certains jeunes décident de modifier leur année de naissance. Il s'agit aussi de certains concours nationaux, école des travaux publics, école des officiers, institut universitaire de formations techniques et professionnelles, où les conditions d'admission exigent parfois des limites d'âge. À cette condition, certains jeunes sont obligés de modifier leur âge afin de répondre aux conditions d'admission.

> « Je suis en train de préparer mes dossiers pour le concours d'entrée à l'école de police. Avec mon âge actuel, je ne pense pas que ma demande sera acceptée, c'est pourquoi je voudrais modifier mon âge. Je l'ai déjà fait pour l'acte de naissance. Il ne me reste que pour la carte d'identité ».[248]

La dernière raison que nous relevons est d'ordre judiciaire. Nous avons constaté sur le terrain, et surtout à partir des entretiens réalisés avec les agents de la police scientifique, que certaines personnes ayant été condamnées ont parfois tendance à dissimuler leur identité en changeant leur nom et âge. C'est dans cette perspective que Donda, un ancien responsable du fichier central du service d'identification, essaie d'analyser la situation actuelle de son service :

> « Nous sommes dans un pays où la justice est moribonde. Elle ne fonctionne plus, ou si elle fonctionne c'est pour les hommes forts de ce pays. Comment comprendre que dans un pays où il n'y a aucune trace de ceux qui sont en conflit avec la loi. Le système des casiers judiciaires est complètement désorganisé. Il suffit de donner une somme de 1200 FCFA et tu peux avoir ton extrait du casier judiciaire vierge, sans que les gens essaient de savoir si cette personne a un passé propre avec la loi. Ce qui fonctionne mieux, ce sont les cartes d'identité avec les empreintes digitales. Car, parfois, la police judiciaire et la justice nous demandent de faire des recherches avec le nom du condamné pour voir s'il n'a pas des antécédents judiciaires. Mais il faut savoir que certains de ces délinquants n'ont même pas de carte d'identité. Ce qui rend encore difficile le travail. La justice doit organiser le système des casiers

---

[248]. Extrait d'entretien, N'Djamena 2016

judiciaires pour que les bandits ne circulent pas librement et ni ne dissimulent leur identité ».249

Ces personnes condamnées profitent du dysfonctionnement du système judiciaire, notamment avec la question du traitement et de la conservation des casiers judiciaires qui demeure un grand sujet pour le ministère de la Justice. Pour apporter une solution à ce problème de dissimulation d'identité des personnes en conflit avec la loi, l'État a mis en place une section de la police scientifique dont le principal rôle est d'identifier tous les prisonniers dans une base de données. Ce projet est appuyé par plusieurs organismes internationaux. Nous essaierons d'apporter plus d'éclaircissement sur ce projet dans le quatrième chapitre de cette partie.

Conclusion

L'étude des noms souligne les valeurs et les significations que chaque communauté donne à la nomination. Ce sont ces valeurs qui structurent le fondement du lien social de ces communautés. La rencontre entre les mécanismes autochtones et le système allogène d'identification est un cadre intéressant d'analyse sociologique de la politique d'identification au Tchad. À travers l'étude des noms, on peut dégager différents questionnements liés à la problématique de la formation de l'État. John C Scott, John Tehranian et Jeremy Mathias analysent cette relation entre l'État et le nom en ces termes, « there is no State-making without State-naming ». Ils expliquent ainsi que la fixation des noms et leur enregistrement à l'état civil est un moment clé de la formation de l'État.250 Ces deux modèles d'identification se complètent, car l'État, dans ces rôles, procède par le truchement du dispositif de l'identification pour confirmer des pratiques anthroponymiques qui sont le produit du groupe auquel l'individu est

---

249. Extrait d'entretien de Donda, ancien responsable du fichier central de la carte d'identité nationale. Il est en retraite depuis trois ans. Mais il continue d'apporter son expertise en cas de besoin au service de la carte d'identité, la police judiciaire, à la justice et à l'ambassade des États unis au Tchad.

250. Scott C. James, John Tehranian, Jeremy Mathias, «The production of legal identities proper to states: The case of the permenent family surname» *Comparive studies in society and History*, Cambridge University press, n° 1 vol 44 (janvier 2002).

rattaché. La nomination comme acte performatif continue non seulement pour les enfants, mais aussi pour soi. Cette vision conduit à relativiser la place de l'État en tant que puissance onomastique dominante.[251] Il existe une fluidité de l'identité au sein de cet ordre de changement de nom : usage des noms dans l'environnement social et le nom officiel qu'on inscrit dans le registre d'état civil. L'acte de nommer un nouveau-né n'est pas du seul attribut des parents de l'enfant, mais il est aussi le produit de tous les membres de la famille. Le père de l'enfant peut donner le nom, mais la mère a aussi droit de nommer son fils.

La question de l'état civil se pose aussi avec celle des patronymes qui, dans une certaine mesure, constitue une des difficultés du processus bureaucratique de certification des identités. Pour les fonctionnaires de la police nationale, l'usage de la technique biométrique peut apporter une solution à cette pratique. Pour Joël, responsable du « service d'enrôlement » au centre d'identité civile du commissariat central de N'Djamena, la technique biométrique constitue un outil fiable de certification et d'authentification dans le contexte tchadien. La crédibilité de la technique biométrique est de plus en plus certifiée par les agents du centre d'identification dans la réforme de la politique d'identification que le gouvernement a initiée avec la création de l'Agence Nationale des Titres Sécurisés(ANATS). Nous saisissons dans le troisième chapitre les politiques internationales en matière de l'identification.

---

[251]. Massicard Elise., «Post-hérité. Un retour du patronyme en Turquie contemporaine ? », Belin, *Revue d'histoire moderne contemporaine,* n° 60-2, 2013/2.

CHAPITRE III

LES POLITIQUES INTERNATIONALES DE L'IDENTIFICATION

Dans un rapport d'évaluation globale du système d'enregistrement des faits d'état civil et des statistiques au Tchad, publié en juin 2017, la déclaration des faits de l'état civil est définie comme « l'inscription continue, permanente et obligatoire des événements d'état civil avec les caractéristiques (naissances vivantes, décès, morts fœtales, mariages, divorces), ainsi que d'autres événements liés à l'état civil de la population, sur la base permanente, comme prévu par la loi de chaque pays ».[252] Pour les auteurs de ce rapport, ce système d'état civil garantit le droit de la personne à une identité, à un statut social, à la nationalité ainsi que celui d'appartenir à une famille et à une communauté. Le droit à une identité fait partie des droits fondamentaux de chaque enfant. Le système d'enregistrement des faits d'état civil constitue un sujet qui suscite un intérêt croissant, ces dernières années. Ainsi, Hassane Cissé, directeur du pôle gouvernance et institutions de la Banque mondiale, a déclaré, pendant la conférence internationale sur la gestion des identités, tenue en 2014, à Séoul, « les enregistrements de l'état civil et les identifications des individus constituent un enjeu majeur pour tous les secteurs et sont des piliers de l'économie ».[253]

Le système d'enregistrement des faits d'état civil et l'identification civile des individus sont souvent appréhendés à travers la place qu'ils occupent dans les programmes de développement des

---

[252]. *Tchad : Rapport sur le système d'identification et d'état civil au Tchad*, N'Djamena, 2017. Le financement de ce rapport a été assuré par l'Union européenne (UE), le Fonds des Nations Unies pour l'Enfance (UNICEF) et le Haut-Commissariat des Nations Unies pour les Réfugiés (UNHCR).

[253]. Hassane Cissé, directeur du pôle gouvernance et institutions inclusives des pratiques mondiales de la Banque mondiale, Rapport résumé de la conférence internationale de la gestion des identités, Séoul, 2014, Corée du Sud.

pays du Sud. Les organisations internationales, comme la Banque mondiale ou la Banque africaine de développement, disposent de programmes spéciaux dédiés aux pays en développement dont le but consiste à renforcer les systèmes locaux d'enregistrements des faits d'état civil et d'identification civile des individus. L'UNICEF, par exemple, et au nom de la protection des droits de l'enfant, accompagne déjà plusieurs États africains, dont celui du Tchad, dans les politiques d'amélioration des systèmes d'état civil par des moyens techniques et financiers.

Depuis une dizaine d'années, d'autres partenaires financiers du Tchad, à l'exemple de l'Union européenne, de l'organisation internationale de la francophonie, de la Banque africaine de développement, du Haut-Commissariat des Nations unies pour les réfugiés (UNHCR), s'impliquent de plus en plus dans le financement du système d'état civil. L'Union européenne, à travers le programme de la gouvernance locale, a financé entièrement plusieurs projets dans le cadre de la politique d'amélioration du système d'état civil au Tchad.[254] Des activités de sensibilisation et de construction de centres d'état civil sont réalisées dans les différentes régions.

Au-delà du discours sur l'apport du système d'identification dans les programmes de développement socio-économique que prônent ces organisations internationales, la tendance actuelle est de plus en plus axée sur les politiques de sécurité. L'identité civile n'est pas seulement vue comme un droit, mais elle est pensée aujourd'hui comme un instrument des politiques de sécurité.[255] Depuis le début des années 2000, la sécurité est devenue une préoccupation majeure des États et des acteurs internationaux.[256] Dans cette nouvelle politique de lutte contre les « inquiétudes »,[257] les migrations sont considérées

---

[254]. Programme de la gouvernance locale avec son volet sur l'État civil.

[255] Necla Tschirgi, « L'articulation développement-sécurité. De la rhétorique à la compréhension d'une dynamique complexe », *Annuaire Suisse de politique de développement*, (En ligne), 25-2, 2006. p. 23.

[256]. Lyon David, « Globalizing surveillance. Comparative and sociological perspectives», *International sociology*, 2004, 19/2, p. 137.

[257]. Bigo Didier, « La mondialisation de l' (in)sécurité ? Réflexions sur le champ des professionnels de la gestion des inquiétudes et analytique de la transnationalisation des processus d'(in)sécurisation », *Cultures et Conflits* [en ligne] 2005/2, p. 8

comme un des facteurs de la montée de l'insécurité dans le monde[258]. Dans les pays occidentaux, cette hypothèse est une quasi-certitude.[259] Et pour lutter contre cette migration, le système d'identification des individus est de plus en plus considéré comme la solution finale pour le contrôle et la surveillance des frontières nationales et transnationales. Andréa de Georgia, en citant les cas malien, sénégalais et nigérien, affirme que la volonté actuelle d'identification des individus devrait permettre de disposer d'un système d'informatisation de l'état civil relié à une base de données biométriques à même de sécuriser l'identité de la population et d'être exploitable par d'autres administrations.[260]

La tendance actuelle dans les pays du Sud est celle d'une approche intégrée des politiques nationales d'identification des individus, qui consiste à relier le système d'état civil à celui de l'identification civile.[261]

L'idée souvent avancée pour cette méthode est que le système d'état civil des pays africains serait en faillite et, pour apporter une solution, il faudrait valoriser les nouvelles technologies d'identification des individus, à l'exemple de la technique biométrique introduite au Tchad, en 2002, pour la carte d'identité et, en 2016, pour le recensement électoral. Nous verrons de manière détaillée cette question dans le cinquième chapitre.

L'idée souvent avancée par les autorités tchadiennes est celle de l'introduction d'un Numéro national d'identification des personnes (NNIP). Ce numéro permettra à la personne d'établir ses différents papiers d'identité. Selon le ministre de l'Administration du territoire et de la Sécurité publique, « le nouveau système introduit des données personnelles biométriques dans le processus d'identification de la personne en tenant compte du besoin crucial de sécurisation des

---

[258]. Didier Bigo, « Le nexus » sécurité, frontière, immigration : programme et diagramme », *Cultures et conflits*, [en ligne], hiver 2011.

[259]. Andréa de Georgia, « Au Mali, Niger et Sénégal, le marché de l'identité en plein essor », Journal *Mediapart*, le 5 mars 2019.p. 4

[260]. Bigo Didier, op. cit. p. 6.

[261]. Les reccommandations de la conférence internationale pour la gestion des identités, Séoul, 2014. Cette conférence a rassemblé les pays d'Afrique, d'Asie et d'Amérique du Sud.

documents d'identité pour lutter efficacement contre la fraude par usurpation d'identité, les trafics illicites, les crimes transfrontaliers et le terrorisme international. Il apporte des innovations majeures à la loi 08 du 10 mai 2013 ».[262] Le NNIP pourrait devenir un instrument qui permet au personnel des maternités d'attribuer à chaque nouveau-né un numéro unique. C'est avec ce numéro que les agents de l'état civil établiront un extrait d'acte de naissance. Certains pays, à l'exemple du Pérou, ont déjà expérimenté ce dispositif. L'État tchadien est en train, avec la création de l'Agence nationale des Titres sécurisés, d'aller dans ce sens.

Le chapitre est conçu à partir des enquêtes de terrain auprès des ONG en charge des projets de l'identification des individus, à N'Djamena et à Goré, et notamment avec les responsables du « programme de la gouvernance locale » financé par l'Union européenne. Il s'agit de saisir le rôle des institutions internationales dans la politique d'enregistrement et d'identification des individus au Tchad, ce qui nous conduit à voir le lien qui existe entre les papiers d'identité et les discours développementalistes de ces acteurs internationaux. Il sera ensuite question du rôle de l'Union européenne et de l'UNICEF dans la politique d'identification des individus au Tchad. Enfin, nous allons saisir la question de l'identification judiciaire, qui devient depuis quelques années un nouvel instrument de lutte contre la récidive dans les établissements pénitentiaires du Tchad. L'État tchadien s'est engagé, depuis plus de cinq, dans la réforme de la politique pénale et pénitentiaire qui a abouti à l'adoption d'un nouveau code pénal et à la création d'une sous-direction de la police technique et scientifique dont le rôle consiste à identifier et à répertorier les auteurs de crimes et délits, dans une base de données nationale d'empreintes digitales, photographies anthropométriques et signalement.

I. Politiques internationales et nationales de développement

Depuis l'indépendance, les autorités tchadiennes n'ont jamais accordé autant d'attention aux politiques d'identification des individus

---

262. Le ministre de la communication, porte-parole du gouvernement, Info Alwida, « Tchad : l'ANATS s'active pour la production des titres sécurisés », consulté le 16 janvier 2019.

qu'aujourd'hui. Bien que les premiers dispositifs d'enregistrement des naissances et d'identification des individus aient été créés au début des années 1960, juste après l'indépendance, ces textes sont restés dans les tiroirs, sans évolution majeure, jusqu'aux années 2000. Comme nous l'avons déjà expliqué dans un chapitre précédent, il faut attendre 2002 pour que le gouvernement se penche sur la question de la carte d'identité, avec le décret instituant la carte nationale biométrique et, plus tard, avec la loi réglementant le système d'état civil, votée en 2013 et, depuis 2016, avec la création d'un organe autonome en charge de l'identification des personnes, l'Agence nationale des titres sécurisés (ANATS). C'est à partir de cette période que l'État tchadien multiplie les actions en faveur de l'amélioration des conditions de production des divers papiers d'identité, carte nationale d'identité, passeport, carte de résidents, carte de commerçants, permis de conduire… Le gouvernement, en un temps record, a mis en place un ensemble de textes législatifs et réglementaires en matière de papiers d'identité. Des programmes sont mis en place et des séminaires sont fréquemment organisés grâce au soutien des organisations internationales. Ce regain d'intérêt pour les papiers d'identité arrive dans un contexte où l'ONU considère le système d'identification civile comme un instrument efficace pour les objectifs de développement. En mettant l'accent sur la question de la justice sociale comme fondement de tout développement humain, l'ONU attache une importance au système d'enregistrement des faits d'état civil et à l'identification des individus. Cette justice sociale passe par la reconnaissance de l'identité juridique par les différents textes internationaux que le Tchad a ratifiés.[263]

Dans les objectifs du développement durable (ODD) de l'ONU adoptés en 2015, nouvelle version des objectifs du millénaire, le neuvième objectif affirme, « d'ici 2030, de garantir à tous une identité juridique, notamment grâce à l'enregistrement des naissances ».[264] Même si la version précédente des objectifs de développement avait déjà mis l'accent sur cette question, en incitant les États à améliorer leurs politiques nationales du système d'état civil et d'identification civile, les ODD ont encore précisé les objectifs à travers la mobilisation des acteurs publics et privés. Les institutions internationales, comme la

---

[263]. Rapport de la conférence internationale de la gestion des identités, Séoul, 2014.
[264]. Objectifs de développement durable, objectif 16 et cible 9, Nations Unies, 2015.

Banque mondiale, Banque africaine de développement, ont mis en place des programmes spéciaux de renforcement des capacités des structures nationales d'état civil.

Cet intérêt, porté par les institutions internationales, a impulsé les politiques nationales de papiers d'identité. En plus de cet intérêt, les événements du 11 septembre 2001 ont poussé les États à créer des conditions propices afin de pouvoir sécuriser les papiers d'identité contre leur utilisation frauduleuse. Ces deux événements ont défini ce que Mia Harbitz, spécialiste en chef de la gestion des identités et des registres de la Banque interaméricaine de développement (BID), appelle le « droit d'être » et le « droit de savoir ».[265] Pour cette spécialiste de l'identification des individus, lorsque l'on aborde et discute des politiques d'identité, ce qui est abordé, c'est le « droit d'être », le droit à un nom et à une nationalité ainsi que le droit à une identité légale, protégée et unique que le gouvernement doit connaître. Parallèlement à ce droit à l'identité légale, il y a aussi le « droit de savoir » qui englobe le dispositif de surveillance et de contrôle lié aux attentats du 11 septembre. Cet événement du 11 septembre 2001 a conduit plusieurs États à revoir leurs politiques de sécurité nationale, à introduire de nouvelles méthodes de sécurisation des frontières nationales et internationales, dont les papiers d'identité constituent un des instruments.

La conférence internationale de la gestion des identités, qui est une des grandes conférences réunissant les pays du Sud sur la gestion des identités, tenue en septembre 2014 à Séoul, en Corée du Sud, constitue une des grandes rencontres dédiées à la question de l'identification des individus. Nous parlons de cette conférence de Séoul, car elle est une des premières conférences qui a rassemblé plusieurs représentants des États et des organisations internationales de l'Afrique, de l'Asie et de l'Amérique du Sud. Elle fut financée par la Banque africaine de développement (BAD), la Banque interaméricaine de développement (BID) et l'État de la Corée du Sud. La plupart des organisations internationales de développement et les ministères en charge de la politique d'identification sont représentés à cette rencontre

---

[265]. Mia Harbitz, « La gestion des identités dans les pays d'Amérique du Sud », introduction de la conférence internationale sur la gestion des identités, Séoul, 2014.

internationale. Le gouvernement tchadien, par le ministre de l'Administration du territoire et de la Sécurité publique, a aussi pris part à cette conférence. La lecture des recommandations et des conclusions issues des différentes discussions que les participants ont eues pendant ces deux jours de rencontre permet de relever plusieurs questions liées à la politique d'identité dans les pays en développement et surtout les pays d'Afrique subsaharienne.

Tout en reconnaissant le rôle que peut jouer le système d'état civil et de l'identification civile dans le développement, Hassane Cissé, directeur du pôle gouvernance de la banque mondiale, indique que les systèmes d'état civil et l'identification sont essentiels pour la prise de décisions politiques efficaces et transparentes, et pour assurer une meilleure gouvernance. Pour lui, les systèmes d'enregistrement de l'état civil et d'identification ne couvrent qu'une partie de la population dans les pays à revenus intermédiaires, ce qui rend extrêmement difficile, voire impossible, la mesure, avec exactitude, des progrès accomplis en matière de développement.[266] Au regard des activités de ces organisations internationales, on peut voir que les papiers d'identité ne définissent pas seulement une identité juridique de l'individu, mais qu'ils constituent aussi un instrument important de planification des programmes de développement.[267] Le système d'état civil est souvent pris en exemple quand il s'agit de mesurer les indicateurs du développement humain d'un pays.

Au niveau des États africains, d'autres conférences ont été organisées avec la participation des partenaires pour le développement. Nous présenterons ces conférences, auxquelles les autorités tchadiennes ont participé. En présentant ces rencontres, nous voulons souligner l'importance du sujet, qui n'est pas seulement national, mais aussi continental. D'autres rencontres furent organisées ces dernières années par les États africains dans le but de coordonner leurs actions en faveur des politiques d'identification civile des individus. En 2010, les ministères africains, chargés de l'état civil, ont tenu une conférence à Addis-Ababa, en Éthiopie, sur la politique de d'identification des

---

[266]. Hassane Cissé, directeur du pôle gouvernance et institutions inclusives des pratiques mondiales de la Banque mondiale, Rapport résumé de la conférence internationale de la gestion des identités, Séoul, 2014, Corée du Sud.

[267]. Ibid.

individus. Cette conférence organisée par la commission de l'Union africaine, avec le soutien de la Banque africaine de développement et le bureau Afrique de l'Organisation des Nations unies, avait pour thème, « vers une amélioration des systèmes d'enregistrement des faits d'état civil en vue d'une administration publique et d'une production des statistiques pour le développement nationale et le suivi des OMD en Afrique ». Tous les participants à cette conférence ont pris des engagements politiques afin d'élaborer des lois et des mesures à même d'assurer l'enregistrement obligatoire des faits d'état civil.[268]

Depuis cette première rencontre africaine en matière d'état civil, trois autres conférences ont été organisées respectivement à Durban, en 2012, Yamoussoukro, en 2015 et la quatrième conférence en 2017 à Nouakchott. L'État tchadien a été représenté à ces différentes rencontres par le ministre de l'Administration du territoire ou celui de la Sécurité publique. Mais, au-delà de cette participation, on note un manque de volonté politique des autorités tchadiennes à traduire les recommandations issues de toutes ces conférences dans sa politique nationale.

Le gouvernement a souscrit au programme africain pour l'amélioration accélérée des systèmes d'enregistrement des faits et des statistiques de l'état civil, en anglais APAI-CRVS.[269] C'est un mécanisme d'évaluation des politiques nationales d'amélioration des systèmes d'état civil, mis en place en 2009 par l'Organisation des

---

[268]. Rapport final de la conférence des ministres africains en charge de la politique d'état civil, Addis-Abeba, 2010.

[269]. Le Programme pour l'amélioration accélérée de l'enregistrement des faits d'état civil et de l'établissement des statistiques en Afrique (APAI-CRVS) est un programme régional élaboré à la suite de l'engagement politique et des directives de politique générale des ministres en charge de l'état civil pour réformer et améliorer les Systèmes d'enregistrement des faits d'état civil et l'établissement des statistiques de l'état civil sur le continent. Au niveau régional, le programme est piloté par un groupe de base dirigé par la Commission économique pour l'Afrique en partenariat avec la Commission de l'Union africaine, la Banque africaine de Développement, le Secrétariat du Symposium africain sur le Développement de la Statistique, le Fonds des Nations Unies pour l'Enfance, l'Organisation mondiale de la santé, le Haut-Commissariat des Nations Unies pour les réfugiés, le Fonds des Nations Unies pour la Population, le Réseau INDEPTH, le Plan International et PARIS21. Le Secrétariat du programme est basé au centre africain pour la Statistique. http://www.apai-crvs.org/fr/apropos-apai

Nations unies, en collaboration avec la commission des affaires économiques de l'Union africaine. Le gouvernement tchadien a attendu 2016 pour créer un comité de pilotage et d'évaluation globale du système d'état civil, par un arrêté ministériel du 10 octobre 2016.[270] Le comité est composé de 19 membres venus des ministères de la Justice, de l'Administration du territoire et de la Gouvernance locale, du Plan et de l'Économie, des experts internationaux et nationaux, des agents du programme d'appui à la bonne gouvernance et des agents de l'UNICEF. Il est présidé par le secrétaire général du ministère de l'Administration du territoire et de la Gouvernance locale. Pour la direction des affaires politiques et de l'identité civile, le Tchad dispose du plus faible taux de déclaration des faits d'état civil dans la région Afrique centrale, 12 %[271] au niveau national, 36 %[272] dans le milieu urbain et 4 % en zone rurale selon le résultat des enquêtes aux indicateurs multiples de 2014. Selon l'avis du Directeur, ce faible taux d'enregistrement des naissances s'explique par le fait que la politique publique en matière d'identification civile reste jusqu'à présent limitée par les ressources financières et humaines.

Au-delà de ces engagements internationaux, le gouvernement n'arrive toujours pas à concrétiser sa politique nationale d'identification civile des individus. Les services en charge de l'enregistrement des faits d'état civil ne disposent pas d'assez moyens matériels pour couvrir toutes les régions du pays. À travers le plan de développement économique et social dénommé « vision 2030 », comme il en est question dans plusieurs pays du continent africain, le gouvernement essaie d'accorder au secteur de l'identité civile une place importante à travers la création d'un registre national d'état civil. Ce registre permettrait au gouvernement de disposer d'une base de données nationale de toute la population tchadienne.

Le lien entre le système d'identification et le développement est souvent interprété sur la base des études statistiques et du rôle des papiers dans le processus électoral. Pour les agences de développement,

---

[270]. Décret n° 4072/PR/PM/2016, du 10 octobre 2016.
[271]. « Rapport d'évaluation du système d'état civil au Tchad » Tchad, l'Union européenne, le Fonds des Nations unies pour l'Enfance et le Haut-Commissariat des Nations Unies pour les Réfugiés, 2018.
[272] Ibid.

l'enregistrement des faits d'état civil permet à l'État de définir ses programmes développement et d'avoir une idée de la taille de sa population. C'est dans ce cadre que la direction des études économiques et statistiques, qui dépend du ministère du plan et de la coopération, évalue régulièrement le système d'identification à travers l'analyse des taux des déclarations des faits d'état civil dans le pays. Mais nous constatons que évaluation de ce système d'état civil ne semble pas connaître d'avancées, compte tenu du faible pourcentage d'identification des individus au Tchad. Pour le directeur du ministère du plan et de la coopération que nous avons rencontré pendant notre enquête de terrain à N'Djamena, ce faible niveau d'enregistrements des faits d'état civil constitue un obstacle au développement socio-économique et même politique du pays. À travers ce discours, nous comprenons que les papiers d'identité sont définis ici par la fonction qu'ils remplissent dans différents domaines de la vie sociale. Selon Zakaria, administrateur à la direction des études économiques et statistiques de N'Djamena :

> « La déclaration des faits d'état civil est un mécanisme important de développement d'un pays. Malheureusement au Tchad, nous avons un système d'état civil très défaillant. Les Tchadiens ne déclarent pas les naissances, les mariages ni encore les décès, ce qui fait qu'il est difficile d'avoir des données fiables pour mesurer l'évolution socio-économique du pays. À la direction des études économiques et statistiques, nous nous efforçons toujours de collecter des données auprès des différents centres d'état civil, mais il est toujours difficile d'avoir des données crédibles. L'extrait d'acte de naissance par exemple est le premier document qui atteste l'identité juridique d'une personne. Et c'est avec ce document que l'enfant sera scolarisé, aura sa première carte de vaccination, sera inscrit sur le livret de famille de ses parents et obtiendra sa carte nationale d'identité et sa carte d'électeur ».[273]

Zakaria résume de manière succincte le rôle de l'état civil, en tant que premier outil d'identification. Ce propos est celui qui ressort

---

[273]. Entretien avec Zakaria, statisticien à l'institut des études économiques et statistiques, avril 2017.

souvent quand on discute avec les agents des organisations de développement présents au Tchad. Mais cette lecture fonctionnaliste des papiers d'identité que prône l'État ne se manifeste pas de manière concrète sur le terrain. L'État manque toujours d'une politique durable en matière d'identification des individus, bien qu'il ait eu effectué des efforts dans ce sens ces dernières années.

II. Des programmes internationaux de soutien à l'état civil

Nous présentons ici les actions que mènent les partenaires financiers et techniques du Tchad dans le cadre de la politique de développement de l'état civil. Nous voulons montrer le rôle que les organismes de développement jouent dans l'accompagnement de l'État à travers sa politique d'amélioration du système d'état civil et de l'identification civile. Deux partenaires internationaux retiennent notre attention, l'Union européenne et le fonds des Nations unies pour l'enfance (UNICEF).

II.1 Les interventions du Fonds des Nations unies pour l'enfance (UNICEF)

Le Fonds des Nations unies pour l'enfance (UNICEF) est une organisation internationale créée le 11 décembre 1946. Présent dans plusieurs pays du monde et en particulier dans les pays du Sud, l'UNICEF est un organisme des Nations Unies qui appuie régulièrement le gouvernement dans le domaine de l'état civil. Avant que l'État ne puisse se pencher réellement sur l'amélioration du processus d'enregistrement des faits d'état civil, la délégation de l'UNICEF au Tchad a mené plusieurs actions de sensibilisations dans les centres de santé et des villages pour inciter les parents à déclarer la naissance de leurs enfants. Des agents en charge de l'état civil ont été formés dans les différentes communes du pays. Depuis plusieurs années, cette organisation s'est positionnée, à la différence des structures étatiques, comme un organe de promotion du système de déclaration des faits d'état civil. Grâce au projet d'appui du système d'état civil, plusieurs régions (le Batha, le Ouaddaï, le Guerra, le Logone occidental, le Kanem et le Moyen-Chari) ont bénéficié de dotations en registres d'enregistrement des faits d'état civil (des naissances, mariages et décès), des équipements de bureau et des fournitures pour l'archivage, en vue d'encourager la délivrance gratuite des actes de naissance aux enfants. L'État, en collaboration avec cet organisme international, mène des campagnes de sensibilisation dans les différentes régions du pays.

Figure 6 : Affiche de sensibilisation d'inscription à l'état civil

Archive du Ministère de l'Administration du territoire Août 2016

À travers la nouvelle stratégie de promotion de la politique d'identification civile, les agents du ministère de l'Administration du territoire sont en train de définir une nouvelle politique en matière de déclaration des faits d'état civil. Les communes de Mayo-Kebbi et de N'Djamena ont bénéficié du soutien de l'UNICEF pour mobiliser les communautés dans l'enregistrement massif des naissances. L'Unicef est en train de jouer un rôle très important dans le financement et l'encadrement technique pour l'évaluation de la politique nationale en matière d'état civil au Tchad.

II.2. L'appui de l'Union européenne en matière d'identification civile au Tchad

Face aux limites de la politique nationale en matière de l'identification civile, surtout en ce qui concerne la déclaration des naissances, des mariages et des décès, l'Union européenne et le Programme des Nations unies pour le développement ont financé un programme d'appui à la bonne gouvernance dont un des volets est relatif à l'« amélioration du fonctionnement des institutions en charge de l'état civil et à la promotion du processus de décentralisation », en 2016.

L'objectif de ce projet est, d'une part, de renforcer la capacité de certaines institutions de l'État, notamment la justice, et de renforcer les capacités des organisations locales, d'autre part.

Il comprend cinq composantes, à savoir la modernisation de l'état civil, la réforme du système judiciaire, l'appui au processus de décentralisation, le renforcement des capacités des organisations de la société civile et l'appui au développement local.

Le projet est implanté dans les régions du Batha, du Guéra, du Mandoul et dans bien d'autres régions du pays. Nous parlons ici du volet de la modernisation du système d'état civil qui concerne directement notre travail. Dès le début du projet, un état des lieux des centres d'état civil est réalisé dans plus de dix principaux centres d'état civil, dont voici le tableau récapitulatif.

Tableau 1: État des lieux des centres d'état civil

Centres d'état civil	Année de construction	Salles allouées	État
N'Djamena	1910	3	Délabré
Commune de Moundou	1990	1	Acceptable
Sous-préfecture de Moundou	1945	1	Délabré
Commune de Doba	2004	1	Acceptable
Sous-préfecture de Doba	1940	0	Délabré
Commune de Koumra	1962	1	Acceptable
Commune de Sarh	1940	1	Délabré
Sous-préfecture de Sarh	1945	2	Délabré
Sous-préfecture de Bol	1991	1	Délabré
Commune de Mongo	1967	0	Délabré
Commune d'Abéché	1950	1	Délabré

Ministère de Finances, évaluation du PAG, 2014

C'est sur la base de cette évaluation qu'un programme de formation et d'appui aux centres d'état civil a été mis en place. Selon le directeur de ce projet, avec qui nous avons eu un entretien pendant notre séjour de recherche, en 2016, l'état civil a été, avant ce projet, un secteur où l'État investissait très peu. Il a fallu l'intervention des organisations internationales pour que les centres d'état civil soient construits et les plans de formation des autorités locales et des agents soient mis en place dans les zones d'intervention du projet. Plusieurs centres d'état civil ont été réhabilités et vingt-sept autres construits. Ce projet a permis à ces régions pilotes d'avoir des structures qui leur permettent d'améliorer le processus de déclaration des faits d'état civil.

Des formations sont régulièrement organisées à destination des autorités locales et des chefs coutumiers afin de les sensibiliser sur l'importance des déclarations des faits d'état civil. C'est dans cette logique que le directeur nous a lu le rapport d'évaluation de ce programme.

> « Après les journalistes à N'Djamena, ceux opérant dans les provinces ont été formés sur les règles d'organisation et de fonctionnement de l'état civil. Cette formation a regroupé les professionnels de la communication de 35 rédactions de radios et de la presse écrite de l'intérieur du pays. En plus du renforcement de leurs capacités, les participants ont pu partager leurs expériences et mettre à la disposition du groupe des histoires réelles sur l'état civil vécues sur le terrain. Les nouvelles connaissances acquises et la documentation qui a été distribuée servent de base à une meilleure contribution des médias des provinces à la sensibilisation des populations sur l'état civil. La plus grande place accordée à l'état civil au niveau des médias et le débat actuellement en cours sur la question de la gratuité ou non de l'état civil semblent indiquer que les activités en direction des professionnels ont aidé à placer l'état civil au cœur du débat ».[274]

En plus de la formation destinée aux professionnels des médias publics et privés, des sensibilisations ont été menées dans les villages et les campements des nomades. Le programme d'appui à la bonne gouvernance a mis en place des kits de sensibilisation en arabe, en Sara et dans bien d'autres langues afin de toucher toutes les souches sociales. Les agents d'état civil ont été recrutés et formés dans les différents camps militaires. Un arrêté en la matière a été pris par le ministère de l'Administration du territoire afin de réglementer le processus de

---

[274]. Ministère de Finances, rapport d'évaluation du programme d'appui à la bonne gouvernance au Tchad, 2010.

déclaration des faits d'état civil dans ces camps militaires. Voici une affiche de la campagne de sensibilisation.

Figure 7 : Campagne de sensibilisation

Source : Rapport d'évaluation du PAG, 2010

Les messages que porte cette campagne de sensibilisation sont axés principalement sur le rôle que joue l'état civil dans l'accès aux droits des enfants. Sur l'affiche, on voit un document de l'état civil et des écoliers qui partent à l'école. Cette image traduit la situation à laquelle certains enfants font face quand il s'agit de s'inscrire à l'école. L'extrait d'acte de naissance qui matérialise l'identité juridique de l'enfant constitue même un document que l'administration scolaire exige pour l'inscription scolaire et les examens nationaux. La méconnaissance de l'importance de ce premier papier d'identité, la faiblesse des administrations et la distance des centres d'état civil font que certains enfants n'obtiennent cette de l'état civil qu'au moment de préparer le concours d'entrée en sixième : à l'âge de 10 à 12 ans. Selon le responsable en charge de la sensibilisation de ce programme, les campagnes ont permis d'identifier les principaux obstacles liés aux processus d'enregistrement des faits d'état civil dans les différents villages et campements de nomade du pays. Les animateurs du développement ont ciblé certains villages et foyers afin d'organiser des *focus groups* sur le rôle de l'état civil. Ces *focus groups* sont intergénérationnels afin d'avoir des débats contradictoires entre les jeunes, les personnes âgées et les femmes. Pour bien mener ces campagnes de sensibilisation, du matériel a été remis aux différents centres d'état civil couverts par le projet. Selon le directeur du projet, 1000 registres de déclaration de naissance, 100 registres de mariages et 100 registres de décès ont été distribués aux 223 centres d'état civil.

Après la fin du projet, le gouvernement devait prendre le relais selon l'accord signé entre l'État et la délégation de l'UE au Tchad. Mais, aujourd'hui, nous constatons avec la fin du projet, que les activités des centres sont réduites par le fait que les dotations que recevaient les agents publics d'enregistrements sont inexistantes et il n'y a plus de campagnes de sensibilisation.

2.3 Le projet « One Health » et la problématique de l'enregistrement des faits d'état civil des nomades

Selon le recensement général de la population de l'habitat (RGPH) de 2009, les nomades représentent 3,4 % de la population totale du Tchad. Le plus souvent, compte tenu de leurs activités, il est difficile pour un éleveur nomade de venir se présenter devant un agent de l'administration pour lui annoncer la naissance d'un enfant, un décès ou un mariage.[275] Le principe de la territorialité qui définit le système d'état civil ne correspond pas au mode de vie des nomades.

La principale difficulté que rencontrent les éleveurs nomades est celle de la distance qu'il faut parcourir pour faire la déclaration d'un fait d'état civil dans un centre situé habituellement dans des unités administratives très éloignées des zones de transhumances et des campements.[276] Ils se déplacent pour la recherche de pâturage et le plus souvent à des longues distances. Ce principe de territorialité fait qu'une grande partie de cette population n'est pas enregistrée à l'état civil ce qui pose le problème de leur accès aux droits sociaux et civiques.

---

[275]. Carnet de terrain avec les éleveurs peuls à Goré, 2016.

[276]. Lewa Doksala Elie, « Du nomadisme à l'effort nouvel de mobilité", mémoire de Master2 en anthropologie, Université de N'Djamena, 2016.

L'État tchadien et ses partenaires internationaux ont mis en place plusieurs projets fondés sur une approche cumulée de santé humaine et animale. Des équipes mobiles sillonnent les villages et campements à la rencontre des éleveurs nomades, vaccinent le bétail et contrôlent l'état de santé des populations. Les éleveurs nomades des départements de Hadjer Lamis, de Mandoul et de la Nya Pendé ont bénéficié de ce programme « One Health » financé par l'Union européenne et la coopération suisse pour le développement. Quelques mois après le début de son exécution, en 2015, les infirmiers et les vétérinaires de ce programme ont remarqué que la plupart des enfants de certains campements d'éleveurs transhumants ne disposaient pas d'extraits d'actes de naissance parce que ces derniers n'étaient pas déclarés à l'état civil. Pour pallier ce problème, les responsables du projet, en partenariat avec les autorités politiques, ont mis en place un projet d'état civil dans les différents sites d'installation des éleveurs.

Il faut noter que dans les villages et zones reculées du Tchad, celui qui dispose d'un extrait d'acte de naissance est considéré comme faisant partie des privilégiés, un « évolué » ou un « instruit ».[277] Appartenir à cette catégorie sociale signifierait, selon certaines croyances populaires, être ouvert au monde extérieur et avoir connu une ascension sociale à travers une mobilité spatiale et sociale pour laquelle le papier d'identité s'avère nécessaire. Pour un éleveur nomade ou un cultivateur d'un petit village dans le département de Nya Pendé, ne voyant pas la nécessité d'un extrait d'acte de naissance, son bétail ou son champ constitue une activité plus importante pour lui que de parcourir une longue distance pour procurer un papier d'identité qui ne semble pas d'une grande nécessité dans sa vie quotidienne.[278] Il préfère s'adonner à ses activités économiques que de venir perdre son temps et son argent dans une ville pour l'enregistrement d'un fait d'état civil. Le ministère de l'Administration du territoire a créé d'autres stratégies d'identification à travers les équipes mobiles « d'enregistrement » qui passent dans tous les villages et campements des nomades. Ainsi, un autre projet vient d'être mis en place dans la région de Mandoul, au sud du pays, qui aura à la fois pour but de vacciner et d'identifier les bétails et de délivrer par la même occasion

---

[277]. « Devenir quelqu'un », c'est un langage familier au Tchad. Il signifie réussir dans ses projets.
[278]. Extrait d'entretien du maire de la commune de Goré, 2016.

des extraits d'acte de naissance à tous les enfants des éleveurs nomades de la région.

L'adoption de la stratégie nationale de l'état civil en 2005 prend aussi en compte la difficulté des nomades, mais nous constatons que ces mesures peinent à avoir des effets sur les politiques et stratégies nationales en matière d'enregistrement des naissances, des mariages et des décès. Nous constatons aussi que l'incompétence de certains agents, les frais élevés de délivrance des extraits d'actes d'état civil, l'éloignement des centres d'état civil, le manque de registres dans certains centres et la méconnaissance du système d'enregistrement des faits d'état civil par certaines personnes, notamment dans les zones rurales[279] semblent expliquer en partie le faible niveau de déclaration des faits d'état civil d'une manière générale, et le cas des éleveurs transhumants en particulier. N'Djido, âgé d'une quarantaine d'années, nous a raconté son expérience dans un entretien à Goré :

> « J'ai quatre enfants, mais tous n'ont pas encore leur acte de naissance parce que quitter mon village pour juste déclarer la naissance d'un enfant est un travail et je n'ai pas le temps de venir jusqu'à Goré, j'ai mon champ à labourer ».[280]

De telles déclarations sont fréquentes chez certains enquêtés rencontrés dans les villages proches de la commune de Goré. Souvent, ce sont les enfants qui viennent se procurer des extraits d'acte de naissance au moment où ils doivent déposer les dossiers pour le concours d'entrée en sixième. Quand on observe les textes juridiques qui réglementent l'état civil, la délivrance de l'extrait d'acte de naissance à un enfant de plus de deux ans devrait se faire à travers un jugement supplétif devant un juge, mais, dans les faits, les administrations locales des identités contournent souvent cette règle et délivrent les actes de naissance directement aux enfants, même au-delà de l'âge de deux ans. Le non-respect des textes juridiques permet de comprendre le décalage qui existe entre les décisions politiques d'un côté, leur mise en pratique et leur appropriation par les administrations locales d'un autre.

---

[279]. Tchad : Document de la stratégie nationale de l'état civil (2005)
[280]. Entretien avec Nodji R à Goré (août 2016).

III. Le partenariat international dans la politique d'identification criminelle et l'identité civile

L'État tchadien s'est engagé dans la réforme de sa politique d'identification des individus en essayant de distinguer ce qui relève de l'identification civile et de l'identification judiciaire. Cette réforme conduit à des changements dans l'organigramme des services de la police nationale, à travers la création de la direction générale de la police scientifique et technique et de l'identité civile. Cette direction coiffe deux sous-directions, à savoir le service de la police scientifique-technique et celui de l'identité civile. Avant d'analyser les pratiques d'identification de cette structure, il est important de faire un tour dans le passé afin d'esquisser en quelques lignes la genèse de l'identification judiciaire au Tchad. Décrire l'histoire de l'identification judiciaire va conduire à situer son origine à partir de la création du dispositif d'identité judiciaire en France.

La politique d'identification judiciaire fait partie de ce que l'administration coloniale a légué à ce pays, après son accession à l'autonomie politique. Il faut noter que le service de l'identification judiciaire existait déjà dans la fédération d'Afrique Équatoriale française. Ce service est un mécanisme qui permettait aux agents de la police et à la justice, à travers le fichier, d'exploiter les données dans le cadre des enquêtes criminelles. À l'indépendance, les nouvelles autorités du Tchad ont organisé le service de la police nationale en créant le centre d'identification judiciaire, qui fut mis sous la direction de la police judiciaire. Mises à part ces principales activités, qui concernent la production des cartes nationales d'identité, le centre d'identification judiciaire avait pour mission de mettre à la disposition des agents de la justice et des officiers de la police des fiches d'identification dactyloscopiques dans le cadre des enquêtes criminelles.

Les agents de ce service sont aussi sollicités par certains employeurs en vue de vérifier les profils de leurs candidats. C'est le cas de l'ambassade des États-Unis d'Amérique au Tchad qui, depuis plusieurs années, consulte régulièrement le centre d'identification judiciaire dans le cadre du processus de recrutement de ses employés. À travers les fiches d'identification archivées, les agents essaient de retracer le casier judiciaire du candidat, si ce dernier dispose d'une carte nationale d'identité. Le problème est que ce mécanisme d'identification judiciaire n'est pas lié au système de casier judiciaire, ce qui pose parfois des difficultés quand il s'agit de conduire des enquêtes et de retracer le passé judiciaire de la personne. Selon Donda, responsable du fichier central d'identification.[281]

> « Le service de la carte d'identité travaille directement avec les officiers de la police judiciaire [...]. Souvent certains organismes nous demandent de prélever des empreintes digitales de leurs agents pour voir s'ils n'ont pas commis des actes criminels avant. Nous faisons la recherche, et si on constate que la personne a commis des crimes, nous indiquons cela, et c'est aux commanditaires de cette enquête de décider ce qu'ils veulent en faire. Depuis la création de la sous-direction de la police scientifique, nous ne faisons plus cette recherche. C'est aux agents de cette direction de faire le travail ».[282]

La création de la direction générale de la police scientifique-technique de l'identité civile est le résultat du partenariat entre l'État tchadien et l'Union européenne à travers le projet de la réforme du système judiciaire au Tchad. Le programme d'appui à la justice au Tchad (PRAJUST phase 2) est un projet dont la deuxième phase est financée à hauteur de 9 839 milliards de francs CFA, soit 15 millions, pour une durée de quatre ans.

La première phase a pris fin en 2014 avant que la deuxième phase soit mise en place vers fin 2015. Le projet vise essentiellement la réforme de la justice à travers la construction et la rénovation des tribunaux de justice et l'accès aux droits des justiciables. C'est dans ce dernier volet que la sous-direction de la police scientifique et technique a été créée grâce au financement de ce projet.

Le ministère de l'Intérieur et de la Sécurité publique a obtenu la construction de plusieurs bâtiments grâce à ce financement. Ce sont ces bâtiments qui servent de bureaux de travail aux agents du service de la

---

[281]. Enquête de terrain, septembre 2017.
[282]. Entretien avec Djimadoum, responsable du fichier du centre d'identification judiciaire du commissariat central de N'Djamena, mai 2017.

police technique et scientifique. Les dotations en matériel technique sont fournies aux agents de la police technique, dans le cadre de leurs activités sur le terrain. Pour le sous-directeur de la police technique, qui a accepté de livrer quelques informations sur les activités de son institution, l'objectif de ce dispositif d'identification de la police technique est de répertorier toutes les personnes dans une base de données afin que l'État puisse avoir une visibilité sur sa politique judiciaire et la prévention contre la criminalité.

> « Avant la création du service de la police technique, en cas d'enquêtes liées à un crime ou à la procédure judiciaire, les officiers de la police judiciaire nous demandent de faire des recherches pour retrouver les traces d'individus dans le fichier du service de la carte d'identité. À chaque fois qu'on nous demande ce travail, nous essayons de rechercher, mais il est très difficile de retrouver les fiches, car le centre ne dispose pas d'un bon service d'archive. Aujourd'hui avec tous les moyens dont nous disposons grâce à l'intervention de l'Union européenne et de la coopération allemande, l'État tchadien peut avoir des données fiables et accessibles afin de faire face à l'usage de faux papiers d'identité par les criminels et les terroristes. Tu sais que l'attentat terroriste de 2015 a été commis par un Nigérian qui s'est servi de notre carte nationale d'identité. Il est important de lutter contre cette pratique ».[283]

---

[283]. Extrait d'entretien avec le sous-directeur de la police technique et scientifique, N'Djamena, septembre 2017

Figure 8: Plaque de la sous-direction de la police technique et scientifique de N'Djamena

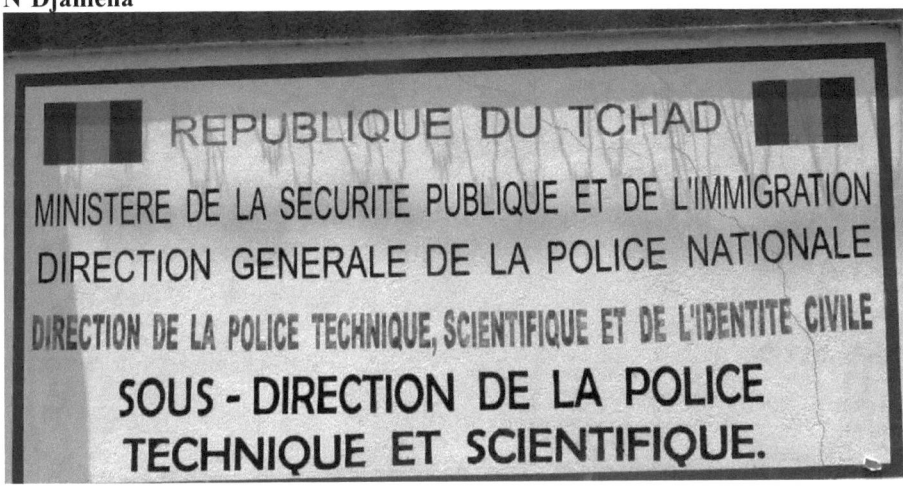

Source : Image de la sous-direction de la police technique et scientifique, Juin 2016

Une des activités principales de la police technique est de mettre en place une base de données des détenus dans les établissements pénitentiaires du pays. Pour mener cela, les agents utilisent du matériel numérique, à l'instar de la technique d'identification biométrique et d'un logiciel de partage des données. Grâce au financement de l'Union européenne, plusieurs formations sont organisées en faveur des agents de la police nationale, des magistrats et des agents de l'administration pénitentiaire. Certains agents sont envoyés en France pour suivre des formations approfondies en matière de technique d'identification judiciaire. L'exemple de ce partenariat en matière d'identification judiciaire pose ici cette question de la gouvernance globale des identités à travers les interventions en matière d'identification des individus. Le calendrier de la mise en place de cette structure n'est pas anodin quand, après la fin du programme de l'UE, le service de la police technique a obtenu un autre financement du côté de la coopération allemande. L'intervention de la coopération allemande permet au service de la police technique d'obtenir des dotations en matériels d'enquête et des sessions de formation. Le dispositif d'identification judiciaire fonctionne aujourd'hui grâce à ces aides des organisations internationales. La politique de l'État tchadien en matière d'identification est aujourd'hui celle de la constitution de bases de données en fonction des spécificités des questions. C'est le cas du fichier des électeurs, qui a été réalisé grâce au recensement biométrique de 2015, que nous présentons dans au chapitre …

Conclusion

La faible capacité de l'État tchadien à définir une politique de mise en papier de ses citoyens laisse une ouverture aux organismes internationaux pour intervenir dans ce domaine à travers les programmes de coopération. En saisissant les nouveaux enjeux liés au contexte de l'insécurité de la région du lac Tchad et des frontières vues comme un danger, les organisations internationales mettent de plus en plus de ressources dans les processus de certification et d'authentification des identités dans des pays où le système d'état civil est le faible de tous les États de la sous-région Afrique centrale. Ce chapitre nous permet de cartographier quelques actions de ces organisations internationales et de l'État en matière d'identification. Dans ce souci d'améliorer la fiabilité de l'identification du fichier électoral que l'État a initié plusieurs projets dans le cadre de la politique du système d'état civil. La direction des affaires politiques et de l'identité civile, rattachée au ministère de l'Administration du territoire, dont le principal rôle consiste à mettre en œuvre la politique nationale d'état civil, bénéficie plusieurs appuis techniques, matériels et financiers des organisations internationales. Pour ce faire, la question de l'identification ou du moins de l'état civil devient ainsi une préoccupation non seulement l'État, mais de la politique de coopération internationale. En plus de cette approche internationale, les autorités politiques ont participé à plusieurs rencontres consacrées à la politique de l'État sur le continent africain. Ces rencontres visent essentiellement à la définition des stratégies régionales de la politique d'identification des individus.

À travers cette gouvernance globale de l'identification des individus, la définition que les autorités politiques donnent en matière d'identité civile se résume à trois points : le premier concerne l'insécurité transnationale, car on note dans tous les rapports publiés sur la politique nationale d'identification, la problématique de l'insécurité transfrontalière occupe une grande place. Pour ce faire, le dernier rapport publié par la délégation de l'Union européenne sur l'évaluation du système d'état civil au Tchad montre bien ce lien. Le deuxième point est lié à la question du processus électoral, à travers le sujet du fichier électoral. La troisième idée que soulèvent les acteurs qui interviennent dans ce domaine est relative au rôle du système d'état civil à l'amélioration statistique des programmes de développement. Pour saisir les dynamiques actuelles de l'identification des individus, il est important d'aborder la question en regardant au-delà de la seule sphère de l'État, car tous les acteurs sont agrégés dans la mise en agenda de la politique nationale de bureaucratisation des identités. La partie suivante propose de creuser cette question en analysant les dynamiques de papierisation des identités au quotidien.

DEUXIEME PARTIE

DYNAMIQUES DE PAPIERISATION DES IDENTITES AU QUOTIDIEN

Cette deuxième partie du travail porte sur les dynamiques de paierisation des identités au quotidien. Dans le quatrième chapitre, nous présentons les différentes réformes institutionnelles mises en place par l'État depuis une dizaine d'années et le remplacement du centre d'identification judiciaire construit sur le modèle de l'administration coloniale par le service de l'identité civile. La biométrisation des identités est analysée dans le cinquième chapitre. L'introduction de la biométrie comme technique d'identification a été effective en 2002 après la signature du contrat de concession entre l'État tchadien et l'entreprise belge SEMLEX. La SEMLEX a en charge l'identification ainsi que la production de cartes d'identité nationale et bien d'autres documents officiels. Nous nous intéresserons également aux discours de justification de l'introduction de la biométrie. Nous verrons que la biométrie est pourtant partie prenante d'une économie morale de prédation. Le sixième chapitre présente un cas concret de la politique d'identification des « retournés » tchadiens de la crise centrafricaine. La guerre en Centrafrique a déclenché une crise humanitaire qui a fait déplacer plusieurs milliers de Centrafricains et de ressortissants tchadiens tout au long des frontières des deux pays. Le gouvernement tchadien et les organisations humanitaires ont mis en place un projet qui devait permettre à ceux qui ne disposent pas des papiers d'identité d'être identifiés. L'étude de ce projet nous a permis d'analyser les différentes configurations des acteurs en charge de la mise en œuvre du programme d'identification.

CHAPITRE IV

**HISTOIRE ET FONCTIONNEMENT DU SERVICE
DE L'IDENTITE CIVILE**

Nous venons d'esquisser dans la première partie de ce travail l'histoire de la politique d'identification des individus, en essayant de montrer quelques dynamiques historiques ont permis l'introduction du papier comme preuve de l'identité au Tchad. Dans ce chapitre, il sera question de saisir de manière concrète les dynamiques institutionnelles, notamment les réformes entreprises par le gouvernement tchadien, ces dernières années, et qui constituent aujourd'hui un nouveau mécanisme par lequel les acteurs politiques et administratifs se servent de la politique d'identification des individus.

Anciennement appelé centre d'identification judiciaire, placé sous la direction de la police judiciaire, le service de l'identité civile est, avec la nouvelle réforme, rattaché à une nouvelle direction de la police technique et scientifique et de l'identité civile, créée en 2014. Ce qui retient notre attention dans cette réforme et que nous voulons démontrer dans ce chapitre est la logique ayant conduit les acteurs politiques à remplacer le centre de l'identification judiciaire par le service de l'identité civile. Nous comptons, dans un premier temps, préciser l'histoire de la création du centre d'identification judiciaire, aujourd'hui appelé service de l'identité civile. Après avoir dressé l'historique de ce centre, nous essaierons de comprendre ce que les responsables de la police appellent la « nouvelle philosophie » d'identification des identités au Tchad. C'est cette philosophie qui a conduit à la création de la direction générale de la police technique et scientifique et de l'identité civile. Le deuxième point de ce chapitre portera sur le fonctionnement du service de l'identification civile et la gestion patrimoniale du service public. Il sera question d'analyser l'administration au prisme de l'imbrication entre la rationalité administrative et la gestion patrimoniale, en appréhendant le fonctionnement du centre d'identification à partir de la quotidienneté et des pratiques qui définissent le cœur de l'action des agents et des usagers aux guichets de l'identification. Enfin, le dernier élément que nous allons analyser est celui des activités de la commission de contrôle et de vérification des identités. Il sera question d'analyser les logiques d'identification construites par cet organe en charge du contrôle et de la vérification des identités.

Le concept de « désordre » nous aidera à analyser le fonctionnement du service de l'identification. Nous empruntons ce concept de « désordre » aux travaux de Patrick Chabal et Jean-Pascal Daloz.[284] Ils analysent la politique en Afrique par ce qu'ils nomment le « désordre comme l'instrumentalisation politique ».[285] L'usage de ce concept de désordre dans l'analyse de la politique en Afrique a fait l'objet de plusieurs critiques parmi les chercheurs africanistes. On reproche à Patrick Chabal et Jean-Pascal Daloz leur interprétation simpliste et culturaliste des phénomènes politiques en Afrique ; Jean-Pierre Olivier de Sardan a porté cette critique dans un article publié en 2010.[286] Pour cet auteur, l'analyse des phénomènes politiques en Afrique est complexe et ils ne peuvent être compris sous le seul registre culturaliste. Dans une approche non-culturaliste, Marielle Debos a montré à partir du cas du Tchad sous Idriss Déby comment le désordre, loin d'être une pathologie, est un mode de gouvernement à part entière. Elle montre ainsi que l'apparent désordre des administrations ou des forces militaires au Tchad répond à une rationalité politique et économique[287].

I. Du centre d'identification judiciaire au service de l'identité civile

L'histoire des dispositifs d'identification, comme le montrent bien les travaux de Vincent Denis[288] et Pierre Piazza,[289] a été le fruit

---

[284]. Chabal Patrick, Daloz Jean-Pascal, *L'Afrique est partie ! Du désordre comme instrument politique* Paris, Economica, 1999, 196.

[285] Ibid.

[286]. Olivier de Sardan Jean-Pierre, « Le culturalisme africaniste », *Cahiers d'études africaines* [en ligne], p. 198-199-200, 2010.

[287] Marielle Debos, *Le métier des armes au Tchad : Le gouvernement de l'entre-guerres*, Paris, Karthala, 2013. Voir en particulier la 3ème partie de l'ouvrage sur le « décret sans numéro ».

[288]. Denis Vincent, *Une histoire. France, 1715-1815*, Paris, Champ Valon, 2008.

[289]. Piazza Pierre, *Histoire de la carte nationale d'identité*, Paris, Odile Jacob, 2004, P.360.

des mesures administratives liées aux enjeux des mobilités, qui ont conduit à la mise en place des papiers d'identité par le biais du savoir-faire des agents de la machine administrative[290] et de la police. Le centre d'identification judiciaire français, créé en 1893, a servi de cadre, à travers la colonisation, pour la création du service d'identification des individus au Tchad.[291] Aussi, pour comprendre l'histoire du centre d'identification judiciaire, il est important de faire un rappel du processus de création de ce dispositif en France.

L'identification des individus est un procédé que les États ont toujours utilisé dans le cadre de leur politique de distinction et de contrôle des personnes considérées comme indésirables.[292] Cet objectif de contrôle fut aussi accompagné par des mesures politiques pouvant permettre aux autorités policières et judiciaires de maintenir l'ordre.

Pour Martine Kalunszinski, comprendre ce mécanisme de gestion de l'ordre dans la société républicaine et leurs manifestations à travers la production de normes juridiques, politiques, morales et sociales, serait le produit de la politique d'identification vulgarisée à cette époque par les autorités policières.[293] C'est ainsi que, dès l'abolition de la marque au fer rouge, en 1832, les mécanismes d'identification des individus sont devenus donc une condition essentielle de répression des personnes en conflit avec la loi, notamment les récidivistes.

C'est dans ce contexte qu'Alphonse Bertillon, dont les principales tâches étaient la description du signalement des inculpés à

---

[290]. Ibid, Vincent Denis, p. 12.

[291]. Entretien avec le chef de service du fichier central du centre d'identification de N'Djamena. Il est en retraite depuis cinq ans. Âgé de 76 ans, il est aujourd'hui la seule personne ressource qui détient des informations sur l'histoire des services d'identification judiciaire au Tchad.

[292]. Denis Vincent, *Une histoire. France, 1715-1815*, Paris, Champ Vallon, 2008, p. 462.

[293]. Kaluszynski Martine, « Alphonse Bertillon et l'anthropométrie judiciaire. L'identification au cœur de l'ordre républicain », in Pierre Piazza (dir.), *Aux origines de la police scientifique. Alphonse Bertillon, précurseur de la science du crime*, Paris, Karthala, 2011, p. 30-45.

la préfecture de la police de Paris, va élaborer et imposer, peu à peu, un système rigoureux s'attachant à établir « scientifiquement »[294] l'identité des personnes (qualité d'une personne qui fait qu'elle est elle-même et se différencie de toute autre) et qu'on appelle l'anthropométrie judiciaire.[295] Il fonde principalement son système d'identification sur la mensuration de certaines parties du corps humain : la tête, les bras, les jambes, etc., respectant en cela les observations recueillies lors de ses études en médecine.[296] Il structure ses recherches en deux étapes, à savoir le signalement et les classements. Après avoir réalisé des expérimentations sur les prisonniers, Bertillon propose son service au préfet de police de Paris. Malgré le résultat de sa méthode, l'administration de la police n'officialise pas cette technique. En plus du signalement et du classement, qui constituent ses deux principales méthodes, la photographie sera utilisée.

À partir de cette technique d'identification, il s'agit pour lui de rendre indiscutable aux yeux des responsables de la police et de la justice, et surtout auprès des magistrats, une valeur de la preuve formelle devant les tribunaux. En plus de cette technique anthropométrique, Alphonse Bertillon va utiliser « le portrait parlé » qui lui permet de relever des marques distinctives de chaque individu identifié.[297] Ces signes seront complétés par l'usage de la photographie judiciaire. Bien que l'usage de la photographie ne soit pas nouveau, il va utiliser la photographie signalétique pour les personnes et la photographie géométrique pour décrire des lieux où se déroulent les faits. Sur la base des différentes positions, face ou profil, Bertillon met peu à peu en place une technique qui déterminera le mécanisme fondamental d'identification dont les services de la police se serviront.

Au fur à mesure qu'on évolue, les autorités de la police commencent à s'intéresser à la méthode du bertillonnage. Au vu des avancées de cette technique d'identification, les autorités de la préfecture de Paris décident de l'ouverture d'un bureau d'identité annexé au service de la sûreté. Ensuite, le directeur de l'administration

---

[294]. Piazza Pierre (dir.), *Aux origines...*, op. cit.
[295]. Kaluszynski Martine, Ibid., p. 34.
[296]. Ibid. p. 36.
[297]. Piazza Pierre (dir.), *Aux origines...*, op. cit., p.12-19.

pénitentiaire du ministère de l'Intérieur, Louis Herbette, étendit sur tout le territoire l'identification anthropométrique à travers deux circulaires, du 28 août et du 13 novembre 1885. Selon Martine Kaluszynski, c'est à partir de 1887 que tous les établissements pénitentiaires ont pour instruction d'appliquer la méthode de Bertillon aux détenus et d'adresser à la préfecture de police un double de chaque signalement à des fins de classement.[298] C'est ainsi que le 15 mars 1889, le préfet de police Henri-Auguste Lozé inaugure solennellement le service de l'identification judiciaire. Avec l'inauguration du service d'identification judiciaire, c'est la reconnaissance du travail de Bertillon dont Louis Herbette déclare dans un discours en faveur de cette technique d'identification anthropométrique :

> « Le crime devenant en quelque sorte professionnel, se spécialise entre les mains de quelques individus qui souvent vont mettre à profit le progrès de notre civilisation et ainsi échapper à la répression ; il est naturel que la société de son côté utilise les découvertes de la science pour déjouer ces ruses. L'application de la méthode de M. Bertillon a justifié les espérances que la théorie avait inspirées (…). Qu'il s'agisse de donner par exemple aux habitants d'une contrée, aux soldats d'une armée, aux voyageurs, des notices ou cartes individuelles, des signes recognitifs, permettant de déterminer et de prouver toujours qui ils sont, qu'il s'agisse de consigner ces marques distinctives de l'individu dans les documents, titres, contrats, où sa personnalité doit être établie pour son intérêt, pour l'intérêt des tiers, pour l'intérêt de l'État, le mode de signalement anthropométrique peut trouver sa place (…). En un mot, fixer la personnalité humaine, donner à chaque être humain une identité, une individualité certaine, durable, invariable, toujours reconnaissable et facilement démontrable, tel semble l'objet le plus large des méthodes nouvelles, ce qui implique que la portée du problème comme l'importance de la solution dépasse beaucoup les limites de l'œuvre

---

[298]. Ibid, p. 48.

pénitentiaire et l'intérêt pourtant bien considérable de l'action pénale à exercer dans les diverses nations ».[299]

Après les exploits techniques d'identification de Bertillon, un service d'identité judiciaire sera créé par la préfecture de police de Paris en 1893, dont Alphonse Bertillon fut le premier responsable. Grâce à cette technique d'anthropométrie appelée « bertillonnage », les services de la police judiciaire et les juges vont se servir des résultats de cette invention dans le cadre de leurs activités. En plus de l'exploit du bertillonnage, le mécanisme d'identification fut à cette époque renforcé par la méthode des empreintes digitales, mise en place par Sir Francis Galton. Selon Martine Kaluszynski, Alphonse Bertillon était sceptique quant à cette méthode, mais il a fini néanmoins par l'introduire dans son modèle pour la première fois en octobre 1902.[300] Suite à un crime commis en 1902,[301] il arrive à identifier un assassin après les traces laissées sur une vitrine fracturée par un assassin inconnu. Cette technique dactyloscopique va venir doubler la section d'anthropométrie corporelle, dont la falsification est impossible.[302] À travers l'exploit de ces deux techniques d'identification, les services de police de plusieurs pays vont commencer à mettre en place des mesures pouvant permettre la lutte contre le changement d'identité dont la conséquence est le plus souvent citée comme cause de la récidive.

L'histoire administrative de l'identification des individus au Tchad ne peut être abordée sans analyser l'histoire de cet héritage colonial. Il faut rappeler que la création du service d'identification s'effectua dès les premières années de la présence coloniale, notamment avec la mise en place du centre d'état civil à Fort-Lamy et la mise en place d'un commissariat de police. Le but assigné à ce mécanisme d'identification était d'abord celui de la connaissance de la population, dont la France doit désormais avoir la charge dans le cadre de sa

---

[299].Herbette Louis, directeur de l'administration pénitentiaire du ministère de l'intérieur, cité par Martine Kaluszynski, op. cit. p. 38-39.

[300]. Ibid., p. 146

[301]. Ibid., p. 30-45.

[302]. Kalunszinski Martine, *La République à l'épreuve du crime. La construction du crime comme objet politique 1880-1920*, Paris, Éditions Maison des Sciences de l'Homme, 2002 p. 147.

politique coloniale. Le service d'identification des individus est un des éléments de cette politique coloniale, dont l'objectif fut d'abord défini par sa portée pénale dans le cadre de la politique judiciaire de lutte contre la délinquance et de la prévention du crime.[303] Cette mesure, qui fut mise en place par les autorités françaises dans les années 1880, a été transférée par les administrations coloniales dans les différents territoires sous sa domination. Il est important de montrer en quelques lignes les différentes étapes qui ont défini le dispositif d'identification des individus comme un mécanisme politique et judiciaire de lutte contre la récidive.

Il faut attendre les premières années de l'indépendance pour que le centre de l'identification judiciaire soit mis en place. Le centre d'identification judiciaire avait pour principal objectif la certification des identités. Il faut rappeler que déjà dans les années 1940, avec les premiers certificats d'identité délivrés par l'administration coloniale, la photographie et les empreintes digitales ont servi pour l'identification des personnes. L'administration coloniale a procédé par ce même mécanisme d'identification, dont la logique suit celle de la métropole. La question de l'identification, dans une société comme celle du Tchad se posait moins à cette époque ; avec la mise en place de la nouvelle administration, on va assister à une politique d'identification qui n'est plus seulement liée à la certification des identités, mais aussi à une logique judiciaire dont l'usage des empreintes digitales et de la photographie constitue un des aspects importants. Le Tchad indépendant a bénéficié de ce procédé qui a été légué par l'administration coloniale. La création d'un centre d'identification judiciaire rattaché directement à la direction de la police judiciaire constitue une étape importante dans le processus de mise en papier des identités.

Depuis 1961, l'année de l'institutionnalisation de la carte nationale d'identité, jusqu'aux années 2000, plus de cinquante ans, l'État tchadien a gardé la même appellation, à l'exemple de celle de la métropole. C'est en 2014 qu'il a décidé de créer une direction générale de la police technique-scientifique et de l'identité civile, auquel le service de la carte d'identité est rattaché.

303, *Op cit*, p. 139.

Comme nous venons de le souligner, le centre l'identification judiciaire du commissariat central de N'Djamena est un legs colonial, qui a été gardé jusqu'en 2014, avant que le ministère de la Sécurité publique initie une réforme qui a conduit à un changement de nom. Cette réforme qui introduit une nouvelle appellation, dont le nom « identification judiciaire » a laissé la place à « l'identité civile » nous amène à nous interroger sur ce changement.

Cette interrogation nous conduit à analyser « l'acte de nommer » qui dans cette perspective dénote une nouvelle philosophie d'identifier les gens. Nommer est un mécanisme qui projette un ensemble d'images et de significations que les acteurs conçoivent dans leurs imaginations. Dans cette perspective que Georgetta Cislaru et al. analysent l'acte de nommer dans une relation entre le discours et le langage :

> « Si rien ne paraît plus banal que l'acte de nommer, cette banalité ne saurait occulter la complexité du processus. Pris entre la dynamique des pratiques et les contraintes des formations discursives, entre l'expérience du monde et la construction des objets et de discours, l'acte de nommer est à la fois éphémère et mémoire ».[304]

Le changement du centre d'identification judiciaire en un service de l'identité civile permet d'analyser les objectifs assignés à ce service de l'identité. Car le premier centre d'identification judiciaire, créé par l'administration coloniale avait un but purement judiciaire, notamment avec les mécanismes d'identification qui permettaient aux officiers de la police judiciaire de lutter contre les usurpations d'identités.

C'est ce qui nous a été confirmé par Hassani, un ancien agent du centre d'identification judiciaire, aujourd'hui à la retraite :

> « La carte d'identité est un outil efficace pour la police judiciaire et les juges d'instruction. Si la personne est identifiée et si elle commet un crime, il est très facile de retrouver les traces de cette personne à travers ses fiches d'identification. Dans les années précédentes, les juges

---

[304]. Cislaru Georgeta et *al, L'acte de nommer. Une dynamique entre langue et discours*, Paris, Presses Sorbonne nouvelles, p. 8.

d'instruction se référaient à nous pour des cas d'enquêtes judiciaires ».[305]

Le service de la carte d'identité avait d'abord une fonction judiciaire et surtout dans le cadre des enquêtes de la police. Aujourd'hui, avec l'introduction de la biométrie, le fichier d'identification reste secondaire, au profit de la base de données qui semble accessible et performant selon le sous-directeur de l'identité civile. C'est dans cette logique que le gouvernement a décidé de réformer le service, en scindant le centre en deux sous-directions, dont une sous-direction de l'identité civile qui s'occupe des cartes nationales d'identité et une autre sous-direction de la police technique et scientifique qui s'occupe des enquêtes judiciaires et criminelles. Cependant, la portée de cette réforme reste limitée compte tenu de la faiblesse des ressources humaines qualifiées dans ce domaine. C'est ce qui ressort des enquêtes de terrain que nous avons réalisées auprès des agents de ce service. Pour ces agents, les objectifs assignés à cette nouvelle politique d'identification ne sont pas atteints en raison des difficultés qu'ils rencontrent dans le travail au quotidien. Le caractère civil n'exclut pas aussi que le service de l'identité civile soit toujours sous la direction du ministère de l'Intérieur, car ce sont les mêmes agents de la police nationale qui continuent d'encarter les gens dans cette nouvelle structure.

II. Organisation administrative et gestion patrimoniale

La définition wébérienne de la bureaucratie, par sa nature rationnelle, continue d'alimenter des débats chez les spécialistes des sciences sociales.[306] On ne peut aujourd'hui douter de la pertinence de cette définition quand on envisage d'étudier les phénomènes de la bureaucratie, même si le contexte de Weber est si éloigné de celui que nous étudions à présent.[307] Nous pensons que les trois catégories de la

---

[305]. Extrait d'entretien avec Hassani, agent au service d'identité civile de N'Djamena. Il est affecté au service d'identification judiciaire depuis une vingtaine d'années, avril 2017.
[306]. Weber Max, *La domination,* Paris, La Découverte, 2013, Traduit par Isabelle Kalinowski.
[307]. Hibou Béatrice, « De l'intérêt de lire la domination de Max Weber aujourd'hui, *Lectures, [en ligne], les notes critiques, 2014.*

domination décrites par Max Weber, à savoir la domination légale rationnelle, la domination traditionnelle et la domination charismatique, ne peuvent être analysées distinctement dans le cas de l'administration du service de l'identité civile. L'étude du phénomène bureaucratique sur des terrains comme celui du Tchad nécessite la prise en compte de tous les facteurs qui constituent eux aussi des déterminants importants dans la compréhension des éléments sous-jacents. Les travaux des chercheurs comme Beatrice Hibou,[308] Dominique Darbon,[309] Jean-Pierre Olivier de Sardan,[310] Georgio Blundo[311] et d'autres expliquent bien la complexité de l'analyse du phénomène bureaucratique en Afrique. Cette complexité s'explique aussi pour le cas tchadien que nous étudions. La notion de rationalité bureaucratique, qui est guidée par l'impersonnalité des pratiques administratives, reste limitée quand on essaie d'analyser le fonctionnement des services d'identité civile de N'Djamena. On assiste le plus souvent à un enchevêtrement de la typologie wébérienne de la domination. Bien que le centre d'identification soit structuré par des dispositions qui réglementent son fonctionnement, dans la pratique il est difficile de distinguer ce qui ressort de la logique rationnelle de ce qui est du pouvoir charismatique ou encore du pouvoir traditionnel. C'est ce qui revient souvent quand nous discutons avec les agents et les usagers du service de l'identité civile. Youssouf, un des agents de la police nous a affirmé dans un entretien :

> « Dans ce service d'identification, les choses vont très mal. La direction de la police technique-scientifique et de l'identité civile est dotée d'un bon texte organique qui permet aux agents de bien travailler. Mais ces textes ne sont

---

[308]. Hibou Beatrice, *La bureaucratisation du monde à l'ère néolibérale*, Paris, La Découverte, 2012,

[309]. Darbon Dominique, *L'Administration et le paysan en Casamance, essai d'anthropologie administrative*, Paris, Pédone, 1987.

[310].Olivier de Sardan, Jean-Pierre Olivier de Sardan, « État, bureaucratie et gouvernance en Afrique de l'ouest francophone », Paris, *Karthala, politique africaine*, n° 96, 2004, Thomas Bierschenk et Jean-Pierre Olivier de Sardan (dir.). 2014. *States at Work. The Dynamics of African Bureaucracies*. Leiden : Boston, Brill, 2014.

[311]. Blundo Giorgio et Jean-Pierre Olivier de Sardan, (dir.), *État et corruption en Afrique. Une Anthropologie comparative des relations entre fonctionnaires et usagers (Bénin, Niger, Sénégal,* Paris, Karthala, 2007,374 p.

jamais respectés par ceux-là mêmes qui nous disent d'avoir des attitudes professionnelles. On assiste à une gestion complètement familiale du service de l'identité civile. Les règles sont bafouées laissant la place aux affinités et à l'argent ».312

Cet extrait d'entretien nous montre comment les règles de fonctionnement de l'administration du service d'identité civile ne sont pas respectées. Les normes réelles sont reléguées au second plan au profit des normes pratiques, pour paraphraser Jean-Pierre Olivier de Sardan. Ce sont les liens d'affinité qui définissent le fonctionnement au quotidien du service public.

Les travaux d'Olivier de Sardan, par exemple, permettent de saisir et de comprendre que les logiques de l'administration dans le cadre de notre étude doivent être comprises à partir des dynamiques endogènes en les appréhendant à partir de leurs pratiques au quotidien. Nous verrons dans le prochain chapitre la question du contrat de concession du centre d'identification, le service de la carte d'identité qui ressemble à une chasse gardée des membres du parti au pouvoir, le MPS et la famille du président de la République :

« Tu sais que le centre d'identification judiciaire [ancien nom du service d'identité civile] est une chasse gardée des parents du Président de la république et du MPS. Tous ceux qui sont nommés, du directeur au chef de service, viennent de la famille du président ou du MPS. Même au guichet de la comptabilité c'est eux. Là où il y a l'argent, ils sont toujours présents […] »313

Avec un ton révolté, cet agent de guichet a trouvé auprès de nous avec cet entretien un moyen d'exprimer ce qui ne marche pas dans le service d'identité civile. Pour lui, si le service d'identité civile est en dysfonctionnement, en ce moment, cela est lié à la gestion familiale des choses publiques. La lecture de ces pratiques ressemble à ce que Jean-

---

312. Extrait d'entretien avec Youssouf, agent du service d'identité civile du commissariat central de N'Djamena, janvier 2017.
313. Extrait d'entretien avec Wardougou, un agent du service d'identité civile N'Djamena, août 2017.

François Médard appelle la politique néopatrimoniale en Afrique.[314] Le néopatrimonialisme s'explique ici par les imbrications d'ordre familial et clientélaire dans l'administration de l'identité civile. Pour Abdel, un usager avec qui nous avons discuté après sa demande de carte d'identité, l'État pensait mettre en place des règles qui devaient réguler le fonctionnement du centre, mais les affinités ont fini par prendre le dessus sur des textes juridiques. Jean-Pierre Olivier de Sardan, dans ses travaux sur les administrations publiques en Afrique, montre bien ce lien qui existe entre le pouvoir politique et la gestion des administrations publiques en Afrique. À travers son concept de « privilégisme » dans les services publics, nous pouvons saisir les mécanismes de fonctionnement des services de carte l'identité au Tchad.

Nous constatons qu'il est difficile de distinguer les services publics de la sphère privée ou familiale. Nous sommes dans des jeux d'alliances qui se forment à travers les liens familiaux et politiques. L'État semble devenir une propriété privée dont chaque membre tire son profit. Nous sommes ici dans ce que Fred Eboko et Patrick Awondo appellent « l'État stationnaire ».[315] Le « privilégisme » est de telle manière que dans plusieurs secteurs publics, surtout le secteur qui génère de l'argent, on trouve un membre du parti au pouvoir ou un membre de la famille du président. C'est devenu aujourd'hui ordinaire aux yeux des usagers, car tout le monde sait que les choses fonctionnent de cette manière. C'est le cas du service d'identité civile où le sous-directeur, le chef de service et le comptable sont tous issus de la famille présidentielle. Le sous-directeur détient un large pouvoir de nomination des agents du centre d'identification. Alors que dans les textes régissant les services de la police nationale, le sous-directeur est sous la responsabilité du directeur général de la police technique-scientifique et de l'identité civile, c'est-à-dire en matière de nomination interne, c'est au directeur général de proposer et soumettre au directeur de la police nationale. Mais dans les faits, nous constatons que les décisions sont souvent prises par le sous-directeur. Nous sommes en face d'un renversement de l'ordre hiérarchique de pouvoir. Au nom de son

---

314. Médard Jean-François, « Le modèle unique d'État en question », *Revue internationale de politique comparée*, 2006/4, vol.13, p. 681-696.

315. Eboko Fred et Awondo, (dir.), «Cameroun, l'État stationnaire», *Politique Africaine*, n°150, 2018/p.7

appartenance au groupe ethnique du président de la République, le sous-directeur dispose d'une autorité qui dépasse celle de son chef hiérarchique. Ces pratiques ne sont pas nouvelles dans le cas du Tchad, c'est ce que Claude Arditi décrit dans un de ses textes. Pour lui, le lien entre la famille et l'administration est le produit de l'histoire politique du Tchad.[316]

On observe parfois des affectations d'agents du service de l'identité qui se font sans que la hiérarchie de la police scientifique n'en soit informée. Après avoir travaillé pendant huit ans à la direction de la police judiciaire et dix ans au service de l'identité civile, Aché arrive un matin au travail et trouve une affiche collée devant son bureau qu'elle a été remplacée par un autre agent comme chef de service adjoint, le poste qu'elle occupait. Elle nous a décrit ce fait dans un entretien :

> « Je suis venue le matin au bureau et mon collègue me dit que tu es relevée de ton poste au service de l'identité civile. Je croyais que c'était une blague. Mais je viens dans le bureau du chef de service et je vois une note sur le bureau de la secrétaire. La secrétaire se précipite pour me tendre cette note de service qui annonce que je suis affectée à un nouveau poste avec trois de mes collègues. Je suis affectée, mais sans le poste. C'est pourquoi tu nous vois rester devant le bureau du DG. Nous sommes une dizaine d'agents sans poste. Le pire est que ce sont des agents qui ne connaissent pas le boulot d'identification. Et ce sont ceux-là qui nous remplacent. Juste parce qu'ils sont des parents du sous-directeur [...] »[317]

Aché nous explique dans cet extrait d'entretien comment le service de la carte d'identité est administré. Comme elle nous l'explique

---

[316]. Arditi Claude, « Du prix de la kola au détournement de l'aide internationale : clientélisme et corruption au Tchad (1900-1998), in Giorgio Blundo, (dir.), *Monnayer les pouvoirs. Espaces, mécanismes et représentations de la corruption*, Paris, PUF - Genève, IUED, 2000, p. 36

[317]. Extrait d'entretien avec Aché, membre de la commission de contrôle et de vérification de l'identité du service d'identité civile du commissariat central. Elle a été relevée de son poste par une simple note de service du sous-directeur ; Alors qu'elle a été nommée par un arrêté du ministre de l'Intérieur, en 2011.

dans un entretien de deux heures que nous avons réalisé avec elle, les tensions existent dans ce service ; certains agents pointent du doigt la gestion patrimoniale du service de l'identité civile. Se trouvant dans l'impossibilité de protester contre cette décision, ces agents se sont installés devant l'entrée du bureau du directeur général de la police technique-scientifique et de l'identité civile pour attendre une nouvelle affectation, qui tarde toujours à venir. Nous sommes dans le gouvernement de « décrets sans numéro » que Marielle Debos évoque pour le cas des combattants dans son travail. Elle explique que dans le « gouvernement de l'entre-guerres » au Tchad, le pouvoir est en outre exercé par les décrets sans numéro, au moins autant que par les lois et les décrets officiels.[318] La lecture de ce propos d'Aché fait aussi appel à la notion de « gouvernement privé indirect » qu'Achille Mbembe décrit dans un de ses articles publiés en 1999 :[319]

> « Dans certains cas, un imaginaire administratif survit, bien que les institutions et la bureaucratie supposées l'incarner se voient effondrées. Très souvent, il n'existe plus de hiérarchie ni d'organisation pyramidale centralisée en tant que telle. Les ordres émis depuis le haut sont rarement exécutés ou, s'ils le sont, ce n'est jamais sans profondes torsions et modifications. Là où des pouvoirs réels existent et sont exercés, ils le sont non en vertu d'une loi ou d'une règle, mais souvent sur la base d'arrangements purement informels, contingents et révisables à tout moment et sans préavis. Des instances inférieures d'autorités au regard de la loi et des règles disposent de pouvoirs et d'influences plus étendus que ceux des instances supérieures ».[320]

Dans la journée du 6 avril, nous avons eu un rendez-vous au commissariat central avec un des agents du service de l'identité pour un entretien. C'est un homme d'une quarantaine d'années, il est entré dans la police nationale en 1997 après avoir servi dans l'armée nationale tchadienne pendant dix-sept ans. Il dit avoir intégré la police nationale

---

[318]. Debos Marielle, *Le métier des armes au Tchad. Le gouvernement de l'entre guerres*, Paris, Karthala, 2013, p. 217.
[319]. Mbembe Achille, « Du gouvernement privé indirect », Paris, Politique africaine, 1999/1, n° 73, p. 103-121
[320]. *Ibid.* p. 105.

par un décret présidentiel, et c'était aussi de son vœu. Affecté au centre d'identification judiciaire, l'ancien nom du service de l'identité civile. Adoum dit avoir passé toute sa carrière au service de la carte d'identité en tant que gardien de la paix et ensuite en tant que chef du service de contrôle et vérification de l'état civil. En 2012, il est affecté au service du duplicata. Et c'est en 2016 qu'il est relevé de son poste d'agent à la section duplicata. Aujourd'hui il n'a pas de poste. C'est pourquoi il exprime un sentiment de colère et d'incertitude pour l'avenir de sa carrière à la police nationale et surtout au service de l'identité civile. La situation d'Adoum n'est pas isolée, car beaucoup d'agents du service d'identité civile sont mutés de leur poste parfois sans une notification de la direction générale de la police. Un responsable de la sous-direction de la police technique et scientifique raconte son expérience, en nous disant qu'il a été muté juste par un simple appel téléphonique du directeur adjoint de la police technique scientifique et de l'identité civile, en 2016 :

> « Je reçois un appel à 8 h 30 de mon directeur adjoint, qui m'annonce que je suis muté et demain c'est la passation de service. Je suis étonné, mais je ne peux rien contre ces personnes. Ils ont le pouvoir derrière eux alors on est obligé d'obtempérer à leurs décisions, même si je sais que cette décision est contraire aux règles de la fonction publique et de la police ».[321]

Nous sommes dans une situation où la logique bureaucratique est mise de côté au profit de la bureaucratie verbale. Le gouvernement des « décrets sans numéro » devient aujourd'hui dans le service de l'identité civile le gouvernement des appels téléphoniques. Le respect de la hiérarchie des normes qui constitue un principe auquel les administrations publiques sont attachées, n'est pas pris en compte.

Des agents nommés par des décrets ou arrêtés ministériels, sont remplacés sur la base de simples notes de service ou juste sur un coup de téléphone. Les responsables du service de l'identité civile exercent la fonction selon leur volonté, parfois au détriment des droits des agents. Dans ces conditions, le service public est administré sur un socle

---

[321]. Extrait d'entretien avec Mbaye, ancien responsable du service d'identification, décembre 2015, juillet 2016 et mars 2017.

familial. La notion de culture administrative[322] reste illusoire avec un tel modèle de fonctionnement du service de l'identité civile. Le pouvoir que détiennent ces responsables n'est pas seulement administratif, mais il est aussi familial, car ils se servent de leur appartenance ethnique, de leur langue et aussi de leur passé dans le maquis afin d'obtenir des postes de responsabilité qu'ils peuvent gérer comme bon leur semble. L'État devient un domaine privé car, chacun essaie, en fonction de la portion du pouvoir dont il dispose, de l'exercer comme il le désire. Fabamé, un fonctionnaire du ministère de l'Éducation nationale nous a indiqué lors d'un entretien :

> « Au Tchad, on ne respecte pas les procédures administratives. Le chef fait ce que bon qui lui semble. Les agents aussi font ce qu'ils veulent. Et ce sont les usagers qui souffrent de tout ce désordre. Nous avons des chefs qui ne savent ni lire ni écrire. Alors, comment leur demander de respecter les normes juridiques qui sont écrites en français. Ils se servent de leurs liens familiaux pour avoir des postes de responsabilité. C'est ainsi qu'il est parfois difficile de respecter les règles qui font fonctionner le service public ».[323]

Il faut souligner que le centre d'identification est situé dans l'enceinte de la direction nationale de la police. Le fait que le centre soit situé dans cette enceinte pose problème quand on sait l'entrée du service est hyper régulée, que toute entrée est contrôlée et les personnes sont fouillées systématiquement par les agents de la police nationale.

Avec cette situation, certains responsables de la police essaient de contrôler l'enceinte du service de l'identité à l'aide d'agents de confiance qu'ils placent à chaque entrée. Ces agents sont dans la plupart des cas analphabètes et ne s'expriment qu'en arabe local. Ils interrogent tous ceux qui désirent se faire établir leur carte d'identité. Ensuite vient le tour de ceux qui vérifient les extraits d'acte de naissance. C'est à ce niveau qu'on constate qu'une sorte de « machine

---

[322]. Darbon Dominique, « La culture administrative en Afrique : La construction historique des significations du « phénomène bureaucratique » », *Cadernos de Estudos Africanos*, n° 16 [en ligne], 2003/3.

[323]. Extrait d'entretien avec Fabamé, ancien agent du service d'identité civil affecté à la direction de la police régionale d'Abéché, à l'est du Tchad.

d'arnaque »[324] semble prendre place afin d'extorquer les usagers. L'offre se présente souvent de manière subtile aux usagers qui viennent se faire établir la carte d'identité. « Si tu veux, je peux voir un agent de guichet pour faciliter ta demande de carte d'identité. Si tu sais que c'est très difficile avec ce nombre de trouver la carte d'identité ». Ces agents profitent de la difficulté des usagers durant le processus d'obtention de la carte d'identité. Pour accélérer la procédure, les demandeurs de la carte d'identité nationale confient les dossiers aux agents qui eux-mêmes passent par les agents de guichets.

Dans les textes qui régulent le fonctionnement des centres d'identification, il est formellement interdit aux agents de sécurité en charge de la protection du service de l'identité civile de prendre l'argent avec les usagers. Mais dans les faits, ce sont les agents de sécurité qui sont de plus en nombreux dans les services de l'identité et se lancent dans ces pratiques. C'est une sorte de chaîne de production et de circulation des pratiques vénales qui sont dans les centres d'identification (voir le chapitre 7). Pour ces agents, le fait de prendre de l'argent à un usager afin de lui faciliter la procédure de demande de carte d'identité nationale leur permettrait d'avoir de « l'argent de poche ». Pour ces raisons liées à « l'argent de poche », les règles administratives ne sont plus respectées dans le service d'identité civile. Nous sommes ici dans une économie de désordre qui structure l'organisation du service de la carte d'identité.

Le désordre que nous décrivons ici constitue des stratégies de contournement des règles et des procédures administratives qui définissent le fonctionnement du centre d'identification. Le « désordre » apparaît, dans le cadre que nous étudions, comme un refus ou un sabotage des règles et des procédures administratives. Il est important d'appréhender les dynamiques administratives du centre d'identification par les pratiques qui structurent les rapports, que les agents et les usagers entretiennent entre eux au quotidien :

> « C'est le Tchad mon ami. Non ! Y a trop de bordel, chacun chie là où il lui semble bon, même sur son lit. […] Je veux faire la carte d'identité, mais ils (agents du service

---

[324]. Cette expression est utilisée à plusieurs reprises par les usagers et certains agents du service de l'identité civile.

> d'identité civile) m'ont découragé. L'administration ne fait pas son travail. Quand tu viens au centre d'identification, c'est comme si tu es au marché de Dembé. La pagaille est partout même dans les bureaux des responsables qui sont censés mettre de l'ordre ».[325]

Ces discours, on peut les entendre tous les jours quand on évoque la question du centre d'identification avec les gens à N'Djamena. Ils ne sont pas tenus non seulement par les usagers, mais aussi par les agents de guichet des centres d'identification. La question du désordre va au-delà de l'aspect organisationnel. Le désordre fait partie du processus de fabrication des actes d'État.[326] Il constitue un instrument de pouvoir que les agents du service de l'identité civile utilisent dans la gestion de leurs rapports quotidiens avec leurs collègues, les personnels de la sécurité et les usagers. Dans tous les services du centre d'identification où l'on passe, il y a des tas de papiers mis dans des cartons, des papiers par terre ou sous le bureau. À l'entrée du bureau, on voit un grand portrait du président Deby. Sur la table, plusieurs cartes d'identité sont exposées en vrac. Un guide d'entretien que nous lui avons adressé a été perdu dans les lots de papiers entassés sur le bureau. L'entretien est reporté à une date ultérieure faute de ne pouvoir travailler avec le guide d'entretien.

Pour le deuxième rendez-vous, nous lui avons remis un autre guide d'entretien, mais à notre grande surprise, il l'a perdu pour la deuxième fois. C'est à cet instant qu'une question nous est venue à l'esprit, comment peut-on qualifier ce fait ? Il s'agit d'un désordre, non seulement dans un jugement, mais le désordre est vu ici comme un instrument de gestion administrative.

Cet exemple n'est pas un cas isolé, car nous avons à plusieurs reprises été obligés d'annuler des entretiens. Le « désordre » constitue une stratégie d'évitement ou de refus d'une demande. En parlant de ces exemples avec un agent d'accueil de la direction générale de la police technique et scientifique et de l'identité civile, nous avons compris à travers ses explications que le « désordre » constitue un moyen efficace

---

[325]. Extrait d'entretien avec Jacqueline, septembre 2017.
[326]. Weller Jean Marc, *Fabriquer des actes d'État*, Paris, Economica, 2018.

qui permet aux administrateurs du service de l'identité de maîtriser l'organisation de leur structure et d'éviter des gens qui dérangent.[327]

III. La commission de contrôle et de vérification des identités

Il faut rappeler que le Tchad compte aujourd'hui un seul centre d'identification, à savoir le service de l'identité civile du commissariat central de N'Djamena, qui fonctionne à peine trois jours par semaine. Les machines utilisées pour enregistrer les données datent de 2002. Elles tombent plusieurs fois en panne, et à chaque fois, le service de l'identité civile fait appel à un technicien de l'entreprise allemande Mùhlbauer[328] pour pouvoir les dépanner. Jusqu'en en 2014, il y avait sept centres d'encartement, dont quatre centres de provinces et deux centres secondaires qui dépendent directement du centre principal du commissariat central de N'Djamena.

Les quatre autres centres d'identification de province sont juste des services d'enrôlement, c'est-à-dire des centres d'enregistrement des dossiers de demande de carte nationale d'identité. En plus de ces centres secondaires, il existe une équipe d'identification mobile, composée des agents qui se déplacent dans les villes et les villages afin de faciliter la tâche à ceux qui ne peuvent pas venir jusqu'à la capitale compte tenu de la distance.

Après l'enregistrement des demandes, la production et la distribution des cartes d'identité relèvent du centre de N'Djamena, qui dispose lui-même d'une seule imprimante d'impression datée de 2002, l'année où le service a été concédé à l'entreprise belge SEMLEX.

Au-delà de la procédure devant la commission de contrôle, le demandeur de la carte d'identité doit se munir d'un extrait d'acte de naissance ou d'un passeport ou d'un livret de famille ou d'un certificat

---

[327]. Des gens qui dérangent, journalistes et autres.

[328]. Fondé en 1981, Mühlbauer est un groupe allemand, devenu un acteur mondial de premier plan dans le secteur de la sécurité. La société est spécialisée dans les solutions innovantes sur la production des logiciels d'identification, la personnalisation et l'émission de documents d'identité, ainsi que dans les solutions complètes de gestion des frontières permettant l'identification et la vérification fiables des personnes et des documents. https://www.muehlbauer.de/company/history/

de nationalité ou d'une ancienne carte nationale d'identité qu'il présente à la section « d'enrôlement ». L'« enrôlement »[329] est la phase d'enregistrement, de certification de l'identité et de prise de photo. L'individu fait face à un agent qui enregistre ses informations, nom, prénom, date et lieu de naissance, nom du père et de la mère, empreintes digitales, adresse et une prise de photo numérique. Un certificat de nationalité est souvent demandé à ceux qui sont nés en dehors du Tchad. Pour Fatimé, chargée d'enregistrement des informations d'identification, l'extrait d'acte de naissance constitue un premier support qui permet à l'agent de s'assurer que l'usager remplit toutes les conditions requises pour l'obtention de la carte d'identité. Toute personne qui ne dispose pas des documents adéquats est priée de les obtenir dans la préfecture ou à la commune de son lieu de naissance. Cette question du retour à la localité de naissance pour obtenir un extrait d'acte de naissance s'est posée dans la loi n⁰ 008 de 2013[330] (10 mai 2013) réglementant l'état civil et abrogeant l'ordonnance de 1961. Avant cette loi, les gens pouvaient obtenir des extraits d'acte de naissance dans n'importe quel centre d'état civil. Mais depuis la promulgation de cette loi, celui qui a perdu son acte de naissance, il doit repartir dans son lieu de naissance pour se procurer un nouvel extrait d'acte de naissance.

Face à cette exigence, d'autres pratiques parallèles apparaissent dans la capitale avec les chefs de race qui établissent des extraits d'acte de naissance à ceux qui ne désirent pas repartir dans leurs régions de naissance. Le chef de race, cette appellation qui relève de la période coloniale, est un leader communautaire ou du moins un chef du groupe ethnique.

Il est responsable de sa communauté dans le centre urbain. Son principal rôle est d'assurer la cohésion sociale de son groupe social. C'est en tant que leader communautaire que les chefs de race sont impliqués dans la politique de l'état civil. Ce sont ces chefs qui attestent que la personne est bien née dans sa localité. Cette logique d'attestation ou d'authentification des lieux de naissance nous fait penser à ce que

---

[329]. Nous utilisons ici le mot enrôlement par référence au terme qu'emploient les agents du service d'identité civile. Le processus d'enregistrement est souvent appelé « enrôlement » par ces agents.

[330]. *Journal officiel de la République*, loi n° 008/PR/2013 du 10 mai 2013.

Laurent Fourchard décrit à travers le processus de délivrance des certificats d'indigénat ou d'origine au Nigéria.[331] Ce processus d'authentification de l'identité fait appel à ces différentes instances locales qui doivent prouver l'identité de la personne en tant que membre de la communauté nationale. En décrivant le processus d'identification dans le cadre du referendum d'autodétermination du sud Soudan, Nicki Kindersley souligne que les témoignages constituent un élément de preuve à la construction d'un nouvel État et d'une nation sud-soudanaise.[332]

Cette commission de « contrôle et vérification des identités » est créée en 2011, mais, à cette époque, elle n'avait pas un enjeu important, car certains responsables de la police ne voyaient pas l'importance d'une telle structure dans le service de l'identité civile. Il fallait attendre 2015, après l'attentat terroriste de Boko Haram, pour qu'elle soit vraiment effective. Le contexte de la crise centrafricaine, et des troubles au nord du Nigéria ont redonné un nouvel élan aux activités de cette commission. Depuis les attentats terroristes, qui ont engendré plusieurs morts dans la ville de N'Djamena et dans la région frontalière avec le Nigéria, le lac Tchad, les autorités politiques ont mis en place des dispositifs d'authentification des extraits d'actes de naissance dans les différents centres d'identification. C'est dans cette perspective que le ministère de la Sécurité publique a mis en place une structure au sein du service de l'identité civile dénommée « la commission de contrôle et vérification d'identité ». Selon Alatchi, responsable de cette commission, la création de cette structure fait suite aux cas de fraudes et d'usurpations des titres d'identité qui ont amené le ministère de l'Intérieur à prendre la décision de mettre en place une équipe de contrôle des identités.[333] Il s'avère aussi que, selon le commandant de la police criminelle que nous avons rencontré en entretien pendant notre séjour à N'Djamena, les agents de la police ont trouvé plusieurs personnes de nationalités étrangères qui ont, par l'intermédiaire de

---

[331]. Fourchard Laurent, «Bureaucrats and indigenes: producing and bypassing certificates of origin in Nigeria», *Africa, 85, pp.*37-58, 2015.

[332]. Kindersley Nicki, «Identifying South Sudanese: Registration for the January 2011 Referedum and Defining a New Nantionality», in: Sandra Calkins, Enrico Ille and Richard Rottenburg, ed., *Emerging orders in the Sudans*, Bamenda, Langaa, 2015, p. 81.

[333]. Carnet de terrain, N'Djamena, avril 2017.

certains agents de sécurité, obtenu des papiers d'identité tchadiens, acte de naissance, carte d'identité, permis de conduire et passeport. Au vu de ce fait, le gouvernement a décidé de mettre en place une « commission de contrôle » des documents d'identité pendant la procédure de délivrance de la carte d'identité. La commission est composée de sept membres, dont trois femmes et quatre hommes. Tous sont des agents de la sécurité (les agents de la police nationale, les agents nationaux de sécurité (A.N.S, le service des renseignements généraux [RG] et les agents de la gendarmerie et les officiers d'état civil).

Le bureau de la commission est situé juste à côté du guichet financier. Après l'enregistrement, la personne passe au service financier pour verser les droits de délivrance de la carte d'identité avant d'aller au service de la commission de contrôle et vérification des identités.[334] Avant que la personne n'entre dans la salle d'enrôlement, les agents de la section « vérification » contrôlent la conformité des documents que détiennent les usagers, c'est-à-dire les dates et le lieu de la délivrance des extraits d'acte de naissance. À la fin de la saisie des informations et la séance de photo, un récépissé est délivré à l'individu, ce qui lui permet d'aller à la caisse payer le droit de la carte nationale d'identité, qui est fixé à 10 000 FCFA (environ 16 euros), conformément aux dispositions de la loi des finances portant augmentation des frais de délivrance de la carte nationale d'identité, en 2016. Aujourd'hui pour avoir une carte d'identité dans les différents centres d'identification, il faut débourser quinze mille (15 000) à vingt mille (20 000) CFCA. Dans les textes officiels, il est écrit que la carte se fait à dix mille francs, mais dans les faits, la réalité est autre que celle mentionnée dans le texte. C'est dans un sentiment de colère que nous déclare un usager, « ici, les frais de 10 000 FCFA sont multipliés par deux, parfois par trois avant la sortie de la carte ».[335]

La disposition du bureau du service financier, qui se situe juste avant celui de la commission de contrôle et de vérification, pose parfois des questions quand on constate le nombre de personnes qui disent avoir

---

[334]. Ibid.
[335]. Extrait d'entretien réalisé avec Halimé, résidant à Mongo dans le centre du pays. Elle est venue se faire établir la carte d'identité afin de constituer son dossier de retraite, juin 2017.

versé l'argent pour la carte d'identité, mais la commission de contrôle a bloqué les dossiers faute de n'avoir fourni un bon extrait d'acte de naissance. Cette situation est arrivée à plusieurs personnes que nous avons rencontrées au service de l'identité civile. Certains usagers vont jusqu'à dire que le dispositif est créé juste pour extorquer des frais d'émission de la carte d'identité à ceux qui sont accusés d'usage de faux.[336]

La procédure d'identification des individus, et surtout celle de la commission de contrôle et de vérification des identités, constitue une des étapes importantes dont les demandeurs de la carte d'identité se plaignent souvent de l'angoisse éprouvée quand ils sont en face de ces agents qui posent plusieurs questions. Et parfois les mêmes questions, mais à plusieurs reprises. C'est le cas d'une femme, âgée d'une trentaine d'années, employée d'une entreprise privée de sécurité avec qui nous avons discuté après être passée devant cette commission :

> « Lorsque je suis devant ces gens de la commission, je remets parfois en cause ma nationalité tchadienne. Car j'ai peur qu'on dise que je ne suis pas Tchadienne. Je connais au moins deux amis qui ont été renvoyés parce qu'il y a des ratures dans leurs extraits d'acte de naissance ».[337]

La commission fonde son contrôle sur la construction de la figure du suspect. Le suspect est celui qui habite aux frontières tchadiennes du Nigéria, de la Centrafrique, du Soudan, du Cameroun ou du Niger. Ils se servent du regard sur la base de l'apparence physique et des questions au demandeur de la carte en langue locale, le nom de son chef coutumier, les dates et les lieux de délivrance des extraits d'acte de naissance... Dans le cas où ils (agents de la commission) constatent une zone d'ombre pendant l'entretien avec le candidat, une convocation est donnée à sa famille. La famille doit ramener tous les

---

[336]. Entretien avec le responsable du « collectif de lutte contre la vie chère », août 2016 et avril 2017. Ce collectif a porté plainte contre le service d'identification pour avoir encaissé des frais de délivrance de carte d'identité sans que les personnes soient en possession de leurs cartes d'identité nationale. La plainte a été déposée depuis une année mais elle est classée sans suite par les autorités judiciaires.

[337] Extrait de l'entretien avec Jacqueline, comédienne dans une grande troupe de théâtre à N'Djamena, septembre 2017.

documents qui prouvent que cette personne est bien de nationalité tchadienne. Albertine, l'une des membres de la commission, que nous avons rencontrée pendant notre enquête de terrain, a décrit l'activité de cette structure en ces termes :

> « À la commission, nous regardons le lieu de naissance en rapport avec les lieux de déclaration d'état civil. Ensuite, nous regardons aussi si la personne est née dans un centre de santé, avec un bulletin de naissance. Nous contrôlons les personnes qui se sont présentées pour déclarer la naissance de l'enfant. Car les personnes qui déclarent la naissance d'un nouveau-né, leur nom doit figurer sur le registre et l'extrait d'état civil. Si nous constatons qu'il y a une contradiction entre sa déclaration et le lieu de naissance. Euh !!! C'est là où on commence à avoir des doutes. Il nous arrive le plus souvent que ce soit la même personne qui déclare sa naissance. Avec ça on sait immédiatement que c'est un faux extrait d'acte de naissance. Nous interrogeons la personne pour savoir comment il a obtenu cet acte de naissance. Ensuite nous interrompons rapidement la procédure de délivrance de la carte nationale d'identité avant de lui demander de ramener ses parents afin de savoir qu'ils sont « vraiment tchadiens ».[338]

Le travail de la commission ressemble bien à cette procédure de l'«authenticity of citizenship[339] » que décrit Alfred Babo pour le cas ivoirien.

Les membres de la commission définissent un ensemble de techniques et des guides qui leur permettent de poser des questions à celui ou celle qu'ils soupçonnent d'être dans la catégorie de ceux qu'ils jugent ne pas apte à remplir les conditions de nationalité tchadienne. Tout porte à croire, quand on observe de près les activités de cette

---

[338]. Extrait d'entretien avec Albertine, membre de la commission de contrôle et de vérification depuis 2011. Elle a été relevée de son poste par une note de service du sous-directeur de l'identité civile en 2017, août 2017.

[339]. Babo Alfred, «Ivoirité and citizenship in Ivory Coast; The controversial policy of authenticity», In: Benjamin N. Lawrence and Jacqueline Stevens, *Citizenship in question. Evidentiary birthright and statelessness*, Durham, London, Duke University Press, 2017, p. 200.

commission, que le rôle dévolu à cette structure serait d'apporter un nouveau souffle au centre d'identification qui a été, depuis quelques années avant la création de la commission de contrôle et de vérification des identités, accusé d'avoir produit plusieurs cartes nationales d'identité aux personnes étrangères. La commission de contrôle est dotée d'un pouvoir exceptionnel qui la rattache directement à la police judiciaire, à qui elle fait souvent appel quand un dossier est considéré comme suspect. Un dossier est vu comme suspect quand les agents du service détectent que le demandeur de la carte d'identité dispose d'un extrait d'acte dont la date de déclaration est plus récente, ou si cette personne n'arrive pas à s'exprimer dans la langue de son groupe ethnique… Ce sont juste des suppositions qui se transforment en doute ou en hypothèse, et font croire aux membres de la commission que cet individu n'appartiendrait pas à la communauté nationale :

> « Notre commission est attentive à toutes les informations contenues dans les extraits d'acte de naissance et les apparences physiques. Toutes les informations, le regard et l'habillement comptent dans le processus de contrôle et de vérification. Il nous semble très facile avec tous ces éléments de deviner que cette personne-là peut être suspecte. Nous regardons les âges, tu vois une personne d'une quarantaine d'années et elle te dit qu'elle est née en 1990. Euh… là ça pose problème ».[340]

Après avoir passé plus de deux mois et une semaine au service d'identité civile, un mois en 2016 et deux mois et une semaine en 2017, nous avons pu observer les activités de cette commission de contrôle dont plusieurs éléments nous permettent d'examiner ici les différents registres que mobilisent les membres de cette instance dans leurs activités.

Nous constatons dans les modalités de contrôle et de vérification des identités, notamment dans les discours, les gestes et les regards, que les membres cette commission considèrent, au préalable, les personnes habitant les frontières comme des potentiels suspects. Cette pratique conduit à des logiques de distinction et de discrimination des membres de certaines communautés qui partagent les frontières tchadiennes avec

---

[340]. Ibid, Albertine, août 2017.

les pays voisins. Dans ce contexte, un Zagawa,[341] un Massa,[342] un Kaba[343] ou un Kotoko[344] est susceptible de devenir suspect au regard de la commission de contrôle et vérification. La raison est simple, car, pour les membres de cette commission, ces groupes ethniques partagent certaines réalités sociales avec d'autres groupes vivant dans les pays frontaliers du Tchad. Pour la commission, certains membres de ces communautés obtiennent facilement des pièces d'identité tchadiennes sans pouvoir remplir les conditions d'acquisition de la nationalité tchadienne fixées par le code de la nationalité. Nous pensons aussi que ce dispositif contribue à la discrimination de certains membres de ces communautés qui s'estiment lésés avec ces mesures qui concourent à la définition des « identités nationales », que seuls les membres de cette commission interprètent en fonction de leurs sentiments :

> « Il est difficile d'avoir aujourd'hui la carte d'identité. J'ai été victime une fois devant la commission. J'ai présenté mon extrait d'acte de naissance, les policiers de cette commission ont vu que je suis né à Moukoudey, dans la région de Fianga. Dès qu'ils ont constaté cela, je suis resté pendant 30 minutes dans leur bureau, parce qu'ils me disent que je suis un Camerounais. Les agents m'ont demandé de ramener les témoins qui doivent dire si je suis réellement Tchadien. Quelques minutes après j'ai appelé un cousin commandant de la police du 9e arrondissement qui est venu témoigner et j'ai été libéré. Je ne suis pas le premier à subir cela. Même mes cousins ont été victimes ».[345]

La question qui se pose ici est celle des frontières. Ces frontières héritées de la colonisation divisent des communautés qui partagent les mêmes traits culturels sur deux territoires différents. C'est le cas des communautés Toupouri, Moudang, Massa, qu'on retrouve au

---

[341]. Zagawa est une communauté ethnique habitant les régions de l'Est du Tchad et celles du Dar Four au Soudan.

[342]. Les Massa sont des ethnies qui vivent au Cameroun et au Tchad.

[343]. Kaba est un groupe social partagé entre la Centrafrique et le Tchad.

[344]. Les Kotoko aussi habitent les deux côtés de la frontière tchadienne et camerounaise.

[345]. Extrait d'entretien avec Sadji, usager du service d'identité civile, mai 2017.

Cameroun et au Tchad. Les Kaba, les Yamode, les Ngama... en Centrafrique et au Tchad, Les Zakawa, les Arabes à la frontière du Tchad avec le Soudan ou encore des Kanouri, au Nigéria, au Niger et au Tchad. Bien que ces communautés se lient socialement par des marqueurs culturels et linguistiques, sous l'effet de l'invention des États-nations, elles sont séparées sur des espaces politiques différents, dont les frontières deviennent l'expression. Aujourd'hui, au nom de la politique de sécurité, les services de sécurité mobilisent ces marqueurs d'identité afin de déterminer qui peut appartenir à la « communauté politique » à travers le processus d'identification. C'est ainsi que les membres de cette commission mobilisent habituellement leurs compétences linguistiques des autres groupes ethniques du Tchad pour poser des questions à chaque demandeur de carte d'identité. Il s'agit d'un dialogue entre un membre de la commission et le demandeur de la carte d'identité. Le membre de la commission peut par exemple demander le nom du chef traditionnel (le chef de village, le chef de canton, ou le nom du Sultan...) C'est là qu'intervient le rôle des témoignages dans la construction d'une véracité ou de vérification d'identité.[346] Sur la base de ce témoignage, qui n'est pas seulement celui de la personne concernée, mais[347] peut aussi venir de la sphère familiale ou amicale du suspect. Le plus souvent, pour vérifier l'authenticité du discours de la personne considérée comme suspecte, les agents de la commission font appel à la famille afin qu'elle témoigne si cet individu est réellement Tchadien. C'est ce qui nous a été confirmé par Idriss, un membre de la commission de contrôle et de vérification des identités :

> « A la commission de contrôle, nous faisons attention au nom et au lieu de naissance des parents. Nous regardons si l'un des parents est né dans un pays frontalier. Et si nous constatons qu'il y a un flou, nous exigeons de la personne de faire venir ses parents pour qu'ils témoignent afin qu'on sache comment cette personne a obtenu les papiers tchadiens. Cette procédure nous a permis de déceler

---

[346]. Bouyat Jeanne « Les barrières de papier digitalisées : vérifications d'identité et exclusion des élèves immigrés dans les lycées populaires de Johannesburg » ; *Politique africaine*, 2018/4, n° 152, p. 6.

[347]. Bardelli Nora, « Entre témoignage et la biométrie : la production du « refugié » au Burkina Faso », *politique africaine*, 2018/4, n° 152, p. 120-140.

plusieurs faux papiers. Aujourd'hui les dossiers sont dans la main de la police judiciaire pour les enquêtes ».[348]

Cet extrait d'entretien montre la place que joue le témoignage dans le processus d'authentification de l'identité. Le témoignage constitue une preuve vivante de l'identité de la personne, dont les administrations des identités se servent pour établir le lien avec l'appartenance de la personne à sa communauté nationale. L'individu est obligé de prouver au regard des agents du dispositif bureaucratique, par son discours et celui des membres de sa famille, qu'il est bien propriétaire de cette identité. Cette relation témoignage et preuve d'identité permet de comprendre le processus par lequel les papiers d'identité sont produits.

Conclusion

Nous venons de voir à partir de ces différents exemples que le fonctionnement administratif de l'identité civile reste toujours un enjeu important. Le centre d'identification judiciaire (service de l'identité civile) est un héritage de l'administration coloniale que l'État tchadien s'est approprié après avoir obtenu son indépendance en 1960. Pendant les cinquante ans qui suivent l'indépendance, la politique tchadienne en matière d'identification civile et judiciaire a peu changé. Il faut attendre les années 2000 pour que les autorités politiques et de sécurité s'en saisissent, en créant des dispositifs législatifs et organisationnels. C'est le cas du décret instituant la carte d'identité biométrique en 2002, de l'ordonnance créant l'agence des titres sécurisés en 2016, et de la création de la direction générale de la police technique-scientifique et de l'identité civile en 2014. Cet engagement politique en matière d'identification des individus se situe dans une période où cette question devient un enjeu non seulement national, mais transnational. Mais l'effort que le gouvernement déploie dans le but d'améliorer son système d'identification des individus semble connaître des limites face aux comportements des agents en charge de cette politique. Nous sommes dans une sorte de désordre organisé qui va à l'encontre du sens qu'on donne à ce service public.

---

[348]. Entretien avec Idriss, ancien chef de service à la retraite au fichier central du centre d'identification judiciaire, N'Djamena, Juin 2016.

On a également vu que ces services fonctionnent selon deux logiques distinctes : la bureaucratie administrative et la gestion patrimoniale. Le désordre qui semble régner dans ces services n'est cependant pas un simple dysfonctionnement : le désordre constitue une base sur laquelle le service d'identité civile se construit. Le désordre constitue le soubassement des pratiques bureaucratiques de ce centre. Notre prochain chapitre sera consacré à l'analyse des dynamiques politiques et socio-économiques de la biométrisation des identités au Tchad.

CHAPITRE V

LA BIOMETRISATION DES IDENTITES

La biométrie est aujourd'hui considérée comme une solution « magique »[349] de certification et d'authentification des identités dans le monde. Le contexte du début de l'année 2000 a été propice à son expansion, notamment avec les attentats du 11 septembre 2001, qui ont posé le fondement d'une nouvelle gouvernance mondiale de la sécurité et d'une nouvelle politique de gestion des inquiétudes[350]. La gestion de ces inquiétudes est pensée principalement à travers les moyens légitimes de contrôle de circulation,[351] qui sont concentrés non seulement dans les espaces nationaux, mais aussi les espaces transnationaux.

L'opposition entre « nous » et les « autres »[352] s'accentue avec le développement des nouveaux outils *high-tech*,[353] dont les techniques de la biométrie constituent un des principaux standards, qui se caractérisent par l'intervention des différents acteurs du champ de la sécurité, et des entreprises privées. Sous l'impulsion des États-Unis d'Amérique, après les attentats du 11 septembre, la plupart des États ont modernisé leur système d'identification en ayant notamment recours à la biométrie comme norme de sécurisation des frontières internationales. C'est ainsi que cette technologie s'est imposée peu à

---

[349]. Breckenridge Keith, *Biometric state. The global politics of identification and surveillance in South Africa, 1850 to the present*, Cambridge, Cambridge University Press, 2014.

[350]. Ibid, p. 6

[351]. Torpey John, *L'invention du passeport*, Paris, Belin, 2005.

[352]. Bigo Didier, « Sécurité et immigration : vers une gouvernementalité par l'inquiétude ? », *Cultures &conflits*, (en ligne), 31-34 printemps-été 1998.

[353]. Piazza Pierre, « Du bertillonnage à l'Europe biométrique » in Pierre Piazza, Ayse Ceyhan, *L'identification biométrique : champs, acteurs, enjeux et controverses*, Paris, Éditions de la Maison des Sciences de l'Homme, 2011

peu comme un outil incontournable de la politique d'identification et de surveillance des individus.[354]

Nous comptons, dans ce chapitre, saisir la question de la biométrie à partir des travaux de Béatrice Hibou qui analyse les modalités d'exercice du pouvoir à travers la question de l'économie politique en tant que « dispositif » et mode d'exercice du pouvoir. Pour elle, les dispositifs publics répondent aux demandes de justice, d'ordre, de stabilité et d'amélioration de la vie quotidienne, et peuvent être simultanément des vecteurs de la violence d'État.[355] Le concept d'« instrumentation de l'action publique » aiguise notre réflexion afin d'analyser les enjeux liés à l'introduction de la biométrie au Tchad. Pour Patrick Le Gales et Pierre Lascoumes, un « instrument d'action publique constitue à la fois une technique et une régulation sociale qui organisent des rapports sociaux spécifiques entre la puissance publique et ses destinataires en fonction des représentations et des significations dont il est porteur ».[356]

Dans le contexte tchadien, la biométrie n'est pas seulement une technologie d'identification, elle est aussi un dispositif par lequel un ensemble de pouvoirs, non seulement technologique, mais aussi politique, économique, social et symbolique sont enchevêtrés. Nous nuançons le discours des acteurs selon lequel la technique d'identification biométrique permettrait aux services de sécurité d'agir contre les pratiques frauduleuses d'usurpation des papiers d'identité au Tchad. Les professionnels de la sécurité publique et les entreprises privées de la biométrie laissent entendre que cette technique serait un moyen efficace de certification et d'authentification des identités, bien que la question de l'usurpation des titres d'identité soit un fait réel au Tchad. Mais l'usage d'une technique comme celle de la biométrie nécessite une prise en compte d'autres paramètres contextuels afin de

---

[354]. Broeders Denis, « Le virage biométrique dans la lutte contre l'immigration clandestine » de l'UE : l'établissement d'un contrôle migratoire intérieur « 2.0 », in Pierre Piazza, Ayse Ceyhan, *L'identification biométrique, op. cit.*

[355]. Hibou Béatrice, *Anatomie politique de la domination*, Paris, La Découverte, 2011.

[356]. Lascoumes Pierre, Le Galès Patrick (dir.), *Gouverner par les instruments*, Paris, Sciences Po presse, 2004.

répondre à ces enjeux. C'est dans cette perspective que nous allons partir des pratiques et des modalités d'authentification des identités dans les centres d'identification pour comprendre les enjeux liés à l'introduction de la biométrie, en 2002. Il s'agit de retracer l'histoire de la mise en œuvre de la biométrie au Tchad. Ce qui nous amène à analyser le discours des autorités politiques, de la police, des membres des organisations de la société civile, des agents de guichet et des usagers du centre d'identification, afin de comprendre les logiques ayant conduit à la mise en place de cette technique d'identification. Les éléments de ce chapitre se fondent principalement sur les entretiens que nous avons eus avec les agents de police et les observations effectuées dans le service de l'identité civile du commissariat central de N'Djamena.

Nous organisons ce chapitre en quatre points : la genèse de l'identification biométrique et la gouvernance mondiale de la sécurité (1), la « décharge » du service public (2), le processus de recensement électoral biométrique (3), Enjeux sécuritaires et de protection de données (4).

Il est important de présenter tout d'abord brièvement la genèse de cette technique d'identification. Nous ne nous attarderons pas sur la description de cette technique, mais notre focale portera sur les points saillants de son évolution comme technologie d'identification et d'authentification.

I. La genèse de l'identification biométrique et la gouvernance mondiale de la sécurité

L'identification des individus est aussi vieille que l'histoire de l'humanité.[357] Comme l'ont souligné Pierre Piazza et Ayse Ceyhan, la question de savoir qui est qui se pose dans tout groupement humain. Cette question a toutefois progressivement donné lieu au cours de l'Histoire au développement de modes d'identification à « distance »[358] qui tiennent un rôle déterminant dans l'affermissement

---

[357]. Denis Vincent, « Administrer l'identité », *Labyrinthe* [en ligne] n° 5, 2005.

[358]. Noiriel Gérard, (dir.), *L'identification genèse d'un travail d'État*, Paris, Belin, 2007.

des États modernes.359 La technique biométrique fait partie de ces nouveaux modes d'identification qui sont centrés sur le corps comme une donnée essentielle de la preuve de l'identité papierisée. « Les transformations de la sécurité comme un enjeu politique global, son traitement par des technologies de pointe comme la biométrie et l'utilisation des données personnelles comme élément stratégique de ces technologies entraînent une intrusion sans précédent dans la vie privée des individus ».360

La biométrie est aussi aujourd'hui, pour reprendre le terme de Michel Foucault, une « douceur insidieuse »361 de modalité d'exercice de pouvoir sur le continent et à travers le monde. C'est dans cette perspective que l'analyse de Michel Foucault, à travers sa notion de « biopouvoir »362 forgée dans les années 1970, nous permet de saisir ce nouveau paradigme politique qu'est celui de la technique biométrique. Ces analyses foucaldiennes du pouvoir, qui insistent précisément sur les caractéristiques d'hétérogénéité et de localité, sont par conséquent de nature à susciter l'intérêt aujourd'hui face au déploiement de cette technique d'identification. En d'autres termes, ce pouvoir ne se laisse plus codifier prioritairement dans la forme du droit émanant de l'autorité souveraine, il ne s'exerce plus uniquement par la formulation et la mise en place concrète du dispositif, il n'est plus seulement répressif, mais diffus. Au contraire, il s'exerce partout par le moyen de règlements tatillons,363 des pratiques disciplinaires qui prescrivent les comportements normaux et traquent les comportements pathologiques.364 Il fonctionne aussi à l'incitation, et a pour objet de maximiser les corps individuels dressés en vue de fournir du rendement, ainsi que la vie des populations. Michel Foucault appelle « biopouvoir » ce pouvoir qui est à la fois individualisant et massifiant. L'« anatomie-

---

359. Piazza Pierre, Ayse Ceyhan, (dir.) *Identification biométrique, op. cit.*
360. Crettiez Xavier et Piazza Pierre, (dir.) *Du papier à la biométrie. Identifier les individus*, Presses Science po, 2006, p13.
361. Foucault Michel, *Surveiller et punir*, 1975, p.315.
362. Foucault Michel, *Naissance de la biopolitique. Cours au collège de France. 1978-1979*, Éditions, EHESS, Seuil, 2004.
363. Guchet Xavier, « La biométrie à l'école : une approche anthropologique » in Ayse Ceyhan et Pierre Piazza, *L'identification biométrique, op. cit.*
364. Idem.

politique » d'une part (c'est-à-dire le dressage disciplinaire du corps) et la biopolitique d'autre part (c'est-à-dire la régulation des populations) constituent les deux grands ensembles technologiques de ce biopouvoir. « L'émergence de ce nouvel État biométrique »,[365] pour reprendre Keith Breckenridge, montre bien la diffusion de cette technique comme unique modèle de certification et d'authentification des identités dans le monde d'aujourd'hui.

I.1. La biométrie : histoire d'une technique d'identification policière

La biométrie est une science et un outil qui a été utilisé par les services de l'administration depuis plus de deux siècles. Elle fut utilisée à une période où la problématique d'identification des individus constituait une des préoccupations majeures des pouvoirs publics occidentaux dans le cadre du contrôle et de la protection des frontières. Son usage a été l'œuvre des services de police dans la lutte contre la criminalité urbaine. Mais on constate que la biométrie devient aujourd'hui un outil important, non seulement dans les services de police, comme elle l'a été dès son invention, mais elle dépasse de nos jours le secteur sécuritaire pour s'implanter dans plusieurs domaines de la vie sociale, dont celui du système électoral.

La biométrie est un ensemble de techniques permettant d'identifier et d'authentifier un individu par ses caractéristiques physiques ou par son comportement. Dans son ouvrage *La biométrie, l'identification par le corps*,[366] Jacques Pierson montre trois périodes qui ont marqué le moment de l'invention de cette technique d'identification. Avant la fin du 19e siècle, il y a peu d'intérêt en Europe pour l'usage de la biométrie et notamment de l'empreinte digitale. Toutefois, selon l'auteur, on a retrouvé les traces d'usages de l'empreinte digitale en Chine avec l'empereur Tse In She, au Japon et en Islande, au deuxième siècle avant Jésus-Christ. On a constaté l'usage de la biométrie sur les actes commerciaux dans certains États asiatiques ; mais il y a eu peu d'engouement des Occidentaux quant à son usage. Dans une deuxième période, dite « scientifique », avec

---

[365]. Keith Breckenridge, *op. cit*, p. 21.
[366]. Pierson Jacques, *La biométrie, l'identification par le corps*, Paris, Lavoisier, 2007, p. 2

l'invention du « bertillonnage »,[367] débute l'ère biométrique au sens moderne du terme et elle inaugure un grand bouleversement dans le domaine de l'enquête de police. Cette méthode permet de vérifier la correspondance entre fichiers quand un individu est arrêté. La police améliore cette méthode dans le cadre de sa lutte contre la criminalité, ce qui va permettre l'usage des empreintes digitales, à partir de 1894. La période industrielle va contribuer à une explosion rapide de la biométrie grâce aux progrès de la recherche scientifique et l'intérêt de la biométrie par les acteurs publics et privés. Les États-Unis, le Canada, la Grande-Bretagne et la France commencent à utiliser les empreintes digitales dans les services de sécurité, mais spécifiquement avec l'identification par l'ADN (acide désoxyribonucléique). Enfin, dans les années 1980-1990, les policiers des principaux pays développés souhaitent centraliser leurs données et automatiser les recherches, surtout pour en améliorer l'efficacité. C'est alors le début de l'ère de la biométrie de masse.

Avec cet intérêt de la biométrie en tant que science et technique d'identification par les pouvoirs publics des pays occidentaux, apparaît un glissement progressif vers l'introduction de cette technique dans les différents services publics. Qu'il s'agisse de la biométrie morphologique ou de la biométrie comportementale, l'intérêt de la « biométrisation » de la vie sociale des individus est répandu dans tous les secteurs. Le contrôle d'accès, électronique et physique ; la sûreté aéroportuaire, la sécurisation des paiements, l'identification des personnes dans le cadre du contrôle des frontières nationale et transnationale…

Étant « l'étude quantitative des phénomènes biologiques à l'aide des méthodes statistiques et du calcul des probabilités »,[368] il existe plusieurs types d'analyse biométrique, à savoir l'empreinte digitale, la reconnaissance du visage, l'iris de l'œil, reconnaissance de voix…La plupart des techniques biométriques utilisent la mesure des caractéristiques physiques de l'être humain : ADN, Empreintes digitales, Iris de l'œil, Configuration veineuse de la rétine, Géométrie de la main, etc. D'autres techniques sont basées sur les caractéristiques

---

[367]. Piazza Pierre, *Aux origines de la police scientifique. Alphonse Bertillon, précurseur de la science du crime*, Paris, Karthala, 2011, p. 19.

[368]. Pierson Jacques, *op. cit.*, 2007, p. 3.

comportementales : (signatures, démarches, dynamiques de frappe sur un clavier).

Après les expériences techniques et scientifiques d'Alphonse Bertillon dans les services de la police, ses méthodes furent adoptées par la police judiciaire. Francis Galton, statisticien britannique à qui on doit par ailleurs l'invention de la corrélation statistique, largement utilisée aujourd'hui, pose, dès 1892, les bases scientifiques de la comparaison de deux images digitales. Ces méthodes de corrélation statistique semblaient alors assez difficilement exploitables, comparées au bertillonnage, une autre découverte scientifique qui va développer l'intérêt pour la biométrie. En février 1953, Jim Watson et Francis Crick découvraient la structure en double hélice de l'ADN. La séquence de l'ADN définit le patrimoine génétique de l'individu, riche pour identifier parfaitement un individu sauf, bien sûr, dans le cas des vrais jumeaux qui partagent exactement le même patrimoine. La base de l'identification par l'ADN est donc la mesure des différences dans la génétique, tout particulièrement dans les séquences dites « non codantes ». Le Royaume-Uni a testé en premier lieu l'usage de la biométrie en 1983. La police de Narborough était confrontée à un cas de viol commis sur une mineure. C'est dans cette circonstance que les policiers ont décidé d'utiliser la technique. Il faut souligner le rôle déterminant du biologiste, Alec Jeffreys, qui a mis en place une méthode de comparaison afin d'identifier les présumés coupables de ce viol. La période de reconnaissance de la biométrie eut lieu au moment où la biométrie devenait un élément non négligeable dans les services de police et de contrôle des frontières.

Ce rappel historique succinct nous permet de comprendre que la biométrie est une technique d'identification née dans le but de faciliter les tâches des services policiers. Mais depuis le début des années 2000, son marché est en expansion. Ses principales applications sont la sécurisation des papiers d'identité, le contrôle des migrants, et enfin l'amélioration de la fiabilité des élections.

Le marché de cette technique est en pleine expansion sur le continent africain ces dernières années.[369] Qu'il s'agisse de la

---

[369]. Awenengo, Banegas, Biometrie , Awenengo Dalberto Séverine, Banégas Richard et Cutolo Armando, « Biometriser les identités ? Etat documentaire et

biométrie morphologique ou de la biométrie comportementale, l'intérêt pour la « biométrisation » des individus s'est répandu dans tous les secteurs de la vie sociale. Mais comment la biométrie s'est-elle imposée comme une technique d'identification des individus ? Il faut rappeler que, dès 2001, après les attentats du 11 septembre, l'Organisation de l'aviation civile internationale (OACI), en accord avec le gouvernement américain, pour des questions de sécurité, demande à tous les pays membres de se servir de la technique biométrique dans les dispositifs d'identification des populations, notamment en ce qui concerne les titres de voyage. C'est ainsi qu'elle s'est tournée vers le comité de l'organisation internationale de normalisation (ISO) et la commission électrotechnique internationale (IEC)[370] afin de définir son standard de la technique d'identification biométrique. Une rencontre fut organisée par ce comité à Orlando, aux États-Unis, en décembre 2002. Elle a réuni les principaux organes de normalisation technologique, dont l'association française de normalisation (AFNOR), le Deutsches *Institut für Norming* (DIN), le *British standards institute* (BSI), le *National institute for standards and technology* (NIST). C'est au cours de cette rencontre qu'un sous-comité spécifique de la biométrie, sous le nom de SC37, a été créé. Sa principale mission est la sécurité et la télétransmission des données d'identification biométrique.

Les mesures prises par les États-Unis après le 11 septembre 2001, à travers ce texte législatif appelé « Patriot Act »,[371] préconisant

---

citoyenneté au tournant biométrique », *Politique africaine* 2018/4, n°152, 5-29p. Voir aussi Nacer Lalam, Franck Nadaud., « La biométrie : un secteur rentable soutenu par la commande publique » in Piazza Pierre, Ayse Ceyhan, *L'identification biométrique, camps, acteurs, enjeux et controverses*, Paris, Maison des Sciences de l'Homme, 2011.

[370]. ISO, Organisation internationale de normalisation. Elle est composée de représentants d'organisations nationales de normalisations de 165 pays. Créée en 1947 elle a pour but de produire des normes internationales, dans les domaines industriels et commerciaux, appelées normes ISO. C'est juste une instance de réglementation et d'évaluations de la conformité. Son secrétariat central est situé à Genève, en Suisse. ISO/IEC quand elle est une norme internationale concernant la sécurité de l'information. Elle a été publiée par l'organisation internationale de normalisation (ISO) et la commission électrotechnique internationale (IEC).

[371]. Patriot Act., Loi pour unir et renforcer l'Amérique en fournissant les outils appropriés pour déceler et contrer le terrorisme. C'est une loi antiterroriste qui a été votée par le Congrès des États-Unis et signée par George W. Bush le 26 octobre 2001.

une sécurisation des documents d'identité sur la base des techniques d'identification biométrique pour tous ceux qui veulent entrer dans son territoire américain ont conduit les autres États à revoir leurs mécanismes nationaux d'identification des individus, pour lesquels les nouvelles technologies constituent les principaux moyens. Suite à cette décision américaine, plusieurs pays ont commencé à prendre en considération cette exigence du gouvernement américain et se sont intéressés de plus en plus à cette technique comme norme de mise en papier des identités. Dès 2004, le conseil européen sort une circulaire incitant les pays membres à adopter les techniques biométriques dans leurs systèmes nationaux d'identification des individus.[372] C'est aussi le cas de l'Inde, qu'analyse Ursula Rao dans ses travaux.[373] Le Nigeria, par exemple, a introduit pour la première fois la biométrie pour les cartes d'identité, en 2002.[374] D'autres pays sur le continent africain ont mis en place des dispositifs d'identification à travers les contrats signés avec les entreprises spécialisées dans le domaine. C'est le cas du Tchad qui a introduit la biométrie en 2002.

Le Tchad, en tant que pays membre de l'OACI, après avoir ratifié la convention relative à l'aviation civile internationale, dite convention de Chicago, en 1961,[375] et pour se conformer à la recommandation de cette institution, a introduit cette technique par un appel d'offres auquel quatre entreprises ont postulé. Le gouvernement tchadien a justifié sa décision d'introduire la biométrie par deux principales raisons : d'une part, la biométrie comme solution aux faiblesses de l'état civil, et d'autre part l'usage de la technique

---

[372]. Règlement (CE) n° 2252/2004 du Conseil du 13 décembre 2004, établissant des normes pour les éléments de sécurité et les éléments biométriques intégrés dans les passeports et les documents de voyage délivrés par les États membres, modifié par le règlement (CE) n° 444/2009 du 28 mai 2009.

[373]. Rao Ursula, «Biometric Bodies, or how to make fingerprinting work in India», Body and Society, published online 19 June 2018.

[374]. Breckenridge Keith, « Capitaliser sur les pauvres : les enjeux de l'adoption des services financiers biométriques au Nigeria », In Pierre Piazza, Ayse Ceyhan, *Identification biométrique. Champs, acteurs, enjeux et controverses,* Paris, Ed, Maison des sciences de l'Homme, 2011, p. 177-193.

[375]. Tchad : Situation du Tchad en ce qui concerne le droit aérien international, Archive du ministère de l'aviation civile et de la métrologie, consultée en juin 2016.

biométrique comme moyen de lutte contre les faux papiers d'identité. C'est à l'issue d'un appel d'offres que le groupe SEMLEX a obtenu le contrat d'identification et de délivrance des cartes nationales d'identité. Plus de quatre entreprises privées ont participé à cet appel d'offres.

Le groupe SEMLEX a mis tout son poids dans la négociation, en se servant de différents intermédiaires, à tel point qu'elle a été accusée d'avoir versé des commissions aux responsables politiques en vue d'obtenir ce contrat.[376]

> « SEMLEX propose de mettre en application les systèmes de biométrie pour divers documents et bases de données en République du Tchad. La technologie de SEMLEX est principalement basée sur la détection des gabarits et des points caractéristiques de l'empreinte digitale. SEMLEX utilise la technologie la plus avancée en association avec divers fournisseurs de logiciels et équipements. Elle utilise une technologie qu'elle a développée et intégrée en association avec d'autres compagnies telles qu'ORACLE pour les bases de données, MICROSOFT pour le système d'exploitation et SAGEM pour certains composants électroniques et d'identification biométrique. SEMLEX conçoit et développe l'application nationale de la carte d'identification biométrique. Son savoir-faire réside principalement dans les algorithmes, les logiciels et la gestion des flux ».[377]

C'est dans ce but que l'État tchadien a signé ce contrat appelé B.O.T (*build, operate et transfer*) avec une entreprise belge, la SEMLEX, dont l'objectif est de produire les cartes nationales

---

[376]. Ces informations ont été fournies lors d'un entretien avec un ancien responsable de la police technique et scientifique, qui fut chef de service à l'identification judiciaire. Il a été poursuivi par la direction de l'entreprise SEMLEX du Tchad pour avoir dénoncé le contrat de concession signé entre le gouvernement tchadien et le groupe SEMLEX. Nous l'avons rencontré plus de deux fois en entretien durant notre séjour de terrain à N'Djamena.

[377]. Contrat B. O.T, du côté de l'État tchadien, il est signé par le ministre de l'Administration du territoire et de la Sécurité publique, le ministre des Finances et le Président tchadien. Du côté du groupe SEMLEX, le contrat signé par le directeur général, « Albert Karaziwan, le 29 février 2002 à N'Djamena.

d'identité, les cartes de séjour et les cartes de commerçants avec un dispositif d'identification biométrique.

II. La « décharge » du service public d'identification

L'introduction de la biométrie à travers le processus de la contractualisation pose ici la question de la gestion des services publics. Cette nouvelle méthode de contractualisation des services publics semble prendre sa source dans le processus de la dénationalisation de l'économie qui, dans le contexte tchadien, est lié aux programmes d'ajustement structurel (P.A.S) imposés par les institutions de Breton Woods, dans les années 1980. Les conséquences de ces P.A.S ont été la privatisation des entreprises nationales, à l'exemple de la Société nationale de la sucrerie (SONASUT), et de la Coton-Tchad… Ce nouveau modèle de gestion de l'action publique, dont le principe est celui du partenariat public/privé, questionne ici les transformations de l'État dans le traitement des domaines souvent qualifiés de régaliens. C'est dans cette perspective que le concept wébérien de « décharge », qu'utilise Béatrice Hibou pour décrire ce phénomène, nous permet de comprendre les dynamiques par lesquelles le projet d'identification biométrique a été introduit au Tchad. Pour Béatrice Hibou, la thèse de la « privatisation de l'État » ne veut pas dire que nous assistons à la destruction de l'État, à sa remise en cause et à la perte de sa légitimité et de sa souveraineté, mais à la continuation de sa formation ou de sa reconfiguration dans un contexte de multiplication des contraintes, et aussi d'opportunités internationales.[378] Pour elle, le passage de la décharge se traduit par la modification des relations entre « public » et « privé », une modification entre « politique » et « économique », une modification des logiques d'extraction et de redistribution qui légitiment le politique […][379]

La sélection du groupe-SEMLEX, que nous avons présenté ci-dessus, pour le contrat B.O.T (Building, Operate and Transfer) a suscité de nombreuses polémiques, aussi bien du côté de l'opposition politique que du côté des membres des organisations de la société civile. Ils reprochent au gouvernement de ne pas respecter les règles et les

---

[378]. Hibou Béatrice, « La "décharge", nouvel interventionnisme », *Politique africaine*, n° 73, 1999.
[379]. Idem. p. 7.

procédures d'attribution pour ce contrat. Une autre critique est que le choix de cette entreprise belge serait lié à l'influence de certains responsables en charge de l'appel d'offres, qui auraient bénéficié de faveurs et d'avantages de la part du directeur du groupe SEMLEX. Pour eux, le contrat serait même entaché d'irrégularités et certains responsables de l'administration publique auraient reçu des commissions sous forme de dons de la part de l'entreprise qui a obtenu le contrat.[380]

Dès la signature de ce contrat, le gouvernement tchadien s'est félicité d'avoir réussi la mise en place d'une technologie biométrique qui pourrait lui permettre non seulement de lutter contre l'usage des faux papiers d'identité, mais de constituer une base de données fiable dans le cadre du recensement électoral. Quant à la SEMLEX, elle a mobilisé tous les moyens afin de montrer la crédibilité de son projet au gouvernement, notamment par la nature de son contrat B.O.T et sa technique basée sur ce qu'elle appelle le « *biometric network system* » (B.N.S). Notons que la nature même du contrat B.O.T donne à l'entreprise le monopole dans le financement du projet. Elle fonde sa légitimité sur ce contrat B.O.T dont l'État n'a qu'une petite marge de contrôle. Le processus de ce partenariat entre l'État tchadien et la SEMLEX passe à travers des mécanismes de « contrôle *ex post* »,[381] qui ne permettent pas aux agents de l'État d'avoir un regard régulier sur les activités d'identification et de délivrance des cartes nationales d'identité.

Pour le juriste, Roger Tafotie, dans le cadre du contrat B.O.T, l'État sélectionne une entreprise pour la conception, le financement et la construction d'une infrastructure, et accorde à cette entreprise le droit de l'exploiter commercialement durant une période déterminée. À l'expiration de ce délai, l'infrastructure sera alors transférée à l'État. Ce contrat B.O.T repose principalement sur un modèle où l'entreprise accepte de financer le projet en se basant uniquement sur sa rentabilité. En pratique, le remboursement du prêt dépend principalement du *cash-*

---

[380]. Entretien, septembre 2016. Selon un ancien agent du service d'identification, les responsables du ministère de l'intérieur et de la police ont obtenu un séjour de deux semaines à Bruxelles. En principe, le groupe n'avait pas rempli les conditions pour obtenir ce contrat.

[381]. Tarfotie Rogers, Op. cit. p36.

flow (liquidité) généré par le projet lui-même, de sorte que la capacité du projet à générer des revenus servira au remboursement du prêt.[382] Pour un contrat de cette nature, la SEMLEX savait déjà qu'elle partait gagnante en dépit de tous les moyens qu'elle a investis dans le cadre de ce projet. Les revenus générés à travers la production des cartes nationales d'identité permettaient à la SEMLEX de recouvrer son investissement.

Les frais de délivrance de chaque carte nationale d'identité étaient de 4 000 FCFA, estimé à 7,50 euros. Selon Gilbert, un des anciens responsables du centre d'identification judiciaire (aujourd'hui service de l'identité civile), de 2002 à 2010, la capacité de production du centre d'identification était de 1500 cartes par jour pour le centre d'identification de N'Djamena, et de 600 cartes d'identité pour les dix autres centres des provinces.

Sur la base de ces chiffres, on peut estimer que la production des cartes nationales d'identité peut générer un revenu journalier de 8 400 000 FCFA,[383] environ 14 840, 989 euros. Et si on le rapporte aux dix années de la SEMLEX au Tchad, cela constitue une activité fructueuse pour cette entreprise, sans compter le contrat de la délivrance des cartes de résidents et des cartes de commerçants.

L'État, pour sa part, a mis des bureaux et quelques agents de la police technique et scientifique à la disposition de l'entreprise, ce qui permettait à l'entreprise de faire l'économie des moyens qu'elle pouvait investir dans la location d'un local. Le contrat B.O.T est un outil important dans la transformation des relations entre le public et le privé, dont le registre du « ventre »[384] est devenu au fil du temps un mode de l'exercice du pouvoir de la part des élites politiques et entrepreneuriales.

---

[382]. Tarfotie Roger « Redécouvrir la technique du Built, Operate and Transfer (BOT) pour une réalisation optimale des projets publics et privés en Afrique », *Revue ERSUMA : Droit des affaires, pratiques professionnelles, n° 3,2014*

[383]. Extrait d'un entretien avec Gilbert, ancien coordonnateur du service de l'identité civile. Il est aujourd'hui colonel à la sous-direction de la police technique et scientifique, N'Djamena, décembre 2015.

[384]. Bayart Jean-François, *L'État en Afrique. La politique du ventre*, Paris, Fayard, 1989.

Il est important de rappeler que SEMLEX est une entreprise qui domine depuis une vingtaine d'années le marché de la biométrie en Afrique.

Fondée dans les années 1990 par Albert Karaziwan, entrepreneur belge, d'origine arménienne, elle s'est implantée dans une dizaine de pays sur le continent, avec des contrats qui concernent le passeport, l'état civil, l'identification militaire, la carte nationale d'identité. Albert Karaziwan est souvent présenté comme celui « qui trinque » avec les responsables politiques sur le continent africain. Son nom est cité dans plusieurs affaires liées au marché du passeport et de la carte d'identité sur le continent, notamment aux îles des Comores et en République démocratique du Congo. Certains médias disent même qu'il s'est fait offrir un passeport diplomatique par le président de la République des Comores.[385]

Dans sa parution du 26 décembre 2017, le journal français *Mediapart* titre son article, « Albert Karaziwan, l'homme qui a acheté l'Afrique »,[386] pour faire référence au monopole du marché des papiers d'identité du groupe SEMLEX avec les pays africains. Ce qui est intéressant dans cet article et qui semble pertinent ici, ce sont les différentes connexions dont le directeur de cette entreprise dispose avec certains responsables politiques belges et africains, et qu'il n'hésite pas à mobiliser dans le cadre de sa conquête du marché de l'identification biométrique sur le continent africain. Le journal belge *Médor* a décrypté dans son article paru le 23 décembre 2017[387] les différentes connexions du directeur de cette entreprise avec certains élus qui jouent le rôle d'intermédiaires entre les dirigeants africains et le groupe SEMELX. À partir de ce constat, on peut saisir les liens et les pratiques clientélistes du groupe SEMLEX avec les responsables politiques dans les pays où cette entreprise investit. C'est le cas de la République démocratique du Congo ou encore du Tchad avec un membre proche

---

[385]. Lewis David et Philippe Engels, « Qui peut gagner de millions en vendant des passeports en Afrique », Agence Reuters, 10 janvier 2018. Un dossier spécial sur le passeport comorien, « Affaire Semlex : le gouvernement annule le passeport diplomatique d'Albert Karaziwan », Journal *Al-Watwan*, 18 janvier 2018.

[386]. Mediapart, « Albert Karaziwan, l'homme qui a acheté l'Afrique », le 26 décembre 2017.

[387]. Entretien, septembre 2016.

du pouvoir, qui aurait travaillé comme consultant de la SEMLEX afin de mener ses affaires en Belgique.[388] Ce processus d'intermédiation passe souvent par le cercle restreint des autorités politiques et administratives des pays où la SEMLEX investit dans le domaine de l'identification des individus. La SEMLEX quant à elle utilise ses différents réseaux avec certains responsables politiques en Belgique, en l'occurrence avec un homme politique belge, afin d'aider ses intermédiaires en Afrique.

Le développement de la biométrie en Afrique participe bien de ces pratiques d'accaparement des ressources, qui ne sont pas seulement le fait des élites nationales, mais le produit des interdépendances entre les élites nationales et internationales. Le plus souvent, ces entreprises mettent à profit les différentes connexions qu'elles ont tissées avec les hommes politiques afin de pouvoir négocier des contrats de concession. Ces contrats finissent parfois par être remis en cause au profit d'une autre entreprise qui propose des avantages plus importants. C'est l'exemple du contrat de concession de l'État tchadien avec la SEMLEX qui a fini par une mise en demeure pour laquelle l'entreprise réclame une somme de 25 millions d'euros au gouvernement tchadien après la résiliation du contrat.[389] L'État a été obligé de régler cette affaire compte tenu de l'ampleur diplomatique, ainsi qu'en raison de la pression exercée par le conseil des avocats de la SEMLEX, qui a saisi le ministère des Affaires étrangères belge et la direction de la coopération de la Commission européenne[390].

II.1. Les papiers d'identité et la « sogectisation » du service public

Nous avons forgé le néologisme de « sogectisation » en vue d'expliquer le contexte dans lequel l'État tchadien concède depuis plusieurs années les différents services publics, y compris ceux de l'identification des individus, à l'entreprise SOGECT, qui domine depuis plus de dix ans des secteurs comme celui du passeport, de la carte nationale d'identité, des cartes grises, des cartes de commerçants

---

[388]. « Destexhe au service d'un affairiste », publié par Philippe Engels du journal d'enquête Belge *Médor*, le 23/12/2017.

[389]. Correspondance envoyée par le groupement de cabinets d'avocats, conseil du groupe SEMLEX Europe à l'ambassadeur du Tchad en Belgique, le 4 juillet 2011.

[390] . Sois-transmis de la mise en demeure de l'État tchadien.

et des cartes de résidents. La société de commerce général de construction et de transport (SOGECT) est une entreprise créée en 2003 par entrepreneur Tchadien. Elle s'est spécialisée principalement, à ses débuts, dans les activités de construction et des travaux publics. La SOGECT est fondée en 2003, au moment où le Tchad entrait pour la première fois dans le cercle restreint des pays producteurs de pétrole. Grâce aux retombées financières du pétrole, l'État avait une ambition pour ce que les acteurs du pouvoir appellent « les grands projets présidentiels » à savoir la construction de routes, de bâtiments publics, des projets agricoles… Le marché était florissant à cette période, mais souvent dominé par quelques entreprises de travaux publics, SOGEA SATOM VINCI, SNER, ARABE CONTRACTOR… Des budgets importants ont été prévus dans le cadre de ces « grands projets présidentiels ». Pour profiter des ressources du pétrole, la SOGECT a été fondée afin de saisir l'opportunité de ce marché. Dans cette logique d'accaparement des ressources du pétrole, la SOGECT a profité de cette occasion pour obtenir plusieurs contrats de construction, à l'exemple du siège actuel de la caisse nationale de prévoyance sociale, de l'agence nationale de régulation des télécommunications et d'autres contrats de constructions d'édifices publics.

Les organisations de la société civile, à l'exemple de la plateforme « Trop c'est trop », affirment que c'est la proximité du directeur de l'entreprise avec le pouvoir qui a joué un rôle important et a permis à l'entreprise de bénéficier de plusieurs contrats dans plusieurs secteurs à la fois. Pour les membres de cette plateforme, l'entreprise a connu une grande croissance à travers les marchés publics dont elle a su profiter grâce à cette proximité avec le pouvoir. Il faut noter que ce genre de pratiques n'est pas nouveau au Tchad, car les acteurs privés usent toujours de leurs relations d'affinités avec les hommes politiques afin de bénéficier des différents services publics. Cette connexion entre le service public et le pouvoir n'est pas en soi un cas nouveau, mais cela permet de comprendre les logiques et les modalités de l'exercice de pouvoir, qui sont intimement liées à des systèmes d'accaparement des ressources décrites par certaines recherches devenues classiques en Afrique. Les travaux de Jean-François Bayart, Béatrice Hibou ou de Jean-François Médard nous éclairent encore plus sur l'imbrication de ces différents réseaux dans les sphères publiques en Afrique. C'est dans ce même ordre que le contrat de concession du service d'identification biométrique a été résilié avec la SEMLEX et confié à la SOGECT qui en principe n'avait aucune expertise dans le domaine de la biométrie à cette époque.

L'arrivée de la SOGECT sur le marché de la biométrie d'identification commence en 2011 avec ce contrat de concession que l'entreprise a signé avec l'État pour l'établissement des cartes grises. C'est à partir de ce contrat que la SOGECT a commencé à s'intéresser au contrat de la carte nationale d'identité et du passeport pendant que le contrat de la SMELEX était encore en cours. Il faut aussi noter que la SOGECT a profité de la tension qui existait entre le gouvernement tchadien et la société SEMELEX, notamment concernant le cas du vol des machines et de l'imprimante dans les services d'identification du commissariat central. Les rumeurs commencent à se répandre dans le milieu policier du service d'identification selon lesquelles un particulier serait en train de produire des cartes nationales d'identité dans les quartiers de N'Djamena. Suite à cet événement, l'État tchadien a décidé de résilier le contrat de concession qui le liait à la société SEMLEX, accusant la direction de cette entreprise d'avoir voulu fournir des cartes d'identité à des étrangers. C'est ainsi que le ministère de l'Intérieur et celui des Finances ont décidé de résilier le contrat avec la SEMLEX, et en même temps ont choisi la SOGECT pour poursuivre l'exécution du contrat de production des cartes nationales d'identité. Les agents du service de l'identité civile ont été informés par une note de service que ce serait désormais une autre entreprise qui se chargerait de l'identification et de la délivrance des cartes d'identité. Avant que le contrat ne soit signé, la SOGECT a commencé la production des cartes nationales d'identité. Pendant quatre ans, l'État a concédé le projet de l'identification et de la délivrance des cartes d'identité et du passeport, avant qu'il ne soit confié à la sous-direction de la police scientifique. Et c'est en 2014 que le contrat a été résilié sous pression du mouvement des organisations de la société civile, dénonçant une mauvaise gestion du service d'identification civile.

Pour mettre fin à ce contrat, la direction de la SOGECT a demandé des dommages et intérêts estimés à plus de trente-trois milliards de francs CFA[391]. Dans un document appelé « Offre de règlement amiable » transmis au ministre de l'Administration du

---

[391]. N/REF : 60/SOGECT-TD/AK/014 : Offre de règlement amiable, novembre 2014.

territoire et de la Sécurité publique, la SOGECT-Tchad évalue sa recette mensuelle au titre de la carte nationale d'identité et de la carte de séjour à plus de deux cents millions de CFA. Sur ce montant, elle doit plus de soixante-huit millions au trésor public. Nous nous sommes rendus au ministère des Finances afin d'obtenir des informations qui pourraient confirmer ou infirmer ces données, mais les agents de ces ministères ont refusé de communiquer sur cette question. Les conditions de prestations du service ont commencé à se dégrader notamment par la suppression des centres secondaires suite aux pannes récurrentes des appareils d'identification. C'est ainsi que les organisations de la société civile se sont mobilisées pour dénoncer ces pratiques.

III. Le recensement électoral biométrique

La biométrie électorale est aujourd'hui de plus en plus utilisée sur le continent africain. Les critiques auxquelles les administrations en charge de l'organisation des élections (les commissions nationales indépendantes) font face produisent un climat de méfiance. Sa diffusion est également l'œuvre des acteurs internationaux, notamment des entreprises privées. Selon les rapports des instances d'assistance et d'observation électorale en Afrique,[392] les processus électoraux éprouvent de sérieux problèmes quant à l'enregistrement des électeurs et la constitution des listes électorales, et ce, en dépit des progrès notables réalisés par certains pays depuis l'ouverture de l'espace politique au début des années 1990. Ces difficultés sont liées notamment à l'absence ou à une mauvaise tenue du registre d'état civil, qui rend difficile l'élaboration de listes électorales reflétant l'ensemble de la population en âge de voter. En effet, dans bien des cas, la base sur laquelle sont établies les listes électorales est incertaine. L'usage de la biométrie est apparu, dans certains contextes, comme une solution pour la constitution des listes électorales fiables, élément important pour résoudre des crises politiques souvent nées avant ou après les processus électoraux.

En 2012, l'OIF a organisé une conférence sur le processus électoral à Bamako, au Mali. Pendant cette conférence, il a été principalement question de trouver des voies et des moyens pouvant

---

[392]. Toulou Lucien et Soukolgue Baidessou, *Comprendre l'organisation des élections au Tchad*, Rapport EISA, 2012.

éviter les crises électorales. Un rapport sur l'état des pratiques de la démocratie, des droits et des libertés dans l'espace francophone a été publié par cette institution en 2012. Dans ce rapport, le principal constat fait est le suivant : « Les missions d'observation électorale organisées par l'OIF montrent que la plupart des pays, notamment ceux d'Afrique, éprouvent encore de sérieuses difficultés pour identifier et enregistrer les électeurs en vue de la constitution des listes électorales fiables. Les constats relevés au cours de ces vingt dernières années montrent que ces difficultés sont principalement liées à l'absence ou à une mauvaise tenue du registre d'état civil qui empêchent l'élaboration d'une liste électorale reflétant l'ensemble de la population ».[393]

Dans le cas du Tchad, la biométrie a été construite comme une « solution » dans une situation elle-même perçue comme une « crise »[394]. En 2007, afin d'apaiser les tensions et de faire revenir les partis politiques de l'opposition dans le jeu électoral, le gouvernement a engagé un dialogue politique qui a abouti au terme de plusieurs mois de négociations à la signature d'un accord appelé « Accord politique en vue du renforcement du processus démocratique au Tchad », communément appelé « l'accord du 13 août 2007 ». Dans le document du rapport final de cet accord politique, il est mentionné que « le recensement électoral se fera selon les normes les plus modernes, avec la délivrance de cartes d'électeur comportant des données biométriques ».[395] L'identification biométrique constitue une des mesures phares de cet accord politique. Elle est le résultat d'intenses débats entre l'opposition politique et la majorité présidentielle, au cours des discussions qui ont permis la signature finale de l'accord avec la facilitation de l'Union européenne en tant que représentante des institutions internationales accréditées auprès de la République du Tchad. Il a été décidé, par la suite, la création d'un comité de suivi de l'accord dont le mandat a pris fin en 2013. Le gouvernement a mis en place une autre structure, dénommée Cadre national du Dialogue politique, reprenant les mêmes actions du comité de suivi. Le CNDP est

---

[393]. Rapport de l'organisation internationale de la francophonie, Mali, 2012.
[394]. Debos Marielle, « La biométrie électorale au Tchad : controverse techno-politique et imaginaires de la modernité » *Politique africaine,* n° 152, 2018/4, p. 101-120.
[395]. Rapport final de l'accord politique de 2007, N'Djamena, 2007, p.5

mis en place sur l'initiative du Président de la République, et ses missions et sa composition ne sont pas bien définies. Mais dans le protocole d'accord, il est noté que le cadre du dialogue politique a pour mission d'appuyer la commission électorale nationale indépendante dans ses tâches. Une Commission électorale nationale indépendante (CENI) est donc créée, avec une composition paritaire, et son rôle consiste à procéder au recensement électoral, à l'organisation et à la supervision des élections. La CENI est assistée d'une structure technique stable, Bureau permanent des Élections (BPE). Comme le montre Marielle Debos, il y a eu un large consensus (construit autant par des acteurs locaux qu'internationaux) sur la nécessité de la biométrie : celle-ci a été présentée comme une technologie de la modernité démocratique permettant de mettre à distance les erreurs humaines[396].

Ce consensus sur la nécessité et les bienfaits de la biométrie s'est cependant accompagné d'une controverse houleuse sur les « bons » et les « mauvais » usages de la biométrie. La technologie a ainsi été repolitisée et a pris une place centrale dans les débats de la période pré-électorale, électorale ainsi qu'au moment de la proclamation de la réélection d'Idriss Déby.

Selon les arguments des responsables des partis politiques, oppositions et partis au pouvoir, le choix de la biométrie s'explique par deux raisons principales : la première raison est liée à la faiblesse des administrations publiques en charge de l'organisation des élections. Ces administrations font en outre l'objet de méfiance de la part de ces mêmes acteurs politiques.

La deuxième raison se justifie par le faible niveau du système d'état civil. La mauvaise tenue du registre d'état civil qui rend difficile l'élaboration de listes électorales. En effet, dans bien des cas, la base sur laquelle sont établies les listes électorales est incertaine, ce qui fait que le gouvernement attend le plus souvent l'approche des élections pour distribuer des extraits d'acte de naissance à la population, afin qu'elle s'inscrive sur la liste électorale. Le gouvernement tchadien a profité de l'élection présidentielle de 2016 pour distribuer les registres d'acte de naissance à travers le pays. Le ministère de l'Administration

---

[396] Debos Marielle, « La biométrie électorale au Tchad… », op. cit.

a mis en place une équipe de sensibilisation dans toutes les régions du Tchad.

« Pas d'élection sans biométrie »,[397] tel est le message qui a été lancé par la plus grande centrale syndicale, Union des Syndicats du Tchad (UST), pour commémorer la fête du Travail de mai 2015. En lisant ce message, un ensemble de questions vient à l'esprit quand on essaie de comprendre les différents débats liés à la signature de l'accord politique de 2007, qui a posé la question du recensement électoral biométrique. Quand on discute avec les leaders de la vie politique au Tchad, tous affirment que la biométrie serait une condition essentielle pour rétablir la confiance entre les acteurs politiques, même si certains sont toujours réservés quant à l'apport de la biométrie dans le processus électoral. Cette méfiance a été confirmée dès le début du processus de recensement lancé en septembre 2015. Nous avons pu observer pendant une semaine le recensement dans un quartier sud de N'Djamena.

Le centre que nous avons observé est installé chez un chef de quartier qui a cédé une de ses chambres pour l'installation des matériels informatiques d'identification. Deux files d'attente étaient organisées, les femmes et les hommes, séparément.

Les bureaux des trois centres que nous avons visités sont dotés de deux valises contenant un ordinateur portable de marque HP, une imprimante HP, un scanneur de la même marque, une caméra photo, un petit appareil de saisies d'empreintes connecté à l'imprimante, et les papiers d'impression des récépissés. Dans chaque bureau, trois agents de recensement travaillent, à savoir deux opérateurs (recenseurs) et un agent d'accueil. Sur ces trois bureaux, il y a quatre femmes.

Les deux agents sont chargés d'enrôler les électeurs, alors que l'agent d'accueil a pour charge de collecter et vérifier la conformité des documents d'identité avant de les remettre aux agents pour le recensement. Les papiers d'identité recommandés sont la carte d'identité, le passeport, l'extrait d'acte de naissance, un permis de conduire ou une carte professionnelle. Ceux qui ne peuvent pas fournir

---

[397]. Carnet de terrain, message de l'Union des syndicats du Tchad (UST) pour la fête du 1er mai 2015 (banderole affichée devant la radio nationale tchadienne), N'Djamena, mai 2015.

un de ces documents doivent être appuyés par des témoignages d'un de leurs proches, ou du chef de quartier.

Figure 9 : Capture des empreintes digitales

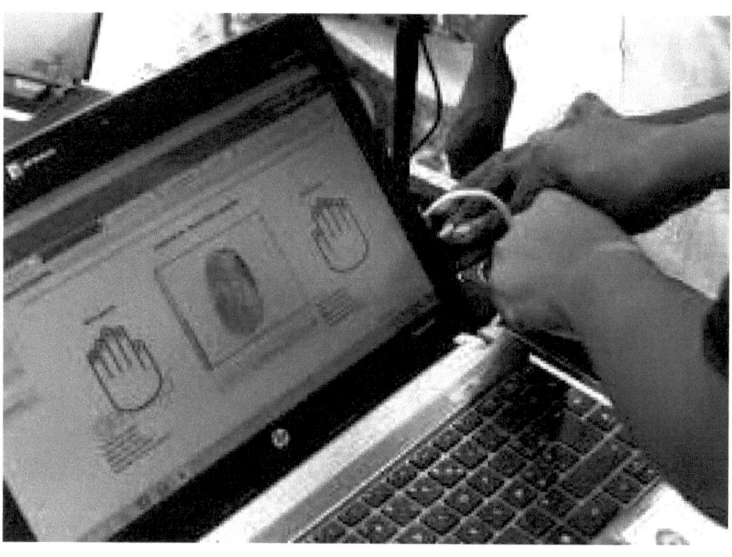

Source: Blog d'Eric Topona[398]

Nous observons sur l'écran de la machine des fenêtres ouvertes en fonction des données enregistrées : « oper 1 », « oper 2 », « oper 3 » jusqu'à « oper 5 », c'est-à-dire opérateur, celui qui recense les électeurs. L'agent recenseur ouvre la machine en cliquant sur l'opérateur 1, une page s'ouvre avec un identifiant et un mot de passe. L'opérateur introduit les données et une autre page s'ouvre avec la connexion au scanner, à l'ordinateur portable et à l'imprimante.

Dès que le scanner est connecté à l'ordinateur, l'agent commence à scanner le document d'identité avant d'introduire le nom, prénom, âge, sexe, lieu de résidence, département de naissance, et

---

[398]. Topona Eric, « La RPR dénonce les irrégularités du recensement électoral biométrique au Tchad », 28 octobre 2015, Blog, moutopona.over-blog.com.

numéro du centre de recensement. Après l'introduction de ces informations, la dernière page s'ouvre pour la prise de photo d'identité et les empreintes digitales. Pour ces trois bureaux que nous avons observés, le fond de la photo est parfois sombre et il est impossible de prendre les empreintes de certaines personnes, notamment de celles qui ont des taches sur les doigts. Si de tels cas arrivent, il y a un mécanisme qui permet de considérer les doigts comme bandés ou abîmés : on prend les empreintes sur trois doigts pour chaque main : le pouce, le majeur et l'index. A la fin de la prise de photo et des empreintes, l'agent imprime le récépissé et le donne à la personne identifiée. Avant de donner le récépissé, l'agent vérifie la conformité des données enregistrées. Lorsqu'il remarque des erreurs de saisie, il annule l'enregistrement pour reprendre au début. Le seul problème est qu'il risque de créer des doublons, c'est-à-dire qu'une personne peut être enregistrée deux fois. Selon les agents recenseurs, les doublons sont supprimés par les informaticiens de Morpho, l'entreprise française en charge du processus de recensement biométrique, à la fin de l'opération, avant d'envoyer la liste provisoire à la commission électorale nationale indépendante (CENI), organe en charge de l'organisation des élections.

IV. Enjeux sécuritaires et protection des données personnelles

La diffusion rapide des applications de cette technique d'identification sur le continent, et au Tchad en particulier, est motivée en partie par la sécurisation des frontières nationales et transnationales. Ces outils d'identification ne sont pas seulement de simples outils de gestion d'identités politiquement neutres. Selon Xavier Guchet, le développement du savoir sur les populations prend la forme du savoir administratif sur la population impliquant des techniques de repérage et de classement (la mise en fiche des individus, etc.)[399] Selon lui, il est tentant de supposer que les techniques biométriques actuelles s'inscrivent dans la logique de ce biopouvoir s'exerçant sur nous et qui, par le recours aux moyens d'intervention, perfectionne ces mécanismes.[400]

Le recours à la biométrie comme technique d'identification des individus pose ici la problématique de la gestion de vie des gens à partir

---

[399]. Guchet Xavier, op. cit , p. 164.
[400]. Ibid. p. 162.

de l'usage des éléments du corps, de sa conservation et de son contrôle à distance. Comment peut-on imaginer la manière par laquelle l'homme devient un enjeu central dans le processus de la démocratisation de la gestion des inquiétudes et celle des institutions ? L'omniprésence de la biométrie dans les espaces politiques au Tchad pose aussi, dans une certaine mesure, la question de la gouvernance politique à partir des éléments du corps biologique. Les infrastructures informatiques traitent les données personnelles qui reposent sur le corps, notamment les documents et les protocoles d'identification qui jouent le rôle de médiateurs. L'individu identifié par des moyens biométriques peut désormais devenir au regard des agents de l'État une preuve d'objectivité d'une identité certifiée et authentifiée, car l'individu est seul à porter son identité « biométrisée ».

Tous les acteurs politiques et de la sécurité admettent que le Tchad ne disposant pas d'un état civil fiable, l'usage de la technique biométrique est nécessaire dans le cadre de la politique de sécurisation des papiers d'identité. Les autorités politiques avancent même l'idée que l'usage de la biométrie sera généralisé dans le dispositif d'enregistrement d'état civil. Les responsables de l'agence nationale des titres sécurisés, une structure mise en place en 2016, affirment avec fierté que, grâce à la technologie biométrique, le Tchad aura une base de données stable et fiable qui lui servira dans le cadre de ses projets de développement.

Le directeur des affaires politiques et de l'état civil du ministère de l'Administration du territoire a déjà, lors d'un entretien réalisé en 2016 et 2017, souvent fait le lien entre l'état de faiblesse du dispositif actuel d'identification et le problème de l'insécurité, notamment la menace terroriste qui plane sur le territoire tchadien. Pour lui, la biométrie constitue aujourd'hui une des techniques fiables d'identification dans la lutte contre le terrorisme. Le gouvernement étudie l'option pour le passeport qui, jusqu'aujourd'hui, n'a pas été biométrique. Il est simplement informatisé avec une technologie qui serait beaucoup plus avancée, selon le responsable du service technique du centre d'identification de N'Djamena. Suite à la décision du gouvernement américain de placer le Tchad parmi les pays dont les citoyens ne peuvent pas entrer dans le territoire des USA, à cause du manque de fiabilité de leurs documents de voyage, le gouvernement tchadien prévoit depuis quelque temps de réformer sa politique d'identification des individus, notamment le cas du passeport, avec les procédés de la technique biométrique afin de répondre aux exigences du gouvernement américain et de maîtriser les fraudes qui se généralisent dans les administrations publiques.

Nous savons que l'usage de la biométrie suscite de nombreux débats dans les pays occidentaux, mais en Afrique, ce débat est formulé différemment. Depuis les premières expériences en matière de biométrie dans certains pays comme le Nigeria ou le Ghana, il est difficile d'entendre une voix contraire à l'utilisation de cette technique. Même auprès des organisations de la société civile, on n'entend pas une voix discordante.

S'agissant du Tchad, les premières expériences en matière de biométrie, le contrat B.O.T de la SEMLEX et le recensement électoral de 2015, où il est fait mention de la biométrie dans le document final de signature, aucune association de la société civile n'a pris le courage de critiquer l'usage de cette technologie qui pose tant de questions dans le domaine des libertés et de la vie privée.

En France l'introduction de la biométrie dans les documents d'identité a soulevé beaucoup de contestations de la part des associations de défense des libertés individuelles. Dans un article publié dans un ouvrage collectif, Pierre Piazza décrit les différentes mobilisations des associations de défense des droits de l'Homme contre l'usage de la biométrie dans les documents d'identités. Grâce à ces mobilisations, le projet Identité nationale électronique sécurisée (INES) a été abandonné en 2005 par le gouvernement français.[401] Les Britanniques ont aussi, dans leur majorité, contesté le projet de Tony Blair d'introduire la carte d'identité biométrique, en 2005 et 2009.[402]

---

[401]. Piazza Pierre, « Les résistances au projet INES », *Culture et Conflits* [en ligne], n° 64 hiver 2006, mis en le 2 avril 2007. Clément Lacouette-Fougere, « Le projet INES aboutira-t-il ? La carte nationale d'identité électronique en France : une solution à la recherche de problèmes » in Ayse Ceyhan et Pierre Piazza, (dir), *L'identification biométrique, op. cit.*

[402]. Mattiolo Marie-Annick, « L'introduction de la carte d'identité en Grande-Bretagne par le New Labour », *Observatoire de la société britannique* [en ligne] n° 5,2008. Laurent Laniel et Pierre Piazza, « L'encartement, réponse au terrorisme (France et Grande-Bretagne », in Xavier Crettiez et Pierre Piazza, (dir), Du *papier à la biométrie, op. cit.*

La principale question qui se pose quand on est face au problème de la technique biométrique est celle de la protection des données issues de la collecte des éléments du corps. L'usage de la biométrie pose souvent la question de la protection des données personnelles. Ces données collectées sont-elles conservées dans des lieux sûrs afin qu'elles ne soient pas utilisées à d'autres fins ? L'usage de ces données pose aussi la question du respect de la vie privée, qui n'a jamais été posée ni par les autorités politiques ni par les organisations de défense des droits humains. La loi sur le terrorisme votée par l'Assemblée nationale, en juin 2015, et qui considère l'identification biométrique comme un outil important de lutte contre l'usage des faux papiers d'identité, n'a, dans aucun de ses articles, souligné la question des libertés et de la vie privée des personnes. Il faut aussi relever que les parlementaires et les associations de la société civile ne sont pas dans la plupart des cas sensibilisés sur le sujet, ni sur les enjeux de cette technique d'identification, qui va à l'encontre du fondement de la vie privée des populations. Nous avons interrogé les membres d'associations de défense des droits humains sur le sujet, mais tous nous indiquent que la question est toujours posée en termes sécuritaires, et qu'il est difficile de faire entendre une voix contraire à ce sujet. L'angle sécuritaire domine le plus souvent et la protection de la vie privée n'a toujours pas fait l'objet de débats, ce qui ne leur permet pas de se prononcer sur le sujet. Le manque d'informations et de textes juridiques ne permet pas aux associations de dénoncer ce projet de biométrisation de la vie sociale.

Les informations personnelles de la carte d'identité actuelle sont contenues dans un code-barres 2D alphanumérique.[403] Ce changement pourrait générer d'autres frais de délivrance, qui seraient à la charge des usagers. C'est ainsi que la coalition « Trop c'est trop » a sorti un communiqué de presse pour dénoncer ces frais que le ministère des Finances a préconisé dans la Loi de Finances de 2017.[404] « Trop c'est

---

[403]. Un code barre 2D alphanumérique est la représentation d'une donnée numérique sous forme d'un symbole constitué de barres et d'espaces dont l'épaisseur varie en fonction des signes et des données codées. Les barres sont destinées à une lecture automatisée par un capteur électronique. On peut le constater sur les passeports, les cartes d'identité et certains documents d'identité.

[404]. Coalition « Trop trop », Intervention relative à la résiliation du contrat de concession, concernant la confection des documents biométriques de transport et

trop » est une coalition des organisations de la société civile. Son principal but est la défense des droits humains.

La contestation a pris de l'ampleur en dénonçant les frais de délivrance et non la question du respect de la vie privée qui est liée à l'usage de cette technologie biométrique. Plusieurs médias ont dénoncé cette décision unilatérale d'obliger les Tchadiens à changer leurs documents d'identité. Pour le gouvernement, la raison qui justifie ce changement est la menace terroriste.

Selon le ministre de l'Intérieur, les personnes de nationalité étrangère essaieraient d'usurper les titres d'identité afin de commettre des actes d'assassinat sur le territoire tchadien.

Il met en avant l'attentat qui a été perpétré le 15 juin 2015 par des « terroristes » de nationalité nigériane, mais détenant des documents d'identité du Tchad. Les mobilisations se sont organisées principalement autour des questions liées aux frais à la charge des demandeurs de papiers d'identité.

---

des passeports ainsi que des cartes d'identité, signé entre l'État tchadien et la SOGECT-TCHAD, Conférencier Mahamat-Nour Ibedou, Secrétaire Général de la Convention Tchadienne pour la Défense des Droits Humains (C.T.D.D.H), 2e Rapporteur du Bureau de la Coalition « Trop c'est trop ! », N'Djamena, le 13 décembre 2014.

Figure 10 : Les tracts de mobilisation des associations de la société civile contre le projet de réforme des papiers d'identité.

Source : Archive de la coalition « Trop c'est trop », janvier 2017

La question de la protection des données des personnes semble aussi importante dans un contexte où la technologie biométrique prend de plus en plus de place dans le dispositif de mise en papiers des identités au Tchad.

IV.1. Le discours de légitimation de la technique biométrique comme solution aux défaillances de l'état civil

Pendant l'inauguration du centre d'identification biométrique de N'Djamena, le directeur général du groupe SEMLEX affirme :

> « La biométrie peut permettre à l'État tchadien d'avoir un état civil fiable afin de faciliter le recensement général de la population et de lutter contre les usurpations des titres d'identité ».[405]

---

[405]. Directeur général du groupe SMLEX Europe, http://www.semlex.com/.

Il soulève des questions importantes en ce qui concerne l'état civil, qui reste un sujet majeur au Tchad. Comment peut-on penser résoudre le problème de l'état civil par l'encartement biométrique des individus plutôt que le renforcement du dispositif d'enregistrement des naissances ? Il est difficile de répondre à ces différentes questions, mais nous posons l'hypothèse que la question de l'introduction de la biométrie semble répondre à d'autres logiques que celles de l'état civil. Car dix-huit ans après l'introduction de la biométrie, le système d'état civil reste dans les mêmes conditions, avec de faibles taux de déclaration de naissances, de mariages et de décès. Les autorités en charge de la production de la carte d'identité, notamment les services de la police scientifique, ont essayé de mettre en place des mesures de réforme des techniques de production et de délivrance en changeant les imprimeries et les matières d'impression. Pour Ahmat, ancien responsable du centre d'identification biométrique, la police nationale a toujours fait face à l'usage des faux papiers, qui sont parfois délivrés par les centres d'identification. Mais, souvent c'est pendant les contrôles d'identité que les agents de sécurité se rendent compte que ce papier d'identité est un faux. Pour lutter contre ces faux et « vrais-faux » papiers d'identité, le gouvernement a lancé un appel d'offres en 2001 afin de choisir une entreprise pouvant mettre en place une technologie d'identification des individus. C'est ainsi que le projet de la biométrie a été lancé.

Conclusion

L'analyse de la biométrisation des identités permet de saisir les différentes dynamiques ayant conduit à la mise en place du projet de la carte nationale d'identité. La place qu'occupent les technologies de l'identification n'est plus à démontrer, eu égard à la montée en puissance des entreprises privées qui investissent dans ce secteur sur le continent africain. Ces *high-tech* de l'identification bouleversent les codes et les pratiques de certification et d'authentification des identités. Les cicatrices, les langues et les papiers cohabitent avec la biométrie et la digitalisation. La biométrie n'est pas seulement un outil d'identification. Elle doit aussi être analysée comme en lien avec les pratiques de patrimonialisation des ressources de l'État. Chaque acteur, responsable politique, agent de la police, fonctionnaire du ministère, entrepreneur privé, trouve grâce à la biométrie des identités de nouvelles stratégies d'accumulation, légales ou illégales. Notre prochain chapitre analyse la question de l'identification des retournés de la Centrafrique.

CHAPITRE VI

L'IDENTIFICATION DES RETOURNES TCHADIENS DE LA CRISE CENTRAFRICAINE

Selon les estimations de l'Organisation internationale pour la migration (OIM), la guerre qui a éclaté en Centrafrique en 2013 a fait fuir, entre 2013 à 2014, plus de 70.000 personnes, qui ont trouvé refuge au Tchad.[406] Parmi ces personnes, environ 63%[407] seraient des Tchadiens qui vivaient, depuis plusieurs années, en République centrafricaine, dont certains ayant obtenu la nationalité centrafricaine. Selon les mêmes sources, la plupart de ces personnes réfugiées n'avaient plus de liens avec le Tchad. En collaboration avec l'OIM, le gouvernement tchadien a envoyé des avions et des véhicules militaires à Bangui et dans les autres régions de Centrafrique afin de « rapatrier » ces personnes vers le Tchad. Des abris de fortune ont été construits dans des villages au sud et au sud-est pour les accueillir en attendant une solution durable. C'est dans ce cadre que le gouvernement tchadien a demandé à l'OIM de procéder à une enquête afin d'identifier les besoins et d'accompagner ceux qui désirent s'installer définitivement au Tchad. Des sites ont alors été retenus pour abriter ceux qui n'ont plus d'attache familiale au Tchad. Il s'agit des sites de Damandja, de Kobiteye et de Mangara dans le département de la Nya Pendé, du site de N'Djamena et celui de la grande Sido à l'extrême sud du pays.

---

[406]. *Tchad : Plan de réponse globale en faveur des "retournés" tchadiens de la RCA, phase d'urgence (gouvernement tchadien)*, Ministère de l'administration du territoire, Rapport, 2014.
[407]. « Enquête d'intention de retour », OIM, Rapport, Septembre 2014.

Figure 11 : Carte des camps de réfugiés et de retournés de la Centrafrique au Tchad

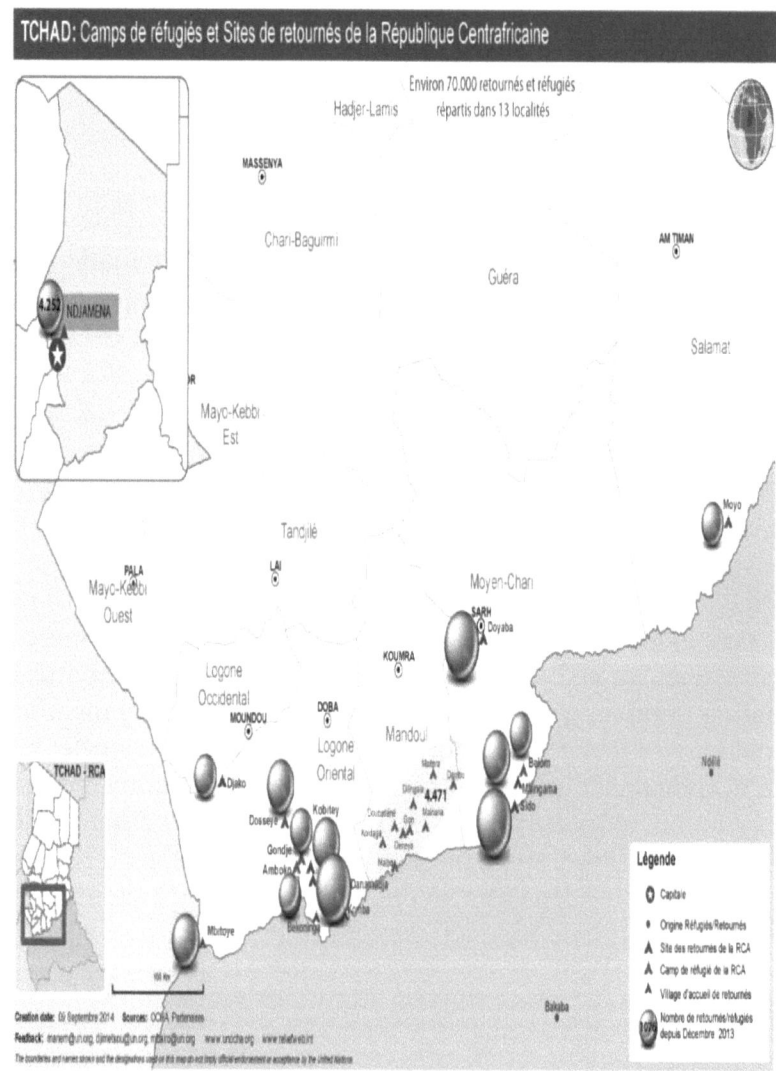

Source : OCHA, Septembre 2014

L'enquête réalisée par l'OIM a montré que plus de 96%[408] des personnes fuyant le conflit centrafricain ne disposaient pas de papiers d'identité tels que l'extrait d'acte de naissance, la carte nationale d'identité ou le passeport. Sur la base de cette étude, l'État a élaboré en 2014, en accord avec les organisations humanitaires, un plan de réponse globale en faveur des « retournés » de la RCA. Ce plan est un document stratégique qui identifie les différents besoins des personnes retournées. Suite à une mission ministérielle effectuée dans les zones d'installation des personnes retournées, il a aussi été décidé de mettre en place un comité d'enregistrement et de distribution des extraits du registre d'acte de naissance à toutes ces personnes « retournées » et résidant dans les sites aménagés

Le gouvernement tchadien et le HCR ont mis en place un projet de prévention de l'apatridie en faveur des Tchadiens « retournés » de la République Centrafricaine. Financé par l'Union européenne, ce projet consiste à délivrer des extraits d'actes de naissance et des cartes nationales d'identité à toutes les personnes enregistrées auprès des agences humanitaires en tant que « personnes retournées de la crise centrafricaine. Il est confié à une ONG tchadienne, l'Association pour la Promotion des Libertés Fondamentales au Tchad (APLFT) qui, en collaboration avec la sous-préfecture de Goré, se charge de la mise en place des activités sur le terrain : l'enregistrement, la déclaration des faits d'état civil et l'accompagnement des retournés dans le processus de l'obtention des cartes d'identité. L'objet de ce chapitre consiste à analyser les dynamiques politiques et humanitaires du dispositif d'identification des retournés de la République centrafricaine à Goré. Il s'agit de saisir les interactions entre les différents acteurs impliqués dans le processus d'identification.

Nous verrons dans un premier temps les enjeux liés à l'identification des personnes retournées, en appréhendant les différentes stratégies des acteurs publics qui, au nom de l'action humanitaire, ont conduit à la politisation[409] des papiers d'identité. Nous entendons ici la politisation comme une « requalification des activités sociales les plus diverses, requalification qui résulte d'un

---

[408]. OCHA : Tchad : "retournés" de la RCA, rapport n° 07 du 31/08/2014. p. 2-4.
[409]. Lagroye Jacques, (dir.), *La politisation*, Paris, Éditions Belin, 2003. p. 360.

accord pratique entre des agents sociaux enclins, pour de multiples raisons, à transgresser ou à remettre en cause la différenciation des espaces d'activités ».[410] Précisons ici qu'à part les extraits d'acte de naissance que le gouvernement tchadien a fourni à tous les citoyens pendant la période du recensement électoral biométrique dont les retournés ont bénéficié, le projet « Agir pour la citoyenneté et prévention de l'apatridie » a aussi prévu dans ses objectifs l'octroi de documents d'état civil (acte de naissance, acte de mariage et acte de décès) et des jugements supplétifs. L'octroi de ces documents précède la procédure d'établissement de la carte nationale d'identité, qui est aussi prévue dans ce projet.

L'objet de ce travail consiste à voir comment la question des papiers d'identité des personnes retournées a fait l'objet d'une instrumentalisation politique. Nous analyserons les tensions, les positions des acteurs impliqués dans la mise en place du dispositif d'identification de ces personnes. Nous examinons précisément la question de la carte nationale d'identité, qui a fait l'objet de tensions entre les autorités publiques et les acteurs des associations humanitaires de Goré. Ensuite, nous analyserons ces différentes dynamiques à l'aune de la reconfiguration du rôle de l'État dans la gestion des affaires publiques. Nous terminerons le chapitre par l'analyse du rôle de l'administration publique dans la gestion du programme d'identification des personnes retournées de Centrafrique. Ce chapitre est le résultat d'observations ethnographiques et d'entretiens que nous avons réalisés en juillet 2016 et en août 2017, dans les camps des retournés de Danamadja et de Kobitey. Les entretiens ont été réalisés en langue arabe, peul et sango. Pour la traduction, nous avons bénéficié du soutien de Dairo, un habitant du camp de Danamadja. Notre traducteur est issu de la communauté Peul. Grandi dans le quartier KM5 de Bangui, Dairo maitrise parfaitement les trois langues; ce qui lui a permis de traduire les différents entretiens que nous avons réalisés dans ces deux camps.

I. La crise centrafricaine et ses ramifications au Tchad

Le Tchad et la Centrafrique sont deux pays voisins qui, à travers le lien colonial, ont une histoire commune. Dans les années 1910, ces

---

[410]. Idem.

deux territoires sont placés sous la même administration, appelée le territoire de l'Oubangui Chari-Tchad.[411] Le Sud du Tchad et les régions du Logone et du Chari sont restées liées jusqu'en 1934 avant d'être rattachées au territoire du Tchad. Après les indépendances, le Tchad et la Centrafrique sont séparés par une frontière de plus de mille kilomètres qui, héritée de la période coloniale, sépare, au sud du Tchad et au nord de la Centrafrique, plusieurs communautés ethniques qui partagent des sociabilités linguistiques et ethniques.

Les causes de la crise centrafricaine sont liées à plusieurs facteurs qui se sont agrégés pendant plusieurs années et dont une partie trouve ses origines au Tchad.[412] Les différents conflits que le Tchad a connus depuis les années 1960 ont conduit des milliers de Tchadiens à choisir la Centrafrique comme terre de refuge.[413]

Cette migration s'est accentuée pendant la guerre civile de 1979 et sous le régime de Hissein Habré.[414] La pression exercée par les forces armées du nord (FAN) contre la population du sud, accusée d'être complice de la rébellion, les commandos du sud (Codos)[415], qui se sont implantés dans les régions proches de la frontière centrafricaine, ont poussé plusieurs communautés du sud, comme les Sar, les Kaba, les Ngambayes, les Yamod à s'installer en Centrafrique. En plus de ces migrations liées au conflit des années 1980, l'implication de soldats et mercenaires tchadiens dans le coup d'État contre le président Ange-Felix Patassé constitue un autre facteur supplémentaire dans cette crise politique.[416] Composés par des Soudanais et des Tchadiens vivant à la

---

[411]. Lanne Bernard, *Histoire politique du Tchad de 1945 à 1958, administration, partis, élections,* Paris Karthala, 1998.
[412]. Marchal Roland, « Aux marges du monde en Afrique centrale… », Les études du CERI, n° 153-154, mars 2009, p.32, Observatoire Pharos, RCA : Comprendre la crise centrafricaine. Mission de veille d'étude et réflexion prospective sur la crise centrafricaine et ses dimensions culturelles et religieuses, AFD, 2014.
[413]. Chauvin Emmanuel, « La guerre en Centrafrique à l'ombre du Tchad. Une escalade conflictuelle régionale », Rapport AFD, 2015, p. 18.
[414]. Idem, p. 19
[415]. Marchal Roland, Ibid, p.34
[416]. Chauvin Emmanuel, Ibid.

frontière, ces mercenaires qu'on appelle libérateurs[417] en Centrafrique ont participé activement au coup d'État qui a permis à François Bozizé de prendre le pouvoir en 2003.

Les interventions répétées du gouvernement tchadien ont entraîné une certaine méfiance et même de la haine envers les Tchadiens vivant en Centrafrique.

Après le coup d'État de 2012, dirigé par le groupe rebelle Seleka et constitué majoritairement de Centrafricains musulmans du nord et de mercenaires soudanais et tchadiens, une guerre qualifiée de confessionnelle fut déclenchée, dont les Tchadiens installés en Centrafrique furent parmi les principales victimes.

Avec la création du groupe Antibalaka[418] qui a pris comme ennemis les musulmans et en particulier les Tchadiens, le gouvernement Tchadien a décidé de rapatrier tous ses ressortissants, dont ceux qui vivaient depuis des années en Centrafrique et ne se reconnaissaient plus comme Tchadiens.[419]

Au début, l'État tchadien n'avait prévu aucun plan ou politique d'insertion sociale de ces populations au Tchad. Avec l'augmentation continue des tensions et des attaques contre ces Tchadiens, le gouvernement tchadien a finalement proposé leur intégration durable en lançant un processus d'identification notamment avec la distribution d'extraits d'actes de naissances et la mise en place d'un projet d'encartement.

---

[417]. Debos Marielle, « Fluid and loyalities in a regional crisis « ex-Liberators » in Central Africa Republic, » vol 107, 427,*Oxford University press*,2008.

[418] Marchal Roland, « Premières leçons d'une « drôle » transition en République centrafricaine, *Politique africaine*, n°139,2015.

[419]. Entretien avec le chef de projets communautaires du bureau local du HCR de Goré, novembre 2015.

Figure 12 : Affiche de sensibilisation du projet de l'état civil

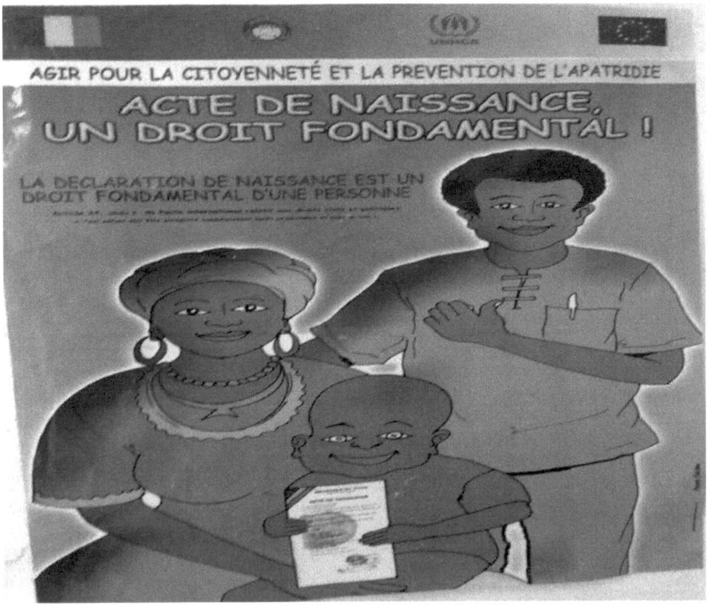

Source : Bureau local de l'APLFT de Goré, 2017

Cette décision coïncide avec les campagnes de sensibilisation pour le recensement électoral de 2015 dans le cadre de l'élection présidentielle de 2016. Certains acteurs politiques, en particulier les membres du parti au pouvoir, ont saisi cette opportunité pour des intérêts électoraux. Intéressons-nous d'abord aux discours et aux opinions des retournés par rapport à la décision du gouvernement de leur octroyer des papiers d'identité.

II. La citoyenneté électorale des « retournés »

Nous traitons dans cette partie la question de l'aide accordée aux « retournés » pour la citoyenneté électorale dans le contexte de l'élection présidentielle de 2016 au Tchad. Lors de notre enquête de terrain dans les camps, plusieurs personnes nous ont parlé de la campagne électorale et de la distribution de cartes des partis politiques. Comment les retournés ont-ils été enregistrés sur la liste électorale sans qu'ils aient obtenu la carte d'identité nationale ? Pourquoi les autorités politiques et administratives du Tchad ont-elles retardé l'encartement de cette population alors qu'elle a voté à l'élection présidentielle ? Les observations et les entretiens réalisés dans ces deux camps de retournés nous aident à comprendre cette situation dérogatoire ?

> «Merci au président Deby. Grâce à lui nous avons reçu les extraits d'acte de naissance et ceux de nos enfants. Je vivais à Carnot en Centrafrique depuis plus trente ans, mais aujourd'hui j'ai perdu tous mes papiers à cause de ce conflit. Il paraît que mon père serait venu du Tchad pour s'installer en Centrafrique, mais je ne connais pas son village ».[420]

Cette assertion provient d'une femme avec laquelle nous avons pu nous entretenir pendant une heure dans le camp des personnes retournées de Kobitey, situé à une douzaine de kilomètres de la ville de Goré. Son mari travaille comme chauffeur/transporteur de gros porteur entre Bangui et Douala. Bien que ses parents soient originaires du Tchad et aient souvent parlé de leurs souvenirs d'enfance dans le village où ils avaient grandi, ni elle ni ses frères et sœurs n'étaient allés au Tchad auparavant.[421] C'est dans ce contexte qu'Achta dit avoir été sauvée, selon ses termes, par l'action du gouvernement en faveur des Tchadiens de la Centrafrique. Aujourd'hui elle exprime sa joie d'avoir évité le pire, mais elle dit ne pas vouloir rester au Tchad car elle ne s'y retrouve pas.

Elle exprime sa reconnaissance envers le gouvernement tchadien qui, selon elle, lui a permis d'échapper aux violences des milices antibalaka. Cette reconnaissance s'effrite de plus en plus aujourd'hui par le fait que sa situation ne change pas depuis son installation dans le camp des retournés en 2014. Les difficultés de vie dans le camp et le fait qu'elle soit considérée comme une « citoyenne de second rang »,[422] lui donnent le sentiment de n'être pas « tchadienne ». Elle dénonce l'instrumentalisation de l'accueil des retournés par les autorités tchadiennes et les organisations humanitaires

---

[420]. Extrait d'entretien d'Achta à Kobitey, août 2017.

[421]. Ibid.

[422]. Carnet de terrain, expression qu'elle a employée plusieurs fois, traduite par Djida.

qui, selon elle, n'ont pas cherché à trouver des solutions aux problèmes que vivent les retournés dans les camps. Elle se sent toujours « centrafricaine », même si elle possède aujourd'hui un extrait d'acte de naissance et un récépissé d'identification au Tchad : « Je suis 100% centrafricaine, car je ne connais pas un autre pays que la Centrafrique. Mais aujourd'hui je suis Tchadienne à cause de la crise ».[423] Nous sommes ici face à un discours qui remet en cause la perspective politique de la gestion de la crise des retournés que prônent les autorités tchadiennes sans penser à une stratégie concertée avec les personnes concernées. Au départ, les agences onusiennes œuvrant dans la gestion humanitaire de cette crise ont cru à la volonté de l'État tchadien de délivrer des papiers d'identité à des gens qu'il pense être ses citoyens[424], mais aujourd'hui le projet d'identification traîne, ce qui conduit à un sentiment de découragement, à l'exemple du discours d'Achta.

En analysant le cas d'Achta, nous nous rendons compte que le papier d'identité matérialise une appartenance à une « communauté nationale ». Cependant on peut considérer que le rapport que la personne entretient avec son document d'identité dépend de la situation dans laquelle elle se retrouve. Même si Achta se dit satisfaite de la protection dont elle bénéficie grâce à l'État tchadien, elle souhaiterait plutôt rester centrafricaine. Son attachement à la Centrafrique renvoie à sa naissance, à sa socialité avec le milieu social et aussi physique. Aujourd'hui, les circonstances l'ont conduit à fuir son pays et à obtenir des papiers d'identité du Tchad, mais cela ne changera pas son sentiment envers son pays.

Comme nous l'avons souligné dans l'introduction de ce chapitre, la décision d'accueillir les personnes retournées de la RCA fait suite à la recrudescence du conflit et surtout à la menace qui pèse sur les ressortissants tchadiens en Centrafrique. Après leur installation dans les régions frontalières, le gouvernement tchadien a procédé pendant la période de recensement électoral à la distribution des extraits d'acte de naissance, qui ont permis l'enregistrement de ces retournés sur la liste électorale. Selon les membres des organisations de la société civile, la

---

[423]. Idem Achta, août 2017.
[424] Extrait d'entretien avec le chargé de la protection du bureau local du HCR à Goré, Décembre 2015

plateforme *Trop c'est trop* et le *Collectif de lutte contre la vie chère*, le gouvernement tchadien aurait, à travers l'organe des partis politiques, profité de la crise pour inscrire les personnes retournées sur la liste électorale.[425] Pour Idriss, membre de la coalition *Trop c'est trop* , « le programme d'identification des retournés est devenu une affaire politique. Le parti au pouvoir a profité de cette triste situation pour mener une campagne dans les sites des retournés.[426] Ce discours résume bien les controverses au sujet du programme d'accueil de ces personnes. Il est difficile de confirmer cette information en raison du refus catégorique des autorités politiques de s'exprimer sur ce sujet. Sur la base des observations et des entretiens réalisés dans les deux sites qui abritent les personnes retournées, nous estimons que cette hypothèse nécessite d'être vérifiée. En effet, quand on observe la façon dont les administrations publiques gèrent la question des personnes retournées dans les camps, il est possible d'affirmer que les autorités politiques ont utilisé le programme de l'identification à des fins politiques. Nous sommes dans un registre de requalification ou de transgression[427] des activités humanitaires pour un but qui relève de logiques politiques ou électorales.

Les autorités locales essaient de se justifier en mettant en avant le caractère protecteur de cette intervention. Ainsi le Préfet du département de la Nya Pendé que nous avons rencontré pendant notre recherche exploratoire à Goré, en 2016, nous dit ceci sur le vote des retournés:

> « L'État a assumé son rôle de l'État protecteur de tous les Tchadiens. C'est pour cette raison qu'il a rapatrié tous les Tchadiens de Centrafrique. Il n'y a aucune manipulation de la souffrance de nos compatriotes. Les retournés sont des Tchadiens et ils ont les mêmes droits civiques et politiques que les autres Tchadiens. Je ne vois pas pourquoi on ne veut pas que les retournés votent ».[428]

---

[425]. Extrait d'entretien avec Mme Lamadji, membre de l'association de défense des droits de l'homme N'Djamena août 2017.

[426]. Extrait de carnet de terrain, Idriss, membre d'une association de la société civile, N'Djamena, Juin 2016.

[427]. Lagrove Jacques, (dir.), *Politisation*, Paris, Edition Belin, 2003.

[428]. Extrait de carnet de terrain, préfet de la Nya Pendé, Novembre 2015.

Cet ancien directeur de cabinet du premier ministre, membre du parti au pouvoir, assume la participation des retournés à l'élection présidentielle et refuse de reconnaître les accusations portées par les organisations de la société civile. Il défend la légitimité du vote des retournés en affirmant que les retournés sont des Tchadiens comme tous les autres Tchadiens. Il est cependant intéressant d'éclairer cette question à partir du cas d'Idrissou que nous avons rencontré dans le camp de retournés de Danamadja.

Idrissou est un éleveur peul, âgé d'une cinquantaine d'années qui a pu échapper aux attaques perpétrées par la milice antibalaka dans la région de Bouccaranga au nord de la Centrafrique et durant lesquelles il a perdu tout son troupeau. Aujourd'hui, il est installé dans le camp de Danamandja avec ses deux femmes et ses six enfants. Il est arrivé dans la région grâce à l'intervention du gouvernement tchadien. Idrissou reconnaît les bienfaits de la décision du gouvernement tchadien. En même temps, il est aussi déçu par le processus d'identification qui, selon lui, a pris trop de retard. Il se plaint, comme bien d'autres habitants de ce camp, des tracasseries policières. Il nous présente tous les papiers d'identité qu'il a reçus depuis son installation sur le site de Danamandja, à savoir l'extrait d'acte de naissance, la carte d'électeur biométrique et le récépissé d'identification, obtenu en septembre 2016 après l'élection présidentielle. Il constate que ces papiers ne sont pas reconnus par les agents de sécurité, les policiers ou les gendarmes, parce qu'il ne dispose pas de carte d'identité. C'est ainsi qu'il nous présente la carte du parti politique qu'il a obtenue pendant les élections présidentielles de 2016. Cela montre bien cette connexion entre la logique humanitaire et la stratégie politique de l'accueil des retournés du conflit centrafricain. L'obtention d'une carte de parti politique n'est pas un sujet nouveau pour celui qui sait comment ces cartes sont distribuées pendant les périodes électorales, mais le fait que les cartes d'identité de parti soient distribuées aux retournés au détriment de la carte nationale d'identité est révélateur de la politisation des actions en faveur des retournés. Le cas d'Idrissou n'est pas unique, des enquêtés des deux camps nous ont confirmé avoir également obtenu les cartes du MPS.

La politisation de l'aide accordée à ces personnes n'est pas cependant exclusivement liée au parti politique au pouvoir. Nous avons aussi observé que d'autres partis politiques, toutes tendances confondues, se sont intéressés à l'électorat que constituent les retournés de la Centrafrique.[429] Tous les candidats à l'élection présidentielle de 2016 ont, à travers leurs représentants, mené des campagnes électorales sur les différents sites où résident les retournés. Chaque candidat essaie de montrer son rapprochement à la cause des retournés par le jeu de la compassion. Des comités de campagne ont été créés, des cartes des partis et des tee-shirts avec l'effigie des candidats ont aussi été distribués. Il faut préciser que les campagnes électorales au Tchad sont des moments pendant lesquels les candidats distribuent de l'argent, car c'est la seule occasion que les électeurs peuvent saisir pour avoir une casquette, un tee-shirt ou une somme d'argent. Après les élections, les candidats regagnent la capitale et ne reviennent qu'aux prochaines élections. Pendant la campagne électorale de 2016, les partis politiques s'intéressaient à ces personnes car elles constituent une base électorale importante dans la région, et principalement pour le parti au pouvoir

Nous avons observé dans ces deux camps les cartes de parti politique détenues par plusieurs habitants des camps. Certains habitants de ces camps affirment que les cartes de parti politique ont été distribuées par les responsables politiques. Le nombre de retournés constitue une réserve électorale importante pour les candidats de l'élection présidentielle de 2016. Abdoulaye, habitant du site de Kobitey, nous raconte au cours d'un entretien, en présence d'une dizaine d'habitants, avec un ton de colère et une certaine frustration :

> « Tous ceux qui habitent dans ce camp ont voté. Nous avons reçu nos extraits d'acte de naissance et les cartes d'électeur. Les gens sont venus dans les camps nous donner les cartes pour voter. Mais je n'arrive pas à comprendre pourquoi les cartes d'identité retardent ? »[430]

Ces propos conduisent à interroger le droit de vote accordé par le gouvernement tchadien aux personnes retournées sans qu'elles aient encore de carte d'identité, qui symbolise pourtant l'appartenance nationale. Les conditions juridiques étaient-elles réunies pour que ces personnes puissent voter ? La relation entre la citoyenneté et le droit de

---

[429]. Carnet de terrain dans les sites des « retournés », 2016 et 2017.

[430]. Entretien avec Abdoulaye, habitant du site des « retournés » de Kobitey, juin 2017.

vote est un objet classique de la théorie politique. L'acte de vote se définit initialement en Europe par des catégories censitaires et le statut social, avant que l'appartenance à une entité nationale ne devienne un principe universel.[431] Aujourd'hui avec la construction des États-nations, le caractère universel du vote s'explique par le principe de la citoyenneté et de la nationalité, « dans l'exercice du droit de vote aujourd'hui, l'identification nationale et notamment le sens du devoir civique qui en découlent restent des facteurs importants ».[432]

Il est parfois difficile de distinguer ce qui ressort du parti politique ou de l'action publique, dans la mesure où tout acte du Président de la République est considéré comme un acte du parti au pouvoir. Il y a un enchevêtrement de ces deux registres. Certains travaux, en science politique, portant sur l'analyse de l'action publique ont montré le lien qui existe entre les partis politiques et l'action publique, dans le contexte français,[433] en essayant de déterminer les logiques électorales qui constituent le socle d'une politique publique.[434] C'est dans cette perspective que Dominique Darbon parle de la complexité qui existe entre le *policy making* et les stratégies politiques.[435] Cette décision d'octroyer des cartes d'identité aux retournés de la Centrafrique découle d'une stratégie de légitimation de cet accueil sur la scène nationale et internationale, dont les membres du parti politique au pouvoir ne manquent pas de parler au cours de leurs campagnes dans les villages et villes du pays.[436] L'accueil des

---

[431]. Garrigou Alain, *Histoire sociale du suffrage universel en France, 1848-2000*, Paris, Points-Seuil, 2000.

[432]. —Duchesne Sophie, « Citoyenneté, nationalité et vote : Une association perturbée », *Pouvoirs*, n° 120, Paris, 2007/1, p. p. 73

[433]. Persico Simon *et al.* « Action publique et partis politiques. L'analyse de l'agenda législatif français entre 1981 et 2009 », *Gouvernement et action publique*, 2012/1, p. 11-35.

[434]. Hassentefeul Patrick, *La sociologie politique : l'action publique,* Armand colin, Paris, 2011, p. 1537-186.

[435]. Darbon Dominique et Ivan Crouzel, « Administrations publiques et politiques publiques en Afrique, In Gazibo Mamadou et Celine Thiriot, *Afrique et Science politique, État des lieux,* Paris, Karthala, 2009.

[436]. Plusieurs conférences de presse sont organisées par les partis de la majorité présidentielle pour soutenir et féliciter le Président de la République pour l'accueil des "retournés" de la crise centrafricaine.

personnes retournées est un sujet parmi d'autres que les acteurs politiques convertissent en stratégie politique et même électorale. Pour le chef de village de Kobitey, certains hommes politiques tchadiens ont politisé l'aide accordée aux personnes retournées. Selon Issa, délégué des communautés du site des retournés de Kobitey, ses notables dénoncent la façon dont le sujet de l'identification des retournés est traité par l'État et les organisations humanitaires. Pour lui, il est clair que l'engouement suscité dès leur arrivée trouve son explication ailleurs :

> « Pendant les campagnes électorales, le parti nous a promis de tout faire pour que nous ayons nos cartes nationales d'identité. Mais aujourd'hui nous n'avons pas nos cartes d'identité. Ils ne reviennent plus ici. Et maintenant, les hommes ne peuvent pas sortir du camp. Même ici à Goré, c'est difficile, parce que les policiers et les gendarmes nous arrêtent à chaque fois pour nous demander nos cartes d'identité ».[437]

Le gouvernement tchadien s'est précipité pour donner des extraits d'acte de naissance et des cartes d'électeur dans un contexte où la priorité des retournés semblait plutôt être l'obtention d'une carte nationale d'identité.

III. Les tensions autour du projet de la carte d'identité des « retournés »

Le projet d'identification des personnes retournées a fait l'objet de nombreux débats entre les autorités politiques et l'Association pour la Promotion des Libertés Fondamentales au Tchad. Il faut préciser que la décision de l'État d'accompagner les retournés consistait d'abord à favoriser leur intégration dans leurs familles d'origine, pour ceux qui avaient encore des liens avec leurs régions d'origine. Des personnes ont en effet pu retrouver leurs familles dans les régions de Salamat et de la Grande Sido. Cependant, après la phase de recensement, le gouvernement s'est rendu compte que la grande majorité des retournés n'avait plus d'attache au Tchad. Face à cette situation, il a décidé, en accord avec les acteurs humanitaires, de mettre en place un dispositif

---

[437]. Extrait d'entretien avec Issa, chef de village du site de personnes "retournées" de Kobitey (Goré), août 2017

d'identification de ces personnes. Une dérogation exceptionnelle a été accordée à la direction des affaires politiques et de l'état civil (DAPEC) pour qu'elle puisse constituer des équipes pour délivrer des extraits d'actes de naissances, et ensuite la carte d'identité. Pourquoi parlons-nous d'une dérogation exceptionnelle ? Parce que la loi[438] régissant l'état civil au Tchad prescrit que le délai de déclaration de naissance à l'état civil doit se faire dans un délai d'un mois après la naissance d'un enfant. Au-delà de ce délai d'un mois, la procédure doit se faire devant un juge afin d'obtenir un jugement supplétif : « Lorsque la naissance n'a pas été déclarée dans le délai légal sus indiqué, l'officier d'état civil ne peut la relater sur ses registres qu'en vertu d'un jugement rendu par le tribunal de première instance du lieu de naissance ».[439]

Après avoir fourni des extraits d'acte de naissance et des cartes électorales, le gouvernement a tergiversé sur la question de la carte nationale d'identité. Les autorités ont évoqué la question de l'insécurité qui prévaut dans la région. Elles ont annoncé qu'il fallait attendre que les services de sécurité fassent des enquêtes afin d'identifier les « vrais tchadiens ».[440] Dès lors que le gouvernement a pris l'engagement de reconnaître toutes ces personnes comme ses ressortissants, le HCR a signifié aux autorités tchadiennes qu'il n'avait pas le mandat de prendre en charge les personnes habitant dans les camps des retournés et a décliné toute responsabilité de prise en charge de ces personnes. Ainsi, les retournés se sont retrouvés sans aucune protection humanitaire

La seule intervention du HCR fut menée dans le cadre d'un programme de lutte contre l'apatridie[441] qui débuta en 2014. Pour le chargé de protection du bureau local de Goré, le HCR n'interviendrait pas directement dans la protection des personnes dans les camps des retournés car ces sites relèvent du pouvoir de l'État. Comme ces personnes ne disposaient d'aucun papier d'identité les rattachant à une entité étatique, et de peur qu'elles tombent dans une situation

---

[438]. Loi n° 08 du 10 mai 2013, portant organisation de l'état civil au Tchad. Journal officiel de la République du Tchad.
[439]. L'alinéa 2 de l'article 25 de la loi n° 008/PR/2013, portant organisation de l'état civil au Tchad, 2013.
[440]. Extrait de carnet de terrain, préfet de la Nya pende, novembre 2015.
[441]. Entretien avec Responsable du bureau local de l'APLFT, Goré, Juin 2016.

d'apatridie, l'organisme onusien a soumis à l'Union européenne un projet d'appui à la citoyenneté et de lutte contre l'apatridie[442].

Dans le cadre du projet, il a été prévu l'enregistrement les naissances d'enfants nés dans les différents camps qui abritent à la fois les personnes retournées et les réfugiés. Nous estimons que la décision de mettre les personnes retournées et les réfugiés dans la même situation est à la fois révélatrice de la complexité du problème et de la définition de la notion de « retourné ». Les personnes retournées ne sont pas sous le même statut juridique que les réfugiés qui, eux, bénéficient de la protection internationale, dont le Haut-Commissariat des Nations Unies pour les Réfugiés est garant. Si le gouvernement avait un projet pour l'enregistrement des naissances dans les sites des retournés cela devait, en lien avec les textes réglementant l'état civil au Tchad, se faire dans les centres d'état civil. Le fait que les naissances soient enregistrées par les animateurs des associations humanitaires avant que les fiches d'enregistrement ne soient transmises à la sous-préfecture de Goré pour la délivrance des extraits d'acte de naissance rend encore plus complexe la question de l'identification de ces retournés. Cette catégorie de « retournés » sème le doute sur la politique de protection de ces personnes. Il y a une sorte de confusion entre la personne retournée et le refugié centrafricain. Cette confusion tire son origine dès le début du programme de rapatriement de ces personnes, car les autorités n'imaginaient pas faire face une telle situation où ce sont ses propres citoyens qui se trouvent dans les camps.

Après avoir distribué les extraits d'actes de naissance dans les camps des retournés, il a fallu attendre deux ans de négociations entre les autorités politiques et les organisations humanitaires avant qu'une mission ne soit envoyée à Goré pour lancer le processus d'encartement. Un mois après cette décision, un conflit éclate entre la Commission Nationale de Réinsertion des Réfugiés (CNARR) et l'Association pour la Promotion des Libertés Fondamentales au Tchad (APLFT.) La CNARR est un organe d'État en charge de la réinsertion sociale des réfugiés résidant sur le territoire tchadien. Elle est l'interface entre les services de l'État et le HCR. En principe, le problème des personnes

---

[442]. *Tchad : Plan de réponse globale en faveur des "retournés" tchadiens de la RCA, phase d'urgence (gouvernement tchadien)*, Ministère de l'administration du territoire, Rapport, 2014.

retournées n'est pas de la compétence de cette institution. En s'intéressant à ce projet d'identification des retournés, les agents de cette institution publique accusent l'APLFT d'avoir délivré des extraits d'acte de naissance à des personnes étrangères. Cette accusation est contestée par certains agents de l'APLFT.

C'est ainsi que le gouverneur de la région du Logone oriental a décidé de suspendre, en 2017, toutes les activités de sensibilisation et de promotion de l'enregistrement des naissances de l'APLFT dans tous les camps des retournés de la région. Pour le chef de bureau de l'APLFT de Goré que nous avons rencontré en juin 2017, le conflit qui oppose son organisation à la CNARR serait plutôt lié au financement du projet par l'Union européenne. Pour lui, les autorités voient d'un mauvais œil le fait que ce soit une organisation de la société civile qui gère le projet d'identification.

> « Cet ennui que nous avons avec les autorités politiques de la région vient de la mésentente avec les agents de la CNARR. Nous sommes accusés d'avoir signé et fourni des extraits d'actes de naissance à des gens sans qu'ils n'aient de preuves. Les autorités savent bien que notre mandat à l'APLFT se limite juste à la transcription des faits d'état civil dans les registres et nous donnons ces registres à la sous-préfecture pour la signature.»[443]

Aujourd'hui, le volet état civil du projet est repris par la direction des affaires politiques et de l'état civil, organe en charge de la politique d'état civil. Pendant plus d'une semaine, les agents du service de l'identité civile ont identifié 6321 personnes dans les deux camps (Kobitey et Danamandja) et les habitants de la commune de Goré.

---

[443]. Extrait de carnet de terrain, entretien réalisé avec le coordonnateur du bureau local de l'APLFT de Goré, septembre 2017.

Tableau 2 : Résultat des dossiers traités par l'APLFT dans les sites de Kobitey et de Danamadja

Cibles	Hommes	Femmes	Total
Retournés	2 442	2 946	5 388
Autochtones	8 00	133	933
Total	3 242	3 079	6 321

Source: Bureau APLFT de Goré, septembre 2016

La lecture de ce tableau nous informe sur l'opération d'identification des retournés lancée en septembre 2016 à Goré. Il ressort que 5 388 retournés ont été enregistrés sur 6 321 personnes identifiées pendant cette campagne. On note un taux plus élevé de femmes, 2 946, alors que l'effectif des hommes est de 2 442. Cet écart s'explique par deux raisons principales : d'abord, l'effectif élevé des femmes qui résident dans ces deux camps. Pendant nos enquêtes de terrain, la première chose qui nous a marqué, dès notre arrivée, est la présence des femmes et des enfants. Selon un des délégués de communauté du site de Danamadja, cette sous-représentation des hommes serait liée aux conséquences de la guerre. Un grand nombre de femmes présentes ont perdu leurs époux pendant la guerre.

La seconde raison de la faible présence des hommes pendant cette campagne s'explique par le fait que beaucoup d'hommes ont quitté le site pour chercher du travail au Cameroun et dans d'autres localités du Tchad, même si c'est au péril de leur vie.[444] A part ces deux principales raisons, il faut aussi questionner la crédibilité du chiffre officiel que l'État et les organisations humanitaires ont fourni sur la présence des retournés au Tchad. Nous constatons que ce chiffre ne reflète pas l'effectif des retournés qui, selon le recensement de l'Organisation internationale pour les migrations, était autour de 10 000 personnes.[445] Le nombre des retournés a été pendant cette crise un vrai

---

[444]. Carnet de terrain, entretien avec les chefs de communautés à Kobitey, 2017.
[445]. Tchad, Plan global en faveur des "retournés" tchadiens de la RCA, CNAR, 2014.

enjeu de pouvoir et de communication entre le gouvernement tchadien et les organisations humanitaires.

En dépit de la question des chiffres que nous venons d'évoquer, ces photos montrent bien la mobilisation des gens pour cette opération d'identification et l'intérêt que les gens portent à la carte d'identité. C'est au cours d'une grande cérémonie organisée par le préfet du département de la Nya Pendé, représentant le gouverneur de la région du Logone oriental, que la campagne d'enrôlement a été lancée dans les deux sites retenus par la sous-préfecture de Goré. Cette mobilisation ressemble à une campagne électorale, avec les discours du préfet, du sous-préfet et des délégués de la communauté qui ne manquent pas de remercier le Président de la République pour son aide.

> « Nous remercions le Président de la République Idriss Deby Itno d'avoir envoyé une mission pour l'identification de nos compatriotes qui ont souffert de la crise centrafricaine ».[446]

La récupération politique de ce projet d'identification tend à confirmer l'hypothèse selon laquelle l'identification des retournés n'est pas seulement un geste humanitaire. Au début de la mise en place du programme d'identification, l'État tchadien était absent ; il a fallu l'intervention du bureau local du HCR pour que les autorités tchadiennes interviennent. En ce qui concerne l'identification, les agents de la police technique et de l'identité civile ont bénéficié de la part du HCR de frais de mission alors qu'ils sont des employés du service public. Pendant cette opération, plusieurs personnes ont été identifiées durant la période du 26 septembre au 20 octobre 2016.

La procédure d'identification passe d'abord par une liste établie par l'APLFT en collaboration avec la sous-préfecture de Goré et les responsables des deux sites de retournés. C'est sur la base de cette liste que les agents de l'identité civile procèdent à l'identification des individus. Chaque personne doit se présenter devant un officier d'état civil avec son extrait d'acte de naissance ou sa carte d'électeur afin qu'il vérifie l'authenticité de ce document. Pour éviter que d'autres personnes ne viennent perturber le processus d'identification en se

---

[446]. Carnet de terrain, discours du préfet de la Nya Pendé, Goré, 2016.

présentant comme des personnes retournées, les agents de l'APLFT vérifient que tous ceux qui entrent dans la salle d'enrôlement sont bien ceux inscrits sur la liste. Après cette étape de vérification, la personne entre dans la salle d'identification où toutes les informations concernant son état civil sont enregistrées dans un ordinateur portable, nom, prénom, date et lieu de naissance, nom du père et de la mère, une photo et les empreintes digitales. À la fin de cette procédure, un récépissé lui est délivré.

Nous avons pu constater, sur la base des entretiens, qu'une grande partie des personnes habitant ces deux sites expriment un réel besoin de la carte d'identité, pour des questions de contrôle policier en cas de déplacement vers les centres villes. Pour eux, détenir une carte d'identité pourrait les préserver des tracasseries des services de sécurité.

Il faut rappeler que depuis le retour de la mission du service d'identité civile pour l'identification de ces personnes en septembre 2016, les cartes d'identité n'ont toujours pas été produites. Les agents de la police avaient juste procédé à l'identification, car ils n'avaient pas l'imprimante qui leur aurait permis de produire les cartes d'identité. Les dossiers ont été enregistrés depuis plus de trois ans sans que les cartes ne soient délivrées, alors que le jour de cette opération toutes les autorités de la localité ont promis que les cartes d'identités seraient remises dans un délai d'un mois. L'analyse de ce projet d'identification des retournés nous permet de saisir le jeu des différents acteurs et d'appréhender les dynamiques de recomposition du rôle de l'État tchadien à travers l'action publique des papiers d'identité.

IV. Délégation et corruption : les reconfigurations de l'État à Goré

La gestion du programme d'accueil des personnes retournées nous permet de saisir les différentes reconfigurations de l'État tchadien dans un secteur où les organisations internationales jouent un rôle clé. Fred Eboko, dans le cadre de son travail sur le VIH/Sida, analyse la question de la configuration des politiques publiques en Afrique, en termes de matrice d'action publique.[447] Pour Desmond King et Patrick

---

[447]. Eboko Fred, *Repenser l'action publique en Afrique du Sida à la globalisation des politiques publiques*, Paris, Karthala, 2015. Idem, « Vers une matrice de l'action publique en Afrique ? Approche trans-sectorielle de l'action publique en

Le Galès, les politiques publiques jouent un rôle important dans la recomposition de l'État. Pour ces auteurs, le poids des politiques publiques est tel que des mécanismes puissants de transformation s'enclenchent au sein des institutions.[448] La mise sur agenda des politiques publiques dans les États africains n'est pas un nouveau sujet dans les études en sciences sociales. Les travaux de Jean-François Bayart sur la formation de l'État en Afrique, et en particulier son concept d'extraversion du politique en Afrique,[449] constitue une base par laquelle on peut saisir la question de l'action publique des papiers d'identité des retournés au Tchad. La notion d' « extraversion » utilisée par Jean-François Bayart pour décrire le contexte politique en Afrique, est un vocabulaire que les psychologues utilisent pour analyser les attitudes observables chez les individus, à s'intéresser aux objets externes. L'extraversion peut être définie ici comme l'état ou la capacité d'adaptabilité d'un individu à un monde extérieur. La faible capacité de l'État à mettre à la disposition de ses citoyens des services sociaux entraîne une ongéisation accrue dans les différents secteurs. Pendant les dix années précédentes, le domaine d'intervention de ces organisations internationales était limité à des activités de type social, la santé, la nourriture, l'hygiène et l'assainissement, la promotion de l'état civil... Nous assistons avec ce projet à un changement du rôle des organisations internationales dans la conduite de leurs actions. Ces ONG s'impliquent aujourd'hui dans la politique des documents d'identité. Ce qui conduit à redéfinir un nouveau rapport entre les acteurs publics et humanitaires dans un domaine que l'État considère comme un outil de sa légitimité. Dans un entretien, le commissaire de la brigade de sécurité territoriale de Goré s'est exprimé sur les jeux des acteurs impliqués dans la gestion de ce projet. Il souligne le rôle nouveau joué par les organisations internationales dans le domaine de la délivrance de cartes d'identité :

> « Cet acte humanitaire envers ces personnes qui risquaient la mort dans la situation où tout Tchadien est vu comme un membre potentiel du groupe Seleka, l'État n'avait pas une

---

Afrique contemporaine », *Question de recherche*, n° 45, p. 40, Paris, Presses de Science Po, CERI, 2015.

[448]. King Desmond et Le Galès Patrick, « Sociologie de l'État en recomposition », *Revue Française de Sociologie*, vol.52, 2011, p. 469

[449]. Bayart Jean-François, « L'Afrique dans le monde. Une histoire d'extraversion », *Critique internationale*, vol 5, 1999, p : 97-120.

autre possibilité que de ramener ceux qui sont sous la menace des milices. Le projet de la carte d'identité est né après l'installation de ces personnes dans les camps. C'est la première fois que je vois des organisations internationales conduire un projet de carte nationale d'identité dans le département de la Nya Pendé. Je crois que c'est une première aussi pour le Tchad. Souvent, c'est l'UNICEF qui mène des sensibilisations pour la déclaration des naissances, mais pas sur la carte nationale d'identité ».[450]

Le gouvernement tchadien voulait montrer à ses citoyens qu'il était dans son rôle de protecteur des nationaux. Mais très vite, cette volonté de protection s'est transformée par des calculs politiciens réduisant ainsi la nature humanitaire de cet acte en des stratégies politiques et électorales.

La question de la recomposition de l'État est aussi analysée par Jacques Chevallier dans ce qu'il appelle « l'État post-moderne ».[451] Selon lui, l'État est de plus en plus en concurrence avec des nouveaux acteurs qui rétrécissent son champ d'action. Il subit désormais des contraintes et doit composer avec de nouveaux acteurs, la logique pluraliste nécessitant la recherche de compromis. L'État se trouve aussi concurrencé par des acteurs économiques comme les firmes internationales, mais également les ONG, ou encore par des réseaux transnationaux de tous ordres.[452] Mais ce qu'on peut noter comme particularité dans le contexte tchadien, en lien avec la question de l'identification des retournés, est que l'État tchadien se trouve dans une situation de retrait face au domaine qui est le sien. Les acteurs politiques et administratifs font le choix de leur action en fonction de leurs propres intérêts. Ce recul de l'État contraste parfois avec l'image qu'on véhicule souvent pour des États comme celui du Tchad, que l'on qualifie d'État fort pour ce qui relève du militaire. Cette image cache la faiblesse des administrations publiques, qui n'arrivent plus à répondre à la demande

---

[450]. Carnet de terrain, entretien avec le maire de la commune de Goré, 2016.
[451]. Chevallier Jacques, *L'État post-moderne*, Paris, éd, LGDJ, Coll, Droit et société, 3ᵉ édition, 2008.
[452]. Ibid, p. 132.

du citoyen, dont les causes sont liées à des logiques purement clientélistes que développent les acteurs en charge du fonctionnement concret de l'action publique.

La promesse qui a été faite, dès le début de l'opération de rapatriement, de donner des papiers d'identité est freinée par un manque de volonté politique de la part des autorités. Pendant toute l'année 2013 et le début de l'année 2014, l'État a mis en place une stratégie de communication dans les différents médias du pays afin de sensibiliser l'opinion nationale à la cause des retournés. La mobilisation s'est estompée juste après les élections présidentielles d'avril 2016. Tout ce que les autorités ont promis pendant cette période de mobilisation n'a jamais été mis en place. C'est ainsi que Halimé, âgée d'une cinquantaine d'années, habitant le camp de Kobitey, a exprimé ses sentiments dans un entretien.

> « La seule chose dont nous avons bénéficié de l'État, c'est la terre. C'est grâce à cette terre que nous avons pu installer nos tentes avec le soutien du HCR et du PAM ».[453]

Halimé exprime la critique portée le plus souvent à l'encontre du gouvernement. La question que nous nous posons et qui constitue le cœur de ce chapitre est de savoir comment l'État a délaissé ses missions légales, qui sont celles de mettre à la disposition de ses citoyens des documents.

Selon la coordonnatrice de l'APLFT que nous avons rencontrée pendant notre séjour de terrain à N'Djamena, la cause de cette tension serait liée aux frais de délivrance des cartes d'identité. Pour elle, certaines autorités politiques ont exigé que le versement des frais de délivrance des cartes d'identités se fasse en espèces. Alors que la coordination de l'APLFT voudrait que les frais soient transférés directement sur le compte du trésor public. Cette décision n'aurait pas plu à certaines autorités politiques et locales. C'est pourquoi elles ont exigé l'arrêt des activités de cette association. La somme fut effectivement transférée sur le compte du trésor public. Cette tension a eu des répercussions sur le processus d'identification.

---

[453]. Extrait d'entretien de Halimé, camp des "retournés" de Kobitey, 2017.

> « La crise humanitaire que connaît aujourd'hui le Tchad, et surtout avec l'arrivée des réfugiés et des retournés du conflit centrafricain, semble devenir une manne pour les ONG et pour les autorités politiques. Je ne pouvais pas te raconter ça en tant que salarié d'une ONG, mais si je le dis ainsi c'est parce que je vois qu'il y a des choses horribles dans ce monde (humanitaire). Ce projet d'identification des retournés est vu par certains agents de l'État comme une manne ».[454]

Nous constatons que jusqu'à aujourd'hui les cartes d'identité ne sont pas encore distribuées. Elles ne sont même pas encore produites. C'est suite à cette défaillance de l'État que d'autres acteurs interviennent, comme le HCR, dans le cas de la carte nationale d'identité qui, en principe, relève pourtant du pouvoir public. Les papiers sont aussi un moyen d'enrichissement et d'ascension sociale pour une partie des élites politiques, économiques et militaires. L'État tchadien constitue un cas de ces États où « la politique du ventre »,[455] à travers ce programme de papiers d'identité des « retournés », s'institutionnalise comme une norme. La manière dont les autorités tchadiennes ont géré cette question des personnes « retournées » et, en particulier, le projet d'identification, tend bien à cette logique de prédation des moyens de l'État. Il faut noter que l'action de l'État est souvent prise dans une situation désorganisée, car chaque acteur détenteur d'une portion de pouvoir l'utilise à sa guise, sans respecter la hiérarchie. Dans une telle situation, on assiste à un chaos dans lequel chacun essaie de développer sa propre stratégie d'accaparement. Le programme d'identification des « retournés » constitue un exemple concret, qui permet d'appréhender les dynamiques des acteurs impliqués dans ce projet.

Conclusion

Les autorités politiques ont, par leur action, politisé le processus d'identification des personnes « retournées » de la Centrafrique. Le

---

[454]. Extrait d'entretien avec le responsable d'une ONG à Goré, 2016.
[455]. Bayart Jean-François, *L'État en Afrique. La politique du ventre*, Paris, Fayard, 2006.

gouvernement qui, au début de la crise, était mobilisé pour apporter de l'aide à ces personnes, a failli dans son rôle de protecteur, même si le projet d'appui à la citoyenneté, et de lutte contre l'apatridie, a permis aux nouveaux-nés d'être enregistrés dans le système de l'état civil. Bien que le processus d'identification ait été lancé en 2016 avec la participation de l'État, par le service d'identité civile, sur le terrain nous constatons que les frais de délivrance des cartes d'identités ont dû être payés par l'Union européenne. Même si les cartes d'identité ne sont pas encore distribuées, les « retournés » peuvent néanmoins se servir des récépissés d'identification pour leur circulation sur le territoire. Cette opération d'identification a créé une tension entre les acteurs impliqués dans le projet, ainsi que des opportunités d'enrichissement illicite pour certains de ces acteurs. Ce travail nous a permis de saisir comment cette « économie morale de la compassion »[456] envers les retournés alimente le clientélisme politique au Tchad. La partie suivante analyse les usages sociaux des papiers d'identité.

---

[456] Machikou Nadine, « Cum patior Africa : la production politique des régimes du proche », in : Mbembé Achille et Sarr Felwine, (dir.), *Politiques des temps : Imaginer les devenirs africains*, Ateliers de la pensée, Edition Philippe Rey/Jimsaa, Dakar, 2019, p.277. Voir aussi « La compassion a appauvrit l'Afrique », Le Monde, 16 /8/2019.

TROISIEME PARTIE

LES USAGES SOCIAUX DE LA CARTE D'IDENTITE

La troisième partie étudie le rôle que joue la carte d'identité nationale dans la vie sociale. Il s'agit de saisir les usages sociaux, c'est-à-dire les pratiques quotidiennes ainsi que la valeur que les gens accordent aux papiers d'identité. Le septième chapitre analyse les interactions sociales aux guichets du service de l'identité civile de N'Djamena. Nous analysons la « vie au guichet »[457], c'est-à-dire les gestes et les discours des agents et des usagers du service de l'identité civile. Nous analysons également les pratiques clientélistes et de corruption qui sont courantes dans le fonctionnement du service.

Quant au huitième chapitre, il est axé sur « la vie sociale des papiers d'identité »[458]. La carte d'identité, qui définit l'identité du porteur, est précieuse pour les usagers car c'est la sécurité des gens qui est en jeu. Le neuvième et dernier chapitre de ce travail porte sur le contrôle des papiers d'identité par les forces de l'ordre dans la ville de N'Djamena et sur les grandes artères du pays, à partir notamment de notre expérience sur la route nationale qui va de N'Djamena à Moundou, deuxième ville du pays, située dans le Sud.

Nous verrons que les barrières de contrôle sont nées avec les crises politiques et militaires qui ont affecté l'État depuis l'indépendance. Les rébellions, les coups d'État et les guerres ont conduit à la création de dispositifs de contrôle et de surveillance, dont celui des barrières de contrôle. Si elles sont considérées par les autorités comme une nécessité pour sécuriser le pays, les barrières de contrôle sont marquées par l'économie de prédation.

---

457. Dubois Vincent, *La vie au guichet. Relations bureaucratiques et traitement de la misère*, Paris, Economica, 2012. Weller Jean Marc, *L'Etat au guichet. Sociologie cognitive du travail et de la modernisation administrative des services publics*, Paris, Desclée De Brouwer, 1999.
458. Awenengo Dalberto Severine et Banégas Richard, L'ANR, « Vie politique et sociale des papiers d'identité en Afrique ».

CHAPITRE VII

LE COMBAT POUR L'OBTENTION DE LA CARTE D'IDENTITE

> « Aujourd'hui, obtenir une carte nationale d'identité est un vrai combat. Si tu n'as pas quelqu'un au commissariat central, il est difficile d'avoir accès à la carte d'identité. D'ailleurs, il faut sortir très tôt le matin pour avoir la chance d'entrer dans l'enceinte du centre d'identification. Les agents ne sont pas du tout courtois avec ceux qui viennent faire la carte d'identité. Même si tu as la chance de déposer tes dossiers, pour avoir la carte, il faut attendre au moins un à trois mois […] »[459]

Ce propos est celui de Hassania, une femme d'une trentaine d'années, que nous avons rencontrée devant le centre d'identification du commissariat central de N'Djamena pendant notre séjour de terrain. Hassania est installée sous un arbre devant la porte d'entrée du centre d'identification en attendant que les agents de la sécurité viennent ouvrir la porte d'entrée.

Autour d'elle, on voit des hommes et des femmes qui discutent. Ils parlent notamment des conditions dans lesquelles les agents du service d'identification traitent les usagers. Parmi eux, des femmes et des hommes âgés, certains avec un problème de vue, des personnes à mobilité réduite, des femmes qui portent des enfants sur leur dos, tous attendent avec impatience les agents de sécurité afin d'entrer à l'intérieur du service d'identité civile.

Pour éviter les attroupements, ces agents mettent en place une organisation interne qui leur permet de faire entrer les demandeurs de la carte d'identité par vague de cinquante à cent personnes suivant l'heure d'arrivée. Mais les choses ne sont pas aussi organisés que le souhaitent les agents ou les usagers. Ce semblant d'ordre mis en place par les agents de sécurité n'est qu'une échappatoire, une réponse à la

---

459. Extrait d'entretien avec Hassania, N'Djamena, août 2017.

critique des usagers à l'encontre des responsables du service de l'identité civile.

La lecture de cet extrait d'entretien donne aussi une idée de la situation à laquelle font face les usagers dans le processus de délivrance des papiers d'identité dans les différents centres d'encartement, de manière générale, et dans celui de N'Djamena en particulier. Cette situation de désordre se retrouve de l'accès au service d'enrôlement jusqu'à la réception de la carte nationale d'identité. Elle semble liée à la « vie même du centre d'identification ».[460] Le mot « combat », que nous avons choisi dans notre enquête pour présenter la situation de ce service d'identité civile, révèle bien la nature du rapport que les « bénéficiaires du service du public »[461] entretiennent avec ces agents des centres d'identifications.

Nous nous proposons d'analyser ici les interactions sociales, au quotidien, des agents de guichets avec les demandeurs de carte nationale d'identité. L'idée que nous nous faisons de l'administrateur n'est pas seulement l'agent responsable du bureau ou des guichets, mais elle englobe l'ensemble du personnel, allant des agents de sécurité aux responsables administratifs du service de l'identité civile. En prenant en compte tous ceux qui travaillent dans ce service, nous voulons appréhender les enjeux et les pratiques de mise en papier, à partir des faits et des récits des acteurs. Ces acteurs sont, par exemple, les agents de guichets, les agents de maintenance, les gardiens, les demandeurs de carte nationale d'identité, les intermédiaires…

Saisir les interactions sociales des administrés et des administrateurs du service de carte d'identité pose ici, de manière générale, la question des rapports que les agents des services publics entretiennent avec cette catégorie qu'on appelle « client »[462] dans certains services de l'administration, à l'exemple du service d'identité civile. L'idée de client semble indiquer que la carte nationale d'identité

---

460. Cette expression a été employée à maintes reprises par les usagers du service d'identification.
461. Godbout T. Jacques, *La démocratie des usagers*, Boréal Express, Montréal, 1987, 192 p.
462. Le mot « client » est revenu plusieurs fois dans nos entretiens avec les agents du service d'identité civile. Ils évoquent ce mot client pour parler des demandeurs de carte nationale d'identité.

est un produit commercial que l'on peut vendre à toute personne qui en fait la demande. En suivant cette logique, nous pouvons cerner le sens que les agents de guichets et les « demandeurs » des centres d'identification donnent au dispositif d'identification. Il faut rappeler, car nous l'avons déjà souligné dans les précédents chapitres, que le processus de l'identification des individus pose de réelles questions qui ne peuvent être comprises qu'à partir des pratiques, des attitudes des agents et des usagers du service de l'identité civile. Le processus de délivrance de la carte nationale d'identité reste un mystère quand on évoque le sujet auprès des individus dans les quartiers de N'Djamena ou de Goré. La représentation usuelle du centre d'identification est celle de la corruption, du clientélisme, du désordre, de la violence, de l'arnaque... Les observations que nous avons réalisées dans le centre d'identification de N'Djamena confirment bien ce sentiment.

Nous essayerons d'analyser ces interactions sociales à partir des attitudes, des gestes et des pratiques qui définissent les modalités de l'identification des individus dans le service d'identité civile du commissariat central de N'Djamena. Il s'agira d'analyser, dans un premier temps, le rapport que les usagers entretiennent avec les agents du service d'identité civile. En deuxième lieu, nous allons nous pencher sur la question de l'intermédiation dans le processus d'identification et nous aborderons les pratiques de corruption qui sont déterminantes dans ces interactions. Enfin, nous terminerons par le discours émique du « on fait avec », et qui souligne une certaine forme d'accommodation aux pratiques clientélistes des agents du service de carte d'identité. C'est souvent un sentiment de résignation face aux difficultés que les gens rencontrent dans le processus de demande des papiers d'identité.

I. L'intimidation et la violence comme mode de gouvernement

Dans un article publié en 2013 sur l'administration locale au Tchad, Marielle Debos montre l'enchevêtrement qui existe entre le métier des armes et les administrations publiques dans le contexte de l'« entre-guerres » au Tchad.[463] Cet article permet d'esquisser une première sociologie de l'administration publique au Tchad à travers l'analyse des parcours professionnels de ces agents du service public et

---

463. Debos Marielle, « La guerre des préfets. Répression, clientélismes et illégalismes d'État dans l'entre – guerre tchadien », *Politix*, n° 104, 2013.

de leurs pratiques au quotidien, notamment dans le cas des agents de la police nationale que nous sommes en train d'étudier. Pour comprendre les pratiques des administrations publiques au Tchad, il est important de prendre en compte le registre du « métier des armes »[464] dans la mesure où l'administration est fortement militarisée et où des militaires et parfois ex-rebelles sont reversés dans l'administration civile. Les armes constituent un instrument d'expression et d'exercice du pouvoir dont les agents du service de l'identité civile disposent et qu'ils n'hésitent pas à brandir quand ils désirent intimider des usagers récalcitrants.

L'histoire politique du Tchad, jalonnée par les conflits politiques et militaires explique en partie le rapport qu'entretiennent les agents du service d'identité civile avec les usagers. En mettant l'accent sur les parcours des agents en poste dans ce service, nous essayerons de comprendre comment le passé de combattant, qu'il soit rattaché à l'armée nationale ou à la rébellion, joue un rôle dans l'idée que chaque agent se fait de son activité, et définit son rapport à l'usager du service public. Du fait de ce passé de combattant, la frontière entre le combattant légal et le combattant illégal semble parfois fluide.

Dans de telles circonstances, les armes jouent un rôle déterminant dans l'économie d'accaparement et d'extorsion.[465] Les armes ne servent pas seulement à la guerre, mais elles sont un outil important dont l'agent se sert pour imposer son influence dans ses relations au quotidien[466] avec l'usager du service public.

Des arrangements politiques ont vu le jour avec les différents accords de paix que les représentants de l'État ont signé avec des groupes rebelles qui se sont succédé depuis 1990.

Au nom de cette politique de paix et de réconciliation, des anciens maquisards se retrouvent à des postes de responsabilité dans les ministères, dans les grandes institutions de la République. D'autres sont

---

464. Debos Marielle, Le métier des armes au Tchad : le gouvernement de l'entre-guerres, Paris, Karthala, 2013.
465. Idem, p. 167.
466. Debos Marielle, *Le métier des armes au Tchad. Le gouvernement de l'entre-guerre,* Karthala, Paris, 2013.

intégrés dans les secteurs comme l'armée nationale, la gendarmerie, la douane, les eaux et forêts ou la police nationale… Ceux qui arrivent à la police nationale choisissent des services qu'ils qualifient de « juteux ».[467] Le service des papiers d'identité, par exemple, qui génère chaque jour des ressources importantes pour l'État, dont la gestion est souvent confiée à des gens issus du sérail du pouvoir.

Pour rattraper des années passées dans le maquis, certains agents de ce service public n'hésitent pas à mettre en place des stratégies qui leur permettent de racketter les usagers. Pour Idriss, ancien combattant du groupe rebelle de Mahamat Nour, intégré à la police nationale par un décret en 2009, aujourd'hui agent de la commission de contrôle et de vérification du centre d'identification du commissariat central de N'Djamena :

> « Quand un combattant est rallié, c'est pour obtenir ce qu'il a perdu dans la guerre. Il doit s'occuper de sa famille et des gens du village. Alors face à toutes ces charges, et devant les maigres salaires des agents de la police, il est normal que les gens se débrouillent pour trouver de quoi assurer leur quotidien ».[468]

---

467. Le service juteux est un secteur qui génère de liquidité financière.
468. Carnet de terrain d'un entretien non enregistré avec Idriss. Notre enquêté a refusé que l'entretien soit enregistré. Il a accepté que nous prenions des notes. N'Djamena, mai 2017.

Figure 13 : Carte de localisation du service d'identité civile.

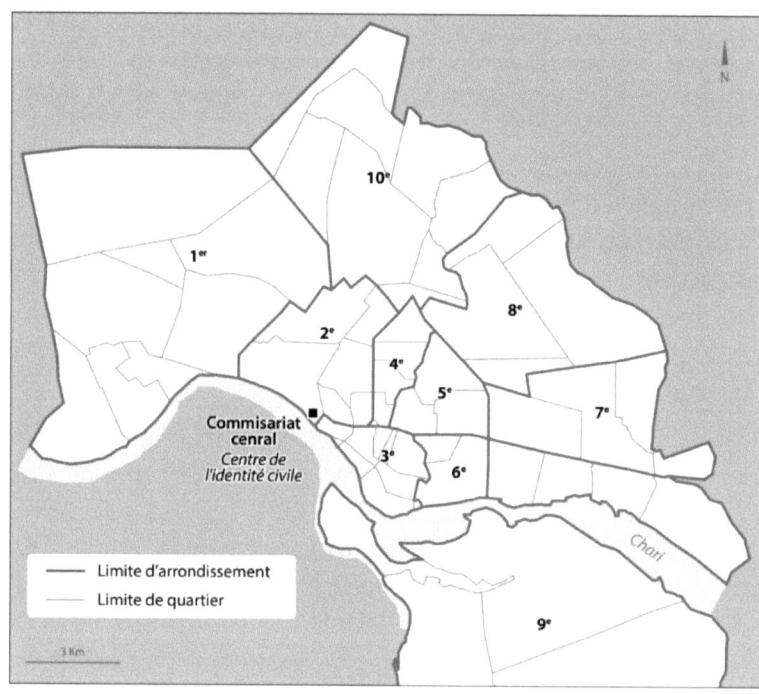

Source : IRD, Service d'information géographique, Janvier 2020

Le service d'identité civile est situé dans l'enceinte du commissariat central où d'autres services de la police s'y trouvent. Il s'agit, par exemple, de la direction de la police nationale, de la police judiciaire, la police de la sécurité publique, le service de l'immigration et d'émission des passeports... La concentration de ces différents services dans un même lieu fait que chaque jour il y a au moins trois à cinq mille personnes qui viennent au commissariat central.[469] Le service de la carte d'identité accueille déjà, au moins, quatre cents à cinq cents usagers par jour[470]. Il est situé dans le quartier le plus

---

469. Extrait d'entretien non formel avec les directeurs généraux de la police technique-scientifique et de l'identité civile, N'Djamena, août 2016 et juin 2017.
470. Extrait d'entretien avec le sous-directeur de l'identité civile, N'Djamena, septembre 2017.

sécurisé de la ville de N'Djamena, où l'on retrouve notamment de grandes institutions, comme la Présidence de la République, la télévision nationale, la direction des renseignements ou encore la résidence de l'ambassadeur de France. Cette position stratégique et le nombre des gens qui fréquentent cet espace, en lien avec la question de sécurité, selon les autorités de la police nationale, font que ce lieu est barricadé par un dispositif drastique de sécurité. Pour Carine, agente à la section authentification du service d'identité civile, les conditions de travail sont encore dégradées avec la suspension des activités d'identification dans les autres antennes secondaires de la capitale et ceux des provinces :

> « Lorsque les autres centres d'identification fonctionnaient, nous n'avions pas ce nombre des personnes qui viennent demander la carte d'identité. Mais aujourd'hui, la fermeture des deux centres secondaires de N'Djamena, le centre de Moundou et celui de Sarh, nous sommes débordés par les gens. C'est très difficile en tant que mère de bébé de sortir très tôt matin pour le travail et revenir tard chez soi ».[471]

Aujourd'hui, la fermeture de tous les autres centres d'identification rend les choses plus difficiles pour les usagers. C'est dans cet esprit que la violence morale constitue un instrument de gestion des agents de ce service public. Même si cette violence est réduite à des remontrances faites souvent à l'encontre des usagers, ou des chantages, il arrive parfois que les agents chargés de la protection du centre d'identification utilisent la violence à l'encontre des usagers. Nous nous rappelons cette journée où un usager a été expulsé du centre d'identification pour avoir dénoncé le comportement d'un agent de guichet à son égard. Il nous est arrivé à plusieurs reprises pendant notre enquête de terrain de voir des usagers ostracisés par les agents de sécurité simplement pour avoir réagi à des abus dont sont victimes les demandeurs de la carte d'identité. En cas d'altercation, les agents de guichets font souvent appel aux agents de sécurité pour expulser des usagers mécontents. Au nom de l'« autorité de la police »[472] dont ils disposent et qu'ils manient à leur guise, les agents du service de

---

471. Extrait d'entretien avec Carine, N'Djamena, Septembre 2016.
472. Jobard Fabien, « Le pouvoir de la police », *Vacarme,* 2004/2, n° 43, p. 36-37.

l'identité sont partagés entre le travail de bureau et celui d'agent de sécurité.

Les tensions entre agents et usagers sont généralement liées à la pratique de l'extorsion de fonds, qui est monnaie courante dans les centres d'identification. Certains agents réclament aux usagers la somme de 2 000 ou 3 000 FCFA (3 ou 4,5 euros)[473]. En cas de refus, cela crée des tensions. Ces agents se servent de cette « position d'autorité » dans le service d'identification pour imposer leur bon vouloir. Ce n'est pas l'« État policier » que décrit Michel Foucault, mais le dispositif de sécurité constitue un instrument de pression et d'extorsion dans tous les circuits du service de l'identité civile. En disant les choses ainsi, nous pouvons placer cette question dans le contexte du « métier des armes »[474] pour reprendre Marielle Debos. On peut constater, par exemple, à l'entrée du commissariat central où loge la direction du service de l'identité civile, un dispositif considérable d'agents de sécurité. À tel point que, pour accéder au service, il faut compter au moins deux à trois postes de contrôle. Les fouilles sont faites systématiquement à tous ces postes, même si aujourd'hui ces fouilles sont réduites, le dispositif de sécurité existe toujours. Les agents interrogent toute personne qui désire entrer dans le centre d'identification ; la question est la suivante : « Que venez-vous faire au centre d'identification ? ». Cet interrogatoire est répété à longueur de journée et à chaque fois qu'une personne veut pénétrer dans le centre d'identité.

Dans ce contexte, certains usagers, venant des zones rurales et qui n'ont pas l'habitude de voir un tel dispositif de sécurité se mettent à avoir peur quand ils voient ces policiers en treillis et armes en mains. Ces personnes sont alors catégorisées comme suspectes, c'est-à-dire des visiteurs voulant se faire établir des papiers d'identité. De tels cas arrivent régulièrement au centre d'identification. Étant donné que c'est le seul centre qui, pour le moment, délivre des cartes d'identité, les agents usent de leur pouvoir bureaucratique, et parfois en complicité avec les autorités de la police, pour décourager moralement tous ceux qui désirent exprimer leur colère face aux insuffisances du service d'identité. Ce constat est relevé quotidiennement par les demandeurs de

---

[473] Extrait d'entretien avec Souta, août 2017
474. Debos Marielle, *Le métier des armes au Tchad. Op.cit.*

la carte d'identité. Les autorités politiques se félicitent de ce dispositif qu'ils tentent de vendre aux usagers, notamment en ce qui concerne la question de la lutte contre l'insécurité. Pour Ousmane, chargé de sécurité au service d'identité civile, tous ces postes de sécurité permettent de contenir tout agissement qui pourrait perturber les activités du centre d'identification :

> « Nous assurons avec rigueur la sécurité du centre d'identification. Sans ces agents de sécurité, le service d'identité civile serait depuis déjà brûlé. Les gens sont souvent mécontents de la lenteur administrative du centre d'identification. Si quelqu'un veut perturber parce qu'il n'a pas trouvé sa carte, nous sommes prêts à le faire sortir. C'est notre boulot ».[475]

Ce discours répond bien aux attentes des responsables qui reconnaissent les insuffisances du service de carte d'identité. Pour eux, ce dispositif permet de rassurer les usagers dans le contexte de la menace terroriste. Cependant, ce dispositif constitue également un instrument par lequel d'autres pratiques illégales sont courantes, mettant en cause les règles de fonctionnement du centre d'identification.

Cette militarisation du service d'identité civile dissimule bien d'autres raisons qui justifient des pratiques ne relevant pas forcément du domaine de la sécurité. Même si la nécessité de prévenir le risque existe, le paradoxe dans ce dispositif est que les agents s'adonnent de plus en plus aux activités de courtage ou d'intermédiation qui prennent le pas sur le fait d'assurer la sécurité.

II. Les « interfaces »[476] et les intermédiations comme pratiques « normalisées » de la bureaucratie des identités

L'intermédiation dans les administrations publiques en Afrique est un sujet qui a fait déjà l'objet de plusieurs recherches en sciences sociales, notamment depuis une dizaine d'années par les chercheurs du

---

18. Extrait d'entretien avec Ousmane, N'Djamena, mai 2007.
476. Olivier de Sardan Jean-Pierre, « État, bureaucratie et gouvernance en Afrique de l'ouest francophone. Diagnostic empirique, une perspective historique », *Politique africaine,* n° 96, Paris, 2004.

Laboratoire d'études et recherche sur les dynamiques sociales et le développement local (LASDEL) de Niamey, au Niger.[477] Des chercheurs, comme Jean-Pierre Olivier de Sardan, Thomas Bierchenk, Georgio Blundo et Mahaman Tidjani Alou[478] ont abordé cette question à partir des secteurs bien spécifiques des administrations publiques, qui vont des services de santé à celui de la douane ou de la justice... Ces travaux dégagent plusieurs problématiques très intéressantes liées au « fonctionnement au quotidien des administrations publiques »[479] dans certains pays en Afrique de l'Ouest. Parmi ces phénomènes, on peut noter par exemple la question des pratiques d'intermédiation qui constituent un point important dans les administrations publiques sur les différents terrains qu'ils ont étudiés.

Les pratiques d'intermédiations dans les administrations publiques au Tchad ne sont pas totalement étrangères à celles décrites par Tidjani Alou dans le service judiciaire au Niger et au Bénin. Dans un texte nourri par de nombreuses enquêtes de terrains, Tidjani Alou décrit minutieusement la corruption du système judiciaire au Niger et au Bénin en relevant les différents points qui définissent le fonctionnement au quotidien de ce service public[480]. Pour lui, on peut considérer trois axes d'intermédiation dans le système judiciaire : l'interventionnisme politique, les mécanismes d'intermédiation institutionnels et l'intermédiation informelle.[481] Un autre auteur, Jean-Pierre Olivier de Sardan propose d'historiciser ces pratiques d'intermédiation en montrant le débat qui sépare ceux qui pensent que ces pratiques d'interface sont issues de l'héritage colonial et d'autres qui les rattachent au contexte des sociétés précoloniales de l'Afrique.

---

477. Bierschenk Thomas et Jean-Pierre Olivier de Sardan, *States at work. Dynamics of African Bureaucracies,* Brill, Leiden, Boston, 2014, 440p.
478. Blundon Giorgio et Jean-Pierre Olivier de Sardan, *État et corruption en Afrique. Une anthropologie comparative des relations entre fonctionnaires et usagers (Bénin, Niger, Sénégal)*, APAD, Karthala, Paris, 2007, 347 p.
479. Blundo Giorgio, « Négocier l'État au quotidien : agents d'affaires et courtiers rabatteurs dans les interstices de l'administration sénégalaise », *Autrepart,* 2001/4, n° 20, p. 75-90.
480. Tidjani Alou Mahaman, « La corruption dans le système judiciaire », in Giorgio Blundo et Jean-Pierre Olivier de Sardan, *État et corruption en Afrique. Une anthropologie comparative entre fonctionnaires et usagers (Bénin, Niger, Sénégal)*, APAD, Karthala, Paris, 2007.
481. Tidjani Alou Mahaman, Idem, p. 161.

En suivant l'exemple de cet auteur, nous comptons montrer que les pratiques d'intermédiation ne peuvent pas être comprises, pour le cas du service de la carte d'identité que nous étudions, sans prendre en compte ces deux dimensions, qui sont elles-mêmes le produit des différentes temporalités dans lesquelles évolue l'État tchadien et, en particulier, le secteur de la police.

Ces deux dimensions sont *sui generis*[482] au fonctionnement actuel des administrations publiques au Tchad. En héritant du dispositif de la bureaucratie coloniale à travers l'emploi des intermédiaires recrutés parmi les premières élites africaines[483] et en puisant aussi dans les pratiques traditionnelles de solidarité, d'entraide, l'administration publique tchadienne s'est construite sur la base de cette hybridation. Après les indépendances, les premières élites tchadiennes qui ont servi comme commis dans la bureaucratie coloniale conservent les savoirs et les pratiques qu'ils ont acquis à cette époque.

En plus de cette hybridation entre les logiques précoloniales et les logiques coloniales, les plans d'ajustement structurel des années 1980 ont mis en faillite les économies nationales et affecté la bonne marche des administrations publiques qui, en retour, se sont servies des agents contractuels comme réponse au programme de départ volontaire des agents mis en place sous l'ordre du Fonds monétaire international (FMI).

Même si les pratiques d'intermédiation dans les administrations publiques du Tchad ne sont pas formalisées comme c'est le cas avec la figure des interprètes et des autorités locales pendant la période coloniale, nous constatons qu'il existe des formes d'intermédiation

---

482. « *Sui generis* » est une expression fréquemment utilisée par Émile Durkheim dans le but de caractériser la nature des faits sociaux. Dans ce domaine, « *sui generis* » sert à marquer qu'une totalité (de faits) n'est pas réductible à la somme de ses parties, et présente des traits d'un genre qui lui est propre. En prenant l'exemple du suicide, Durkheim montre qu'envisagé du point de vue statistique, en tant que « fait social », ce dernier présente des caractéristiques (taux, type), dont l'appréhension était impossible par la simple prise en considération de ses manifestations individuelles ».
483. Labrune Badiane Céline et Etienne Smith, *Les hussards noirs de la colonie. Instituteurs africains et « petites patries » en AOF, 1913-1960*, Paris, Karthala, 2018.

dans le contexte tchadien. La figure du « porteur de message »[484] qu'on peut trouver dans plusieurs groupes sociaux au Tchad fait d'une certaine manière référence à celle de l'intermédiaire qu'on peut constater dans nos sociétés actuelles. Le porteur de message ou l'annonceur de message, en tant que délégué du chef, joue un rôle d'intermédiaire entre le chef et la population, même s'il est difficile de relier directement ces anciennes pratiques au développement actuel de l'intermédiation dans les administrations publiques au Tchad. Mais nous pouvons dire qu'elles ont influencé les pratiques bureaucratiques des agents des administrations publiques. Le contexte du service de l'identité civile que nous étudions ne permet pas de rendre compte de cette question de l'intermédiation dans un seul sens, car le développement de ces pratiques est le résultat d'un ensemble d'agrégats. L'intermédiation est prise ici dans un sens large, qui ne se situe pas à un seul travail de courtage des agents secondaires, comme dans le cas des « margouillats » auxquels font référence Richard Banégas et Armando Cuttolo dans un article sur la production des papiers d'identité en Côte d'Ivoire.[485]

L'intermédiation constitue une chaîne, qui va du directeur général de la police technique et scientifique aux vigiles du centre d'identification. Les acteurs impliqués dans cette chaîne ne correspondent pas à l'image souvent accolée à cette pratique. On pense que ceux qui jouent ce rôle d'intermédiaires sont de petits fonctionnaires qui n'arrivent pas à couvrir leurs besoins du mois avec leur maigre salaire, ou de jeunes chômeurs recrutés comme contractuels dans les différents services de la police. Mais cette perception n'est pas celle de la pratique d'intermédiation du service d'identité civile, car le service de la carte d'identité fonctionne avec ce que les gens appellent au Tchad, « quelqu'un [486]». « Avoir quelqu'un » signifie trouver un

---

484. Dans une communauté ethnique du Tchad, le « porteur de message » est un émissaire auprès d'une autorité locale. Il est chargé de porter des nouvelles dans les villages voisins à l'aide d'un cheval ou à pied. Il est intermédiaire entre sa communauté d'origine et celle des autres localités.
485. Cutolo Armando et Banégas Richard, « Les margouillats et les papiers kamikazes. Intermédiaires de l'identité, citoyenneté et moralité à Abidjan », *Genèses,* 2018/3, n° 112, p. 81-102.
486. Le mot « quelqu'un » est défini ici comme un intermédiaire ou un référent dans une administration donnée. Celui qui peut vous aider dans une démarche administrative. Ce peut être ami, un parent ou celui à qui on remet l'argent pour

intermédiaire qui peut faciliter le processus de la demande de la carte d'identité. Face à la difficulté d'obtenir la carte d'identité, les usagers ne font plus confiance aux agents du service d'identité, donc ils préfèrent accepter l'offre de service de « quelqu'un » qui joue l'intermédiaire entre eux et l'agent du service d'identité civile. Pour Souta, entrepreneuse dans la restauration que nous avons rencontrée pendant notre séjour de terrain à N'Djamena, les services de l'administration tchadienne fonctionnent de cette manière, alors il faut « quelqu'un » pour que les dossiers avancent :

> « Aujourd'hui pour faire la carte d'identité, il faut avoir quelqu'un. Si tu n'as pas quelqu'un avec toi, c'est impossible d'avoir sa carte d'identité. Il peut être quelqu'un du service de l'identification, un policier, un parent ou un ami qui connaît des gens de la boîte ».[487]

Ce « quelqu'un-isme » reste monnaie courante dans le service d'identification, et il se définit de plusieurs manières, par un lien familial, par le lien des amis ou par des agents du centre d'identification. Cette pratique devient aujourd'hui presque une norme partagée par les usagers des services publics. À tel point que pour une personne qui décide de faire une demande de la carte d'identité, la première question qu'elle va se poser est de trouver « quelqu'un » qui l'aidera dans ses démarches. Il arrive même que cette personne confie les dossiers sans passer par le service d'identification. Cela n'est pas sans conséquence, car le plus souvent ces personnes obtiennent des cartes d'identité avec des erreurs sur le nom ou sur l'année de naissance, car elles sont passées par des intermédiaires. Ce cas est souvent évoqué par les usagers qui font la demande de duplicata, par exemple :

> « J'ai donné ma demande de carte d'identité à un cousin qui est policier au CA7 (commissariat d'arrondissement numéro 7) depuis deux mois. C'est hier qu'il m'a remis ma carte, mais je constate qu'il y a une erreur sur ma date de naissance, c'est pourquoi je suis venu pour rectifier cela ».[488]

---

vous faciliter la tâche d'obtention d'une carte d'identité, d'un passeport ou d'un extrait d'acte de naissance.
487. Extrait d'entretien avec Souta, N'Djamena, août 2017.
488. Carnet de terrain, N'Djamena, 2017.

L'intermédiation dans le cadre du service d'identité civile est le résultat de la faiblesse du service public. Comme nous l'avons déjà souligné, le centre d'identification n'arrive plus à assurer correctement son rôle, qui est celui d'identifier et de produire les cartes nationales d'identité. La suppression des centres d'identification des provinces et les pannes répétitives des appareils ont conduit à la restriction des activités du centre. Cette restriction d'activités favorise la pratique de l'intermédiation.

III. La corruption et le clientélisme comme logique de fonctionnement

Pour analyser les interactions sociales entre les agents et les usagers dans le service de l'identité civile, le phénomène de la « petite corruption » constitue un mécanisme intéressant pour saisir la nature des rapports qu'entretiennent les différents acteurs dans la modalité de mise en papier des identités. Nous appellerons cela « petite corruption »[489] afin de la distinguer d'autres pratiques corruptrices liées au processus de délivrance de cartes d'identité, notamment des détournements des deniers publics. Nous préconisons ici de parler des pratiques de corruption et non de la corruption, car nous ne voulons pas tomber dans les analyses et les commentaires qui dépeignent l'Afrique comme le continent de la corruption. La définition même de la corruption est parfois complexe dans le contexte que nous étudions. Ainsi, le fait de donner 2 000 FCFA à un agent de l'État sans qu'il l'ait demandé peut-il être qualifié de corruption ? Un cabri, un mouton ou du mil donné à un instituteur du village est-il un acte de corruption ? On peut multiplier les exemples sur ce sujet.

Chaque année, l'ONG *Transparency International* publie des rapports qui présentent des perceptions globales du phénomène de la corruption dans le monde. Le Tchad occupe toujours les dernières positions sur le plan international. Le dernier rapport, publié en 2019, place le Tchad au 162e rang mondial sur 180 pays[490]. Ces publications ne permettent pas de rendre compte, de manière précise, de l'état de la

---

489. Behzad Mashali, « Analyse de la corrélation entre grande corruption perçue et la petite corruption dans les pays en développement : étude de cas sur l'Iran », *Revue internationale de science administrative*, vol 72, n°4, 2012.
490 Transparency international, « Corruption perceptions index 2019, Janvier 2020.

corruption au quotidien, mais elles donnent juste une idée globale du phénomène. Les pratiques corruptrices que nous analysons dans le cadre de notre étude consistent en des gestes et des actes dont la frontière semble difficile à distinguer entre une gratification et une perversion. En effet, il arrive que le demandeur d'une carte d'identité glisse une somme de 3000 FCFA (environ 4,5 euros) à un agent sans que ce dernier ne lui ait réclamé cette somme. C'est dans ce sens que nous essayons de distinguer dans notre travail ce qui semble être de la corruption et du pourboire. Le plus souvent, ces gestes sont interprétés comme un acte de reconnaissance envers un agent pour le service rendu, même si ce dernier est payé pour faire ce travail. C'est ce que nous a dit Younous, ouvrier dans le métier de construction des bâtiments :

> « Il m'arrive de donner des petites sommes aux agents d'identification. Pas plus tard qu'hier j'ai remis une somme de 5000 FCFA à une jeune fille qui a retrouvé mes dossiers de renouvellement de la carte nationale d'identité. J'ai déposé depuis trois mois sans voir ma carte d'identité, c'est pourquoi j'ai demandé à cette fille de me chercher et elle a retrouvé les dossiers dans le bureau de son collègue. J'étais très content à tel point que je lui ai donné cette somme sans qu'elle m'en demande. C'est vrai qu'il y a trop de corruption dans le centre d'identification, mais parfois ce sont les gens qui donnent de l'argent aux agents ».[491]

À la différence de cet acte volontaire et désintéressé qu'on peut aussi constater dans les services publics, les pratiques corruptrices restent bien généralisées dans les services d'identification. À ce niveau, ce n'est plus l'usager qui octroie un cadeau par reconnaissance à un agent, mais l'agent qui oblige une somme en échange au service rendu. Cette somme peut être définie par sa volonté, elle peut aller de 5 000 FCFA (7,5 euros) à 20 000 FCFA (30 euros), en plus du coût de la carte nationale d'identité qui s'élève depuis la loi de finances de 2017 à 10 000 FCFA (15 euros).

Avec la crise financière qui frappe le trésor public depuis fin 2014, le gouvernement a mis en place des mesures permettant l'augmentation des taxes et des droits de douane. C'est ainsi que le ministère des Finances a prévu dans sa loi de finances de 2017 une

---
491. Extrait d'entretien avec Younous, N'Djamena, mai 2017.

augmentation des frais des papiers d'identité, dont celui de la carte d'identité à 10 000 FCFA au lieu de 4 000 FCFA. Cette majoration des prix des cartes d'identité a entraîné une autre difficulté aux usagers qui, en plus des frais de 10 000 FCFA doivent préparer une autre somme pour faciliter le processus de demande de leur carte nationale d'identité.

Aujourd'hui, cette pratique, comme celle de l'intermédiation, s'est insérée dans le processus de demande de carte d'identité. Même si cette pratique n'est pas officielle, cela constitue une sorte de norme diffuse à laquelle les demandeurs de la carte d'identité doivent à chaque fois se soumettre. Cette logique correspond à ce que Jean-Pierre Olivier de Sardan distingue en termes de « normes pratiques » et de « normes réelles ».[492]

Le processus d'obtention de la carte d'identité est dans cette logique, car les règles et les procédures officielles qui définissent le fonctionnement du centre d'identification ne sont jamais respectées. Le centre d'identité civile devient un lieu de marchandage à tous les niveaux, de la porte d'entrée jusqu'au lieu de retrait de la carte d'identité. Plusieurs personnes que nous avons rencontrées pendant nos séjours de terrain dénoncent cette pratique qui, pour eux, ne favorise pas des personnes résidant dans les zones rurales, étant donné que c'est le seul centre de N'Djamena qui est en activité aujourd'hui. Babikir, un jeune qui exerce les activités de mototaxi à Goré et dans les villages environnants, exprime son mécontentement face cette pratique :

> « J'ai fait ma carte nationale d'identité en 2010. Elle est déjà expirée depuis deux ans, mais je ne peux la refaire parce que je n'ai pas d'argent pour payer la somme exigée. Le gouvernement a augmenté le prix de la carte d'identité à 10 000 FCFA sans comprendre que les gens n'ont pas l'argent pour cette somme. Même avec cette somme de 10 000 FCFA, si tu descends sur le terrain (le centre d'identification), tu es obligée de donner au moins 5 000 FCFA de plus pour que tes dossiers avancent. Comment un cultivateur peut-il donner cette somme ? En

---

492. Olivier de Sardan Jean-Pierre, « Manne, les normes et les soupçons », *Tiers monde*, 2014/4, n° 2019. « A la recherche de la norme pratique de gouvernance en Afrique », *Institut de développement, DFID,* Londres, 2008.

plus, à tous les niveaux, il faut donner au moins quelque chose pour faire avancer ta demande sinon tu n'auras jamais ta carte ».[493]

Babkir décrit ici les obstacles auxquels il fait face pendant le processus de la demande de sa carte nationale d'identité. Voici donc notre propre expérience dans le service de l'identité civile. Cette expérience permet de se rendre compte de ces pratiques et d'éclaircir davantage ce propos de Babikir.

Arrivé très tôt le matin au service d'identité civile du commissariat central de N'Djamena, je me présente au premier poste de sécurité. L'agent présent à ce poste me demande la raison de ma venue au centre d'identification. Je lui explique que je suis venu pour me faire établir une carte nationale d'identité. Il me repose la même question et me demande de lui présenter mon extrait d'acte de naissance. Je me soumets à sa demande. Ensuite, il me demande si je connaissais quelqu'un du service de l'identité civile qui pourrait faciliter ma demande, je lui réponds que je ne connais personne de ce service. Il me propose son aide, mais en contrepartie, me demande la somme de 10 000 FCFA. Je lui dis non. Je continue au deuxième poste de contrôle, deux agents sont présents : une femme et un homme.

Arrivé devant la principale porte d'entrée du service d'identification, j'observe une longue queue devant l'entrée. L'agent fait entrer ceux qui sont venus en premier, c'est la règle. Mais dans les faits, cette règle n'est pas du tout respectée. On voit des gens entrer sans respecter la règle. Des négociations se passent à côté avec d'autres agents du service d'identité. J'ai réussi à entrer à l'intérieur du service d'identification. De l'intérieur, le constat est encore pire qu'à l'extérieur, tout en étant discrets dans les échanges avec les demandeurs de la carte nationale d'identité, les agents se livrent à des pratiques qui ressemblent clairement à une sorte d'arnaque. Cette pratique est devenue presque régulière, car tout le monde sait que l'agent est en train de demander de l'argent à cet usager. Après avoir passé toutes les différentes procédures d'identification, j'arrive devant la caisse pour verser la somme de 10 000 FCFA. Je tends les dossiers

---
493. Extrait d'entretien avec Babikir, N'Djamena, Juin, 2016.

avec cette somme à l'agent de caisse, il me demande de compléter le montant, que les frais de la carte d'identité sont de 12 000 FCFA.

Je dis non, il hausse le ton en faisant du chantage : « Si tu ne veux pas donner cette somme, je te redonne tes dossiers ». Je lui dis, si tu refuses de prendre mes dossiers, je vais voir le chef de service pour lui en parler. Dès qu'il a entendu le nom du chef de service, il prend rapidement les dossiers sans que je ne lui donne la somme exigée. Bien joué, tu es un vrai.

(Carnet de terrain, 18 août 2017)

Cette expérience semble parfois extraordinaire aux yeux des demandeurs de la carte d'identité, car, pour eux, il est impossible d'obtenir une carte nationale d'identité sans donner de l'argent. Le chantage, par exemple, constitue un des moyens que les agents utilisent de manière discrète pour soutirer de l'argent aux usagers. Ils font toujours croire aux usagers qu'il est difficile d'avoir la carte d'identité sans passer par « quelqu'un ». Les usagers s'approprient aujourd'hui ces pratiques qu'eux-mêmes exécutent quand ils sont dans le processus de demande de la carte d'identité. Au lieu que ce soit les agents qui demandent, comme c'est le cas habituellement, ce sont les usagers qui leur proposent des sommes d'argent.

Il faut souligner que le phénomène de la corruption dans les centres d'identification n'est pas spécifique à une catégorie d'agents ni à un corps professionnel, car tous les acteurs, qu'il s'agisse des demandeurs de carte d'identité ou des agents du centre d'identification, chacun essaie de « se débrouiller », comme ils le disent le plus souvent quand on les questionne sur ces pratiques. C'est une pratique généralisée qui devient aujourd'hui une norme partagée par tous les acteurs. Abdou, un agent de sécurité au service d'identité civile nous donne sa version en ces termes :

> « Je suis affecté, depuis trois ans, au service de l'identité civile comme agent de sécurité. Le nouveau sous-directeur voulait m'affecter dans un autre service, mais je ne suis pas d'accord, parce que là où il veut m'amener il n'y a rien de bon là-bas. J'aime bien être au commissariat central. Ici, je peux rentrer avec de petits jetons. Nous avons (les agents

de la police) un maigre salaire mensuel ; si une personne te donne un 2000 F ou un 3000 FCFA parce que tu lui as rendu service, je ne vois pas le mal. Nous nous débrouillons pour joindre les deux bouts ».[494]

L'idée de la « débrouille » revient chaque fois que nous discutons avec les agents du service d'identification. La « débrouille » ici fait référence aux stratégies que des agents mettent en place pour soutirer de l'argent aux demandeurs de carte d'identité, ce qui donne une autre définition du terme « débrouille » développée par les chercheurs qui travaillent sur cette question en Afrique. La question de la débrouille est souvent abordée sous un registre des activités dites informelles, c'est-à-dire des activités dont le contrôle échappe aux pouvoirs publics. C'est à partir des activités de l'économie informelle que l'on cherche à définir cette notion de débrouille. Le travail de Sylvie Ayimpam sur l'économie de débrouille dans la ville de Kinshasa permet de saisir cette question.[495]

Ce qui semble intéressant et constitue une différence avec la thèse développée par Sylvie Ayimpam, c'est le fait que les acteurs qui mettent en place les stratégies de débrouille sont tous issus du service public, c'est-à-dire des agents de la police, qui sont des fonctionnaires. Ils utilisent ce même vocabulaire pour parler de leur stratégie de perversion. C'est à ce niveau qu'on aperçoit une différence de définition de la notion de la débrouille.

Ces activités ne sont pas celles des vendeurs ambulants qui traînent dans les rues de la capitale qu'on pourrait qualifier de débrouille, mais ce sont les agents de l'État qui utilisent leur autorité afin d'extorquer des ressources auprès des usagers. Il faut souligner que cette stratégie de débrouille n'est pas seulement une affaire de simples agents de guichets, qui se serviraient de leur position pour soustraire de l'argent dans la main des usagers. Mais pour le cas de la carte nationale d'identité et aussi du passeport, c'est une chaîne de stratégies de débrouille qui se met en place et à tous les niveaux des services de production de ces documents d'identité.

---

494. Extrait d'entretien avec Abdou, agent du service d'identité civile, Avril 2017.
495. Bueselir Ayimpam Sylvie, *Économie de la débrouille à Kinshasa, Informalité, commerce et réseaux sociaux,* Paris, Karthala, 2014.

Aujourd'hui, avec la crise financière qui touche de plein fouet les ménages, le niveau de la corruption dans les administrations est de plus en plus élevé. Tous les secteurs de l'administration publique sont touchés : la santé, l'éducation, la fonction publique, les finances, les domaines… Le gouvernement a pris des mesures successives allant dans le sens de lutter contre ces pratiques, d'abord en créant un ministère de la Moralisation, en 2012, qui avait pour mission de lutter contre ces pratiques. Mais l'existence de ce ministère n'a pas pu endiguer ce phénomène ni apporter le résultat escompté, alors que des missions de contrôle ont été mise en place dans les différents départements ministériels et les grandes institutions de l'État. Certains responsables administratifs et politiques sont reconnus coupables de malversations par la justice et ont été mis en prison, mais ces personnes sont aujourd'hui libres et occupent des postes de responsabilité sans être inquiétées. Le président Deby ne manque pas de reconnaître, dans ses discours, les effets de la corruption sur les finances publiques. Jérôme, responsable d'un parti politique de l'opposition, nous a indiqué dans un entretien réalisé en août 2016 à N'Djamena :

> « La corruption est un mal qui gangrène notre société. Le gouvernement tchadien ne fait rien pour arrêter ce mal. Le chef de l'État reconnaît que c'est la corruption qui tue notre développement, mais il n'arrive pas à réagir avec des actes. On a mis en place plusieurs missions, mais ces missions n'ont rien donné ».[496]

Ces propos, bien qu'ils soient d'un opposant politique, sont aussi bien partagés par certains responsables politiques du parti politique au pouvoir, le MPS.[497] Les opposants critiquent souvent la gestion du pouvoir, qu'ils qualifient de clanique. C'est au travers du lien de parenté que les pratiques corruptrices prennent forme dans les administrations publiques comme celle de la carte d'identité. Ce clientélisme politique draine d'autres pratiques qui s'institutionnalisent dans les services publics. C'est le cas du centre d'identification où, pour obtenir une carte d'identité, il faut passer par une « personne du pouvoir », comme on a l'habitude de le dire au Tchad. La « personne du pouvoir » est celle qui a des contacts avec les responsables politiques

---

496. Jérôme, responsable d'un parti de l'opposition, entretien, mars 2016.
497. Carnet de terrain, N'Djamena, 2017.

ou administratifs, qui peut accélérer ou influencer une procédure de délivrance de la carte d'identité.

Au-delà de son caractère illégal, qui est aussi reconnu par les agents et les demandeurs de la carte d'identité, les pratiques de corruption constituent un moyen par lequel les usagers, surtout ceux qui ne disposent pas de liens d'affinité dans le service, pensent faciliter leurs démarches. Cela leur permet de gagner du temps face à la lourdeur administrative du service de l'identité civile. La corruption est perçue ici comme un instrument de contournement des formalités bureaucratiques. En plus de ces formalités bureaucratiques, les demandeurs de la carte d'identité se plaignent du comportement des agents. Pour eux, les agents ne sont pas professionnels, car ils n'accordent aucun respect aux usagers si ces derniers n'ont pas d'argent à leur proposer. Ali, un retraité de l'armée nationale, venu au service d'identité civile pour obtenir un duplicata de sa carte d'identité qui a été volé dans un portefeuille, se dit écœuré par le comportement des agents du centre d'identification :

> « Je suis découragé de ce que les agents du service d'identification sont en train de faire. Ça fait deux semaines que je viens tous les jours au commissariat central pour refaire ma carte nationale d'identité qui a été volée dans mon portefeuille au marché de Dembé. Chaque jour où je viens au centre, il faut que je donne de l'argent. Si tu n'as pas l'argent, personne ne te regarde. J'ai donné une somme de 6 000 FCFA (10 euros) ; avec cette somme je croyais que ma carte allait sortir, mais il n'en est rien ».[498]

Nous retenons deux idées importantes de cette citation d'Ali. La première est que les agents du service d'identité civile, comme nous l'avons déjà souligné dans les précédents chapitres, agissent en fonction de « *Hag al goro* »,[499] c'est-à-dire l'argent que l'usager donne à un agent pour faciliter son dossier. Pour Ali, l'attitude professionnelle de l'agent dépend de la réaction de l'usager. Si l'usager réagit en offrant de l'argent à l'agent, ce dernier change rapidement de comportement, le cas contraire, l'agent se désintéresse de l'usager, en n'accordant

---

498. Entretien avec Ali, retraité de l'armée nationale, N'Djamena, Mai 2016.
499. *Hag al goro* est un mot arabe qui se traduit de manière littérale comme le prix de la Kola.

aucune importance à ses dossiers. Secondement, le *« hag al goro »* (le prix de la kola[500]) ne fonctionne pas toujours : donner une somme de 3 000 FCFA ou 5 000 FCFA à un agent pour faciliter le processus de délivrance de la carte nationale d'identité ne permet pas l'acquisition immédiate de ce document. Il y a dans ce cas des agents qui exigent d'autres sommes d'argent afin de faciliter la démarche de délivrance de la carte d'identité. Mais après avoir reçu cette somme, ces agents ne sont plus dans la capacité de respecter leur engagement. Ces cas sont fréquents au service d'identité civile. Dans les entretiens que nous avons eus avec les usagers, plus d'un quart dit avoir donné de l'argent aux agents sans avoir une réponse favorable. Ernest, un vendeur de téléphones mobiles et de cartes « Sim », dit avoir été victime de cette pratique :

> « J'ai donné deux fois une somme de dix mille francs CFA à une dame qui travaille au centre d'identification, mais jusqu'à présent je n'ai pas reçu ma carte d'identité. Elle me dit : donne-moi 10 000 FCFA pour que je les donne au technicien pour sortir ta carte, mais aujourd'hui ça fait trois semaines je ne vois pas la carte. J'ai vu un autre agent qui m'a demandé aussi une somme de 10 000 FCFA, ça fait aujourd'hui une semaine, je n'ai pas ma carte. Le problème est que je suis bloqué. J'ai une promesse d'emploi, mais sans la carte d'identité c'est impossible de signer mon contrat travail ».[501]

Ce fait est une pratique qui détermine le fonctionnement des services de l'identité civile. Il ne manque pas un jour où les usagers se plaignent d'avoir remis une somme à un tel agent et que la carte d'identité n'est pas délivrée. Les agents sont toujours prêts à accepter une demande tout en sachant qu'ils ne pourront pas l'honorer. Nous sommes ici dans une économie d'extorsion de fonds qui est soigneusement organisée et de manière délibérée par les agents du guichet du service d'identification.

---

500. Arditi Claude, « Du prix de la kola au détournement de l'aide internationale : clientélisme et corruption au Tchad (1900-1998), In Giorgio Blundo (dir.), *Monnayer les pouvoirs. Espaces, mécanismes et représentations de la corruption*, Paris, PUF - Genève, IUED, 2000, p. 36.
501. Extrait d'entretien avec Ernest, N'Djamena, juillet 2016.

IV. « On fait avec » : discours de (dé)légitimation des pratiques de corruption

Face à cette économie d'extorsion, le service d'identité civile fait l'objet de plus en plus de critiques venant des usagers, de la société civile et des médias. Mais toutes ces critiques n'ont pas conduit à des réformes dans l'organisation de ce service public. Il faut noter qu'une partie des difficultés auxquelles fait face le service d'identification, s'explique par le fait que la sphère politique prend de plus en plus de place dans le fonctionnement quotidien du dispositif d'identification, d'une manière générale, et celui de la carte d'identité, en particulier. L'intervention des acteurs privés et sécuritaires dans la gestion du service d'identification ne permet pas d'imaginer son autonomie. Le service d'identité civile est sous la responsabilité du directeur de la police nationale, alors que son fonctionnement au quotidien est confié à une entreprise privée. Ces deux acteurs sont en permanence en conflit sur la manière de gérer le centre, ce qui rend les choses très difficiles pour les usagers. C'est ainsi que ces derniers temps des voix s'élèvent pour dénoncer ce que le responsable du « Collectif de la vie chère » appelle « une escroquerie politiquement organisé »[502] par le gouvernement. Ces critiques sont parfois sporadiques et ne peuvent pas pousser les décideurs politiques à améliorer les conditions d'identification et de production de la carte d'identité. Aujourd'hui, personne n'a besoin que les conditions de production de la carte d'identité soient améliorées, car chacun semble trouver son compte dans ces pratiques. Les seuls qui continuent à subir les conséquences de cette politique sont les usagers. Même parmi ces usagers, certains y trouvent leur compte à travers des connexions dont ils disposent dans le service d'identification. Fatimé, une femme d'une trentaine d'années, élève à l'école nationale d'administration (ENA), loue le bon fonctionnement actuel du service qui, selon elle, répond aux besoins de la population tchadienne.[503]

Toutes ces critiques formulées à l'encontre des agents du centre d'identification génèrent aujourd'hui un sentiment de résignation face aux méthodes et pratiques des agents du service d'identification. À la

---

502. Carnet de terrain, extrait d'entretien informel avec Nour, responsable du « Collectif de la vie chère » au Tchad, juin 2016.
503. Carnet de terrain, N'Djamena 2016.

question de savoir : « Pourquoi acceptez-vous de payer plus pour avoir la carte d'identité ? », dans tous les entretiens que nous avons eus avec les usagers, plus de la moitié nous disent accepter de se soumettre à cette pratique par manque de moyens de résistance. Maouloud, technicien à la brasserie du Tchad, s'exprime en ces termes :

> « Eh ! Mon frère, nous ne pouvons pas contester ce qui se fait ici. Si tu soulèves ta voix pour dénoncer le comportement des agents du service de la carte d'identité, on va te mettre dehors tout de suite ou te bastonner. Ces gens ne comprennent rien. D'ailleurs, ils sont tous des agents de renseignements de la police nationale. Il y a un seul centre d'identification, si tu critiques le service, on va te renvoyer ; comment pourras-tu faire pour ta carte d'identité ? On ne peut que faire avec, car nous n'avons pas d'autres moyens que de subir ».[504]

Dans ce discours, nous lisons un sentiment de désarroi et même de désaffection face aux comportements des agents du service d'identité civile. Cette expression revient souvent dans le discours des usagers : « on fait avec ». Il est répété à tout moment et par plusieurs personnes que nous avons rencontrées sur le terrain. « On fait avec », se définit aussi par une attitude conformiste aux pratiques clientélistes et corruptrices des agents du centre d'identification. Face à la situation d'incertitude à laquelle font face les demandeurs de la carte d'identité, la seule alternative est de se conformer au mode de fonctionnement du centre. « S'il faut donner de l'argent pour avoir sa carte nationale d'identité, il faut le faire ».[505]

Vu l'importance de ce papier d'identité dans la vie sociale, au quotidien, comme nous le démontrerons dans le chapitre 8 et 9, il vaut la peine selon les usagers de s'accommoder des exigences de ces agents. Ici, ce conformisme consiste à accepter la proposition de l'agent ou des intermédiaires tout en sachant que le fait de payer 2 000 ou 5 000 FCFA de plus que le prix initial de la carte d'identité relève de l'illégalité. Aussi, toute réaction ou attitude est interprétée par les agents de guichets comme une sédition, dont la conséquence reste l'intimidation

---

504. Extrait d'entretien avec Maouloud, soudeur à la brasserie du Tchad, août 2017.
505. Carnet de terrain, N'Djamena, 2017.

et la brutalité. Face à ce climat de violence qui règne dans ces centres d'identification, les usagers préfèrent s'abstenir de contester.

Avec le pouvoir absolu dont disposent ces agents, les demandeurs de carte d'identité n'osent pas critiquer les mauvaises pratiques du centre d'identification. Ce pouvoir absolu est aussi renforcé par l'injustice sociale qui caractérise de plus en plus le quotidien des usagers de ce service public. Issakha, un homme âgé d'une soixantaine d'années, commerçant au marché central de N'Djamena, militant du parti au pouvoir, le MPS, que nous avons rencontré pendant notre séjour de terrain, nous explique qu'il ressent une certaine déception vis-à-vis du comportement des agents de la police nationale et ceux du service de la carte d'identité en particulier. Ce sentiment d'Issakha est aussi partagé par beaucoup de ses collègues commerçants qui soutiennent le parti au pouvoir. Pour eux, en plus de la carte nationale d'identité, ils sont obligés d'avoir la carte de commerçant dont les frais de délivrance s'élèvent à plus de 100 000 FCFA, environ 160 euros :

> « Les commerçants connaissent les pratiques des agents de la police, car pour tout papier d'identité, il faut donner de l'argent pour que les choses avancent. Si tu ne donnes pas, rien ne bouge. Ils vont te dire non, reviens demain, reviens après demain, non, le chef n'est pas là, la machine est en panne, les cartes ne sont pas sorties. Et là, tu sauras que c'est pour te demander de l'argent. Tu es obligé de donner pour avoir tes papiers. Dans une telle situation, tu es obligé de faire avec ».[506]

Ce « faire-avec-isme » révèle un sentiment de déception et de découragement face au comportement de ces agents. Mais, au-delà des comportements de ces agents de l'État, c'est aussi une critique formulée à l'encontre du gouvernement.

Pour certains usagers, le comportement actuel des agents du service de l'identité civile n'est pas si différent de celui des agents de la douane, des finances ou encore des agents des eaux et forêts. C'est l'ensemble du système qui est dans un état de désintégration. Il est le

---

506. Extrait d'entretien avec Issakha, N'Djamena, juillet 2017.

résultat de la gouvernance clientéliste et patrimoniale de la chose publique dont chaque acteur a participé à la création et à son maintien.

Conclusion

Nous avons essayé de saisir, dans ce chapitre, les interactions sociales entre les agents et les usagers dans le service d'identité civile du commissariat central de N'Djamena. Nous venons d'appréhender le fonctionnement au quotidien de l'administration publique des identités à travers les rapports de pouvoir entre les agents et les usagers. Le service d'identité civile est caractérisé aujourd'hui par une économie de prédation. Pour obtenir une carte d'identité, il faut mettre « la main à la poche », comme on a tendance à le dire dans ce service public. Mais pour mieux saisir ces pratiques, il faut prendre en compte le contexte historique et politique du Tchad. Nous allons dans le huitième chapitre appréhender la vie sociale des papiers d'identité.

CHAPITRE VIII

LA « VIE SOCIALE » DE LA CARTE D'IDENTITE

Ce chapitre interroge le rapport que les individus entretiennent avec leurs papiers d'identité d'une manière générale et avec la carte d'identité nationale en particulier. Il s'agit d'une description des pratiques et des usages sociaux de la carte d'identité à Goré et à N'Djamena. Nous nous concentrerons sur la carte d'identité, mais cela n'exclut pas qu'on puisse à un certain moment parler des cas des autres papiers d'identité, tels que la carte d'identité scolaire, la carte d'identité professionnelle, l'extrait d'acte de naissance, le passeport… Quels usages et significations les gens donnent-ils à la carte d'identité nationale d'identité ? À partir des travaux d'Arjun Appadurai[507] et de ceux des sociologues des médias et de la technique,[508] nous essaierons de montrer le rôle que joue la carte d'identité dans la vie quotidienne des gens. Notre postulat est que la carte d'identité nationale est un objet issu d'un processus de construction non seulement technique, mais aussi sociale. Selon Stuart Hall et ses coauteurs, les objets font partie de notre univers social dont il est important d'analyser « les codes et les décodages ».[509] C'est dans cette perspective que nous comptons comprendre cet univers social de la carte d'identité nationale dans le contexte tchadien.

Le papier d'identité, qui constitue le support matériel de l'identification de l'individu, est un objet avec lequel l'usager entretient des rapports quotidiens et parfois intimes. Ce document fait partie des objets précieux qui l'accompagnent et prouve son identité dans la vie

---

507. Appadurai Arjun, (dir.) *The Social Life of Things: Commodities in Cultural Perspective*. New York: Cambridge University Press, 1986.
508. Blandin Bernard, *La construction du social par les objets,* Paris, PUF, 2002.

509. Hall Stuart, Albar et Michelle et Gamberini Marie-Christine, « Code/décodage », *Réseaux*, v 12, n° 68, 1994.

de tous les jours. C'est un intermédiaire entre l'individu et l'administration – se présenter à la police, à la banque, dans la salle de concert. Ce sont eux qui parlent à notre place, confirment ou infirment notre identité physique en fonction des lieux et des acteurs qui sont face à nous. Notons que les pratiques et les significations de ces pièces d'identité varient en fonction des milieux de résidence – qu'il soit urbain ou rural, de sexe et du niveau d'éducation. Les enquêtes de terrain menées dans la ville de N'Djamena et de Goré nous ont permis de saisir le rôle que joue la carte d'identité dans le sentiment d'appartenance nationale. Nous essaierons de comprendre ce lien dans le premier point du chapitre. En deuxième lieu, il s'agira d'analyser la place qu'occupe la carte d'identité dans les administrations publiques et privées. Ce qui nous conduira à notre troisième partie sur les différents usages sociaux de cette pièce d'identité dans la vie quotidienne des individus. Enfin, nous concluons en essayant de saisir les liens qui existent entre le ticket de l'impôt et la carte d'identité.

I. Les Papiers d'identité et le sentiment national

Obtenir un papier d'identité constitue un mécanisme par lequel l'individu semble se rapprocher de sa « communauté politique »[510] ou du moins de son pays. La carte d'identité serait un instrument qui matérialise l'appartenance de l'individu à son pays. Pierre Piazza et Xavier Crettiez montrent[511] que le processus d'encartement des individus remplit plusieurs fonctions dont l'une est liée à la nationalité et à l'unification.[512] L'État se sert de cet instrument pour affirmer son autorité. Cette autorité est présente à tous les niveaux : elle va du processus d'enregistrement aux usages quotidiens de la carte d'identité. À travers la carte d'identité, l'État élargit son univers de la violence symbolique[513] au-delà de sa limite géographique et politique. Vivre en dehors du territoire n'exclut pas que la personne détienne une carte d'identité. Ainsi, Alyo, âgée de 67 ans, vit depuis plus de 35 ans en

---

510. Anderson Benedict, *L'imaginaire national : réflexions sur l'origine et l'essor du nationalisme,* Paris, La Découverte, 1996.
511. Crettiez Xavier, Pierre Piazza, (dir), *Du papier à la biométrie. Identifier les individus*, Paris, Presses de la fondation française de sciences politiques, 2006.
512. Ibid, p. 17.
513. Treiber Hubert, « État moderne et bureaucratie moderne chez Max Weber », *Trivium* (en ligne), n°7 2010.

Centrafrique, mais chaque fois que sa carte d'identité tchadienne expire, elle revient au Tchad pour la renouveler.

> « C'est important que nous ayons la carte nationale d'identité. La carte d'identité permet de savoir ta nationalité, ton lieu de naissance et ta famille. Elle permet de tracer tes origines, ton lien et rappelle ton histoire à travers le nom du père et de la mère ».[514]

Pour elle, la carte d'identité nationale lui permet de garder un lien avec son pays. Une telle déclaration ne semble pas être un cas singulier, sur la base des différents entretiens réalisés sur le terrain, que la carte d'identité constitue un objet d'appartenance nationale. Elle matérialise l'appartenance à un État ou détermine le resserrement de la citoyenneté.[515]. Il est vrai que la carte d'identité est vue comme un objet matériel de l'appartenance nationale, mais quand on en discute avec les gens, le plus souvent, ils se réfèrent d'abord à leur communauté d'appartenance avant de se dire Tchadiens. « Je suis Kenga », « je suis Gabri de Dressia ou Gabri de Bordo », « je suis Gambaye de Moundou ou Gambaye de Doba », « je suis Toubou » « je suis Massa de Bongor », « je suis Arabe de Beltine ou de Baguirmi », « je suis Zagawa », « je suis Kaba de Goré », « je suis de Laï… »

Ces discours sont fréquents ; ils mettent en question l'appartenance du groupe social avec son village d'origine. Ce repli identitaire participe à la déconstruction de cette « communauté politique imaginée » à la tchadienne. Jean-Pierre Olivier de Sardan explique, dans un texte publié dans un ouvrage dirigé par Emmanuel Terray[516], que la question des appartenances nationales en Afrique est toujours « territorialisée » ou « territorialisable ».[517] Elles sont « assignées », autrement dit renvoie à des systèmes de contraintes extérieures, largement reflétés par la naissance ; (…) » Le cas du Niger décrit par Olivier de Sardan ressemble bien à celui du Tchad. Mais la question du sentiment national ou d'appartenance semble aussi, à partir

---

514. Extrait d'entretien avec Alyo, Goré, septembre 2017.
515. Piazza Pierre, *L'histoire de la carte nationale d'identité,* Paris, Odile Jacob, 2004, p. 25.
516. Terray Emmanuel, (dir.), *L'État contemporain en Afrique*, Paris, L'Harmattan, 1987, p. 36.
517. Idem, p. 38.

de notre terrain d'étude, liée au processus de la symbolisation et de la matérialisation ou du moins de la mémoire. La mémoire y est corrélée aux expériences qui peuvent se dévoiler à partir de l'image de la carte d'identité. Elle est vue comme une « reconstruction du passé[518] ». La carte d'identité symbolise l'État tchadien, avec le « bleu, le jaune et le rouge » du drapeau, l'image de « Kelou Bital Diguel »[519], qui marque le sceau administratif, la devise « Unité, Travail, Progrès » et enfin la mention « République du Tchad ». Ces symboles constituent des supports par lesquels la mémoire se loge et se manifeste en présence de la carte d'identité nationale portant les marques et les signes de l'État et de la République.[520] La manifestation de cette mémoire est aussi liée au parcours biographique et générationnel de chaque individu, et selon son milieu social.

À travers nos données d'enquêtes, nous avons observé que cette question de mémoire se pose de moins en moins chez les jeunes. Mais quand on interroge un homme de 50 ans, agriculteur et ancien combattant, pour lui, la carte d'identité matérialise son appartenance à l'État. En revanche, pour un jeune, fils d'un éleveur ou agriculteur, l'usage de la carte d'identité est d'abord celle qui lui permet d'éviter les rackets des agents de sécurité et non son appartenance à l'État. Selon Dangaye, retraité de l'ambassade des États-Unis au Tchad, la carte d'identité est un moyen qui lui facilite ses démarches à la caisse nationale de prévoyance sociale, organe qui gère les pensions sociales des employés et retraités du secteur privé. Ils estiment que ces symboles sont d'une certaine manière les marqueurs de l'identité de l'État tchadien. Pour beaucoup d'usagers, détenir une carte d'identité est une fierté, non seulement parce que la carte d'identité permet de franchir une barrière contre la tracasserie imposée par la police, mais elle permet aussi de se distinguer des autres individus, c'est-à-dire des étrangers, et aussi d'autres Tchadiens qui ne disposent pas de ces papiers d'identité.

---

[518]. Halbwachs Maurice, *Les cadres sociaux de la mémoire,* Paris, Presses universitaires de France, 1952.
https://fr.wikipedia.org/wiki/K%C3%A9lou_Bital_Diguel.
[520]. Agulhon Maurice, *Marianne au combat. L'imagerie et le symbolique républicaines de 1789-1880*, Paris, Flammarion, 1979.

Figure 14 : Carte nationale d'identité et symboles de l'État tchadien

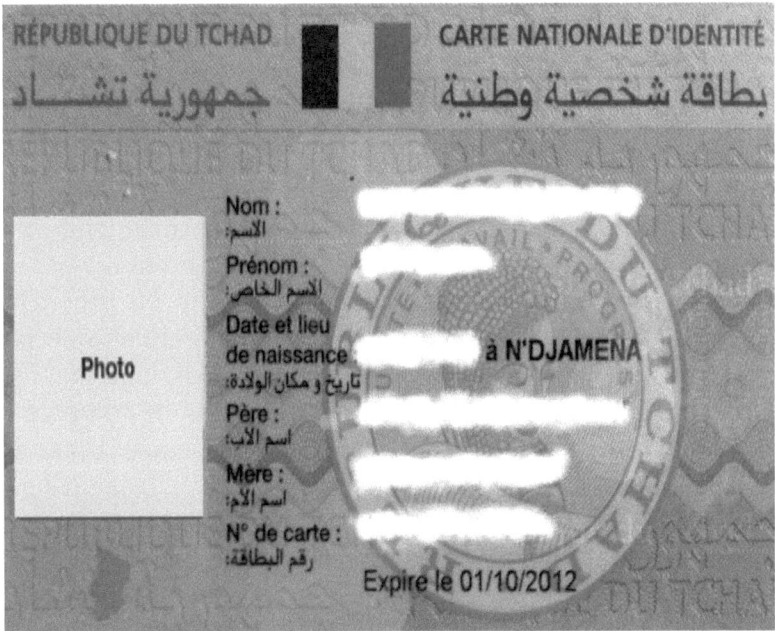

Source : https://www.google.fr/imgres.rfi

Il faut noter que les symboles jouent un rôle très important dans les interactions sociales entre les usagers de la carte d'identité et les agents de sécurité au moment du contrôle d'identité. Il arrive que, pendant le contrôle de la carte d'identité, les agents de sécurité regardent uniquement les couleurs du drapeau sans pouvoir vérifier la validité de ce document. La plupart d'entre eux, ne sachant ni lire et ni écrire, se servent des symboles visibles sur la carte d'identité. Pour Joseph Jurt, les symboles créent un sentiment national d'appartenance à la communauté politique.[521]

« Je fais la carte d'identité parce que je suis Tchadien », « c'est avec la carte d'identité qu'on peut

---

521. Jurt Joseph, « Le Brésil, un État-nation à construire. Le rôle des symboles nationaux : De l'empire à la république », *Acte de la recherche en sciences sociales, 2014/1, n° 201-202, p.44-57.*

m'identifier comme Tchadien », « si tu n'as une carte d'identité comment tu peux dire que tu es Tchadien ? ».[522]

La carte d'identité nationale est considérée par les premières autorités politiques d'après l'indépendance comme un progrès vers la matérialisation de la conscience nationale. La question de l'appartenance à cette « communauté politique »[523] ou du moins à la nation tchadienne comme écrit dans le décret instituant la carte d'identité nationale fut évoquée dans l'ordonnance promulguant le code de nationalité, de l'état civil et de la carte d'identité, en 1961. Dans ce premier texte juridique de l'identification, il est indiqué que la carte d'identité constitue un élément matériel qui lie l'individu à son État. En inscrivant son nom, la date de sa naissance, le nom de son père et son lieu de résidence, cela représente un acte par lequel l'individu se conforme aux normes de sa communauté politique. C'est ainsi que dès la publication du décret d'application de ces ordonnances, le ministre de l'intérieur du premier gouvernement tchadien, Abbo Nassour, présenta le spécimen d'une carte d'identité à la presse, expliquant que tout Tchadien âgé de 15 ans et plus doit obtenir une carte d'identité nationale comme élément matériel de son appartenance à son nouvel État. Quelques mois après ce discours, instruction est donnée aux services de la police de procéder au contrôle des papiers d'identité.[524] Il faut souligner que pendant cette période d'indépendance, l'importance de la carte d'identité était négligeable au sein de la population tchadienne. Ce qui contraste avec l'engouement politique des autorités. Bien que cette politique ait eu très peu de répercussions sur le territoire national, à l'exception des grands centres urbains où la police et la gendarmerie pouvaient contrôler les pièces d'identité. Même dans les années 1980, avec le pouvoir autoritaire de Hissein Habré, la carte d'identité fut très peu connue dans les familles. Les services de sécurité ne donnaient guère d'importance à la carte d'identité nationale.[525]

---

[522] Extrait d'entretien avec Ousia, N'Djamena, Août 2017.
523. Benedict Anderson, *op. cit.*, p. 12.
524. Entretien avec Sougui, chef du service des fichiers d'identification en retraite, 23 novembre 2015
525. Extrait d'entretien avec Djim, ancien responsable de la sécurité au Tchad, entretien réalisé à Paris, janvier 2018.

Notons que dans les années 1960, le sentiment d'appartenir à un pays nouvellement indépendant était manifeste au sein des élites tchadiennes ayant contribué à l'indépendance du pays.

Mais ce sentiment n'avait pas la même portée dans les zones rurales. Pour susciter ce sentiment, il fallait introduire un document qui porte le sceau du nouvel État.[526] De 1960 à 2001, la totalité des quatorze préfectures que comportait le pays avait chacune un centre d'identification. Cela permettrait à ceux qui habitent les villages éloignés d'obtenir des cartes d'identité avec des faibles frais de délivrance. Le plus souvent, les demandeurs de la carte d'identité ne pouvaient que s'acquitter des frais des timbres fiscaux, qui étaient de 200 F, dans les années 1960, et 1200 francs CFA, au début des années 2000.

Ce discours politique érigeant la carte d'identité comme un instrument qui matérialise l'appartenance de l'individu à sa communauté politique, mérite d'être interrogé dans le contexte tchadien. Comment pourrions-nous comprendre le cas de plusieurs Tchadiens qui ne disposent pas de carte d'identité ? Il est vrai que ce texte a été rédigé dans les années 1960, donc plus de 50 ans après, il semble ne pas correspondre aux réalités du terrain.

Au moment de la publication du décret, on ne pourra pas non plus dire que tous les Tchadiens âgés de plus de 15 ans avaient leur carte d'identité. Aujourd'hui, les autorités politiques reprennent parfois ce discours des années 1960 dans le cadre de la réforme de la politique d'identification. Qu'il s'agisse du décret de 2002 instituant la carte d'identité ou de l'ordonnance créant l'Agence nationale des titres sécurisés, la carte nationale est considérée comme un instrument par lequel chaque individu se rattache à son pays.

> « Un bon Tchadien devait avoir la carte d'identité. La carte d'identité est le seul instrument important qui définit qui nous sommes et nous rattache à son État ou à notre nation. Nous devrions faire de telle sorte que chaque citoyen se procure ce document d'identité. Aujourd'hui, nous observons une défaillance totale dans le service d'identité.

---

526. Extrait d'entretien avec Djarma, ancien administrateur civil, écrivain et journaliste, N'Djamena, 2016.

Il est urgent que le gouvernement trouve une solution rapide à ce problème que mine ce service ».527

Le rattachement à l'État, c'est-à-dire aux structures publiques, se fait d'abord par la présence physique de l'individu aux guichets du service public. Se renseigner pour les démarches à suivre, être fouillé à l'entrée de la porte du service d'identification par les agents de sécurité, remettre son extrait d'acte de naissance à un agent de contrôle et de vérification d'identité, fournir des informations (nom, prénom, date et lieu de naissance), donner ses empreintes digitales, accepter que ses informations soient enregistrées dans un registre, toutes ces démarches instaurent des interactions sociales entre les administrés et les administrateurs du service de l'identité civile. Le déplacement dans le centre d'identification, la rencontre avec l'agent du guichet, tous ces mécanismes semblent être un geste banal, mais venir parler avec un agent de l'administration n'est pas donné à tout le monde et ne semble non plus être une pratique habituelle pour certaines personnes. En se déplaçant au guichet du service public d'identification, l'individu tisse son alliance avec le service de l'État. Pour le maire de la commune de Goré, située à 25 kilomètres de la frontière centrafricaine où les mêmes communautés ethniques résident, la carte d'identité nationale constitue le seul moyen de distinction. Pour lui, ces groupes sociaux sont dispersés tout au long de la frontière, et le seul moyen pour se reconnaître est l'identification « papierisée ». « Sans ce document, il est difficile de distinguer un Kaba du Tchad de celui de la Centrafrique ».528 Par manque de carte d'identité, les extraits d'actes de naissance et les cartes scolaires sont souvent recommandés par les forces de sécurité à ceux qui sont en déplacement vers la frontière centrafricaine ou à l'intérieur du territoire. Dans ce contexte, la carte d'identité joue un rôle primordial dans la définition et la fixation des identités.

II. La carte d'identité au quotidien

Étudier les usages sociaux de la carte d'identité permet d'analyser les différentes valeurs sociales que les individus attribuent à

---

527. Intervention d'un parlementaire pendant les séances des questions au ministère de la sécurité publique, archive radio nationale, 2015.
528. Maire de la commune de Goré, entretien, le 12 août 2017.

cet instrument. « La politique de valeur »[529] de cet objet qu'est la carte d'identité est liée, dans le contexte tchadien, à diverses interprétations que chaque acteur, des pouvoirs publics ou des usagers, donne à ce matériel. La carte d'identité ou « pièce d'identité », comme on l'appelle au Tchad, fait partie de notre vie sociale, car elle nous accompagne jour et nuit dans toutes nos activités. Étudier les usages sociaux de la carte d'identité nous aide à comprendre, comme le disait Patrice Flichy, « le processus par lequel se sédimentent les sens sociaux par l'interaction de l'objet et du social ».[530]

> « Se détacher de ma carte c'est comme si je ne suis pas moi-même. Je garde ma carte toujours dans mon portefeuille. Si je veux sortir, je vérifie ma carte avant de m'habiller. Je ne peux pas sortir sans elle ».[531]

Au Tchad, la carte d'identité nationale a un rôle beaucoup plus symbolique et social, qui dépasse son utilité souvent liée aux enjeux de l'insécurité que nous racontent sans cesse les agents du monde de sécurité. Pour les agents de la police nationale, tout « bon citoyen » doit se munir de ses papiers d'identité. Porter sur soi une carte d'identité participerait à sa « protection ».

Dans ce contexte de l'économie de prédation[532] généralisée où les papiers d'identité deviennent un moyen dont les agents de sécurité font usage pour racketter les individus, la carte d'identité est un excellent artifice pour se débarrasser de ces tracasseries incessantes. Pour passer au travers de cette entreprise d'extorsion, la carte d'identité reste le seul instrument de « protection » et de « défense ». Ce que nous allons voir dans le prochain chapitre. Et en cas d'accident sur la route, c'est avec la carte d'identité qu'on peut identifier la personne. Pour Pady, porter la carte d'identité sur soi est une « garantie de sa protection » et une « source de sécurité » non seulement pendant qu'elle

---

[529] Appadurai Arjun, (dir), The *social life of things: Commodities in cultural perspective,* Cambridge, Cambridge University Press, 1986.
[530] Flichy Patrice, « Technique, usage et représentations », *Réseaux*, 2008/2, n° 148-149, p 147-174.
[531] Djido, infirmier dans un centre de santé de N'Djamena, entretien, le 20 mai 2017 à N'Djamena.
[532] Roitman Janet, *Fiscal Disobedience: An Anthropology of Economic Regulation in Central Africa.* New York, Princeton University Press, 2005.

est en vie, mais aussi en cas d'accident sur la route qui aboutirait par exemple à sa mort.

> « Eh ! Je ne sors jamais sans ma carte d'identité. S'il arrive que j'oublie ma carte d'identité à la maison et si je ne suis pas loin de chez moi, je reviens rapidement la prendre avec moi. J'ai toujours et toujours ma carte d'identité avec moi. Tu sais, ici à N'Djamena, si je sors sans ma carte d'identité c'est comme si je ne suis pas en sécurité. Je n'ai pas peur des bandits ou des cas de vol, mais j'ai peur des agents de police qui peuvent te mettre en prison juste parce que tu n'as pas une pièce d'identité avec toi. Et je connais beaucoup d'amis qui ont passé deux à trois jours en prison avant qu'ils soient libérés. La carte d'identité est ma chérie ».[533]

La question de la sécurité est maintes fois mise en lien avec la carte d'identité. Qu'il s'agisse de l'usager, du policier, de l'administrateur du service de l'identité civile ou de l'homme politique, tous s'accordent pour dire que la carte d'identité nationale joue un rôle très important dans la sécurité collective ou individuelle. Par contre, ce qui semble intéressant à comprendre est la question de la définition ou de l'interprétation que chaque acteur donne à cette notion de sécurité. Pour les usagers, la carte d'identité nationale assure la sécurité non pas parce que leur tranquillité ou sécurité physique serait en danger, mais que cet instrument permet d'échapper aux prévarications policières. Nous sommes ici dans un sentiment d'insécurité[534] qui déconstruit l'idée habituellement admise, dans le milieu policier, selon laquelle l'identification biométrique faciliterait la lutte contre l'insécurité. La police, par le biais de ces contrôles de carte d'identité, devient un danger qu'il faut éviter en ayant un papier d'identité. Le propos est partagé par plusieurs personnes – les femmes comme les hommes – pour eux, la carte d'identité joue d'abord un premier rôle de « protecteur », pas contre un mal extérieur, mais contre les pratiques des agents de sécurité.

> « La carte d'identité est ma vie. C'est ma photo, mon nom, mon âge, le nom de mon père, de ma mère et le lieu de ma

---

533. Extrait d'entretien avec Pady, vendeuse au marché central de N'Djamena, le septembre 2016.
534. Roché Sébastien, *Le sentiment d'insécurité*, Paris, PUF, 1993.

naissance qui figurent sur ce document. Alors la carte c'est moi. Je ne me détache pas de cette carte, car elle est moi et ma garantie ».[535]

Denise dit avoir un rapport particulier avec sa carte d'identité. Son extrait d'acte de naissance et sa carte d'identité sont toujours dans son sac à main. Elle met sa carte d'identité dans sa Bible. Car la carte d'identité et la Bible sont les deux choses les plus importantes de sa vie. La carte d'identité nationale lui permet de circuler librement sur le territoire, comme une Bible qui lui montre le chemin de Dieu pour le paradis.[536] Ces documents sont mis habituellement dans un sac en plastique avant d'être déposés dans un sac à main, bien fermé. Pour elle, enrober sa carte dans un plastique permet aussi d'éviter sa détérioration en cas de pluie. La valeur donnée à la carte est le plus souvent liée à un contexte décrit comme incertain. La carte d'identité est un instrument par lequel plusieurs échanges sociaux interagissent. Elle représente et définit l'identité du porteur, et constitue un matériel précieux au regard des usagers. Bien que liée à une histoire coloniale, la carte d'identité devient aujourd'hui un objet qui participe à la définition de l'identité individuelle et familiale de chaque porteur de ce papier d'identité. Elle est appropriée et adoptée par les Tchadiens comme un document qui garantit la sécurité physique au quotidien. Cette petite expérience ethnographique permet de se rendre compte qu'il existe d'autres pratiques qui se cachent derrière cet échange sur la base de la carte d'identité.

III. L'usage de la carte d'identité dans les administrations

Depuis le décret de 2002, introduisant la technique biométrique, les services de l'État, le ministère de la Fonction publique et de l'Emploi, et les inspections du travail encouragent les employeurs à exiger une pièce d'identité à leurs employés avant tout recrutement. Le ministre de la Fonction publique, lui-même, a publié un arrêté ministériel demandant à tous les fonctionnaires de se procurer une carte d'identité pendant le recensement général des fonctionnaires en 2009. Ce recensement biométrique des fonctionnaires permettait, selon les

---

535. Extrait avec Denise, agente de communication à la compagnie de téléphonie mobile, Airtel, N'Djamena, Juillet 2017.
536. Ibid.

agents de ce ministère, de déceler tous les fonctionnaires fantômes ou déserteurs qui continuent de percevoir leur salaire sans se présenter à leur poste de travail. C'est aussi suite à ce recensement que le ministère des Finances a décidé de transférer tous les salaires des fonctionnaires dans les différentes banques du pays. Mais avant que les salaires ne soient transférés dans les banques, une copie d'une carte d'identité doit être déposée à la direction de la solde et une autre à l'établissement bancaire du salarié. En 2017, parmi les mesures prises par le gouvernement pour lutter contre les faux fonctionnaires de la fonction publique, le ministère des Finances et celui de l'Emploi ont introduit pour la seconde fois le recensement biométrique des agents de l'État. Ce processus d'identification est accompagné de la carte nationale d'identité.

La carte d'identité constitue désormais un objet précieux tant pour les candidats aux embauches que pour les salariés. Un petit tour des différents centres d'identification permet de se rendre compte que la plupart de ceux qui viennent se faire établir la carte d'identité sont en grande partie ceux qui disent vouloir postuler pour un emploi, ou veulent une carte d'identité afin de percevoir leurs salaires, ou encore déposer les dossiers pour la caisse de la prévoyance sociale. Le phénomène est plus accentué à N'Djamena que dans d'autres villes du pays. Pour Toma, assistante sociale, âgée de 56 ans, « en tant que fonctionnaire de l'État, la carte d'identité me facilite les démarches administratives et surtout elle me permet de percevoir mon salaire dans ma banque. Car, sans ce document, comment les gens peuvent savoir que c'est bien moi, Toma ».[537]

Soulignons que la carte d'identité en tant que telle n'est pas un objet qui intéresse les gens. On peut le constater à travers les réactions de certains usagers quand on les interroge sur le rôle de la carte d'identité.

> « Si ce n'est pas à cause de mon intégration à la fonction publique, je ne pense pas faire la carte d'identité. Je n'ai jamais fait la carte d'identité jusqu'à la fin de ma formation à l'école nationale de santé. Aujourd'hui, je viens faire la carte d'identité c'est parce que la direction de la solde du

---

537. Extrait d'entretien avec Toma, sociologue au ministère de l'Agriculture. N'Djamena août 2017.

ministère de la Fonction publique exige la carte d'identité avant tout traitement de mon salaire ».[538]

L'État, via son appareil bureaucratique, crée l'intérêt de ce papier d'identité par ses actions, notamment les contrôles incessants des papiers d'identité dans les différents postes de police sur les routes nationales, le dépôt des demandes d'intégration à la fonction publique, les recensements des fonctionnaires, les concours nationaux, la demande des pensions à la caisse nationale de retraite ou à la caisse nationale de prévoyance sociale… Avec les mesures d'austérité sociale prises par le gouvernement en 2016, dont une de ces mesures phares est celle de l'audit de tous les diplômes.[539] À travers cette mesure, tous les agents et contractuels de l'État doivent présenter leurs diplômes, authentifiés par l'office national des examens et concours de l'enseignement supérieur, à l'inspection générale de l'État (IGE). Pour authentifier ses diplômes, il faut se munir de la copie d'une carte d'identité nationale. Après avoir authentifié les diplômes, les dossiers doivent être déposés auprès de l'inspection générale de l'État, accompagnés d'une copie légalisée de la carte d'identité nationale, chez le notaire.

Cette mesure a fait exploser la demande de la carte d'identité nationale. L'objet de cette mesure, comme nous venons de le souligner, est de vérifier, contrôler et déceler les faux agents publics qui continuent de percevoir deux à trois fois leur salaire mensuel. Notons que la plupart de ces agents de l'État ne disposent pas de cartes d'identité ou, s'ils en possèdent, ces cartes ont expiré, ou encore le nom qui figure sur la carte n'est pas conforme à celui inscrit sur le registre de la liste à la Fonction publique. Mais, malheureusement, du fait de la faible capacité d'accueil de ce service de l'identité civile, liée à la suspension des activités des autres centres d'identification, certains agents ne sont pas en possession de leur carte d'identité. Pour ceux qui veulent se présenter à un concours ou déposer les dossiers à l'inspection générale de l'État, ils sont obligés de présenter leur récépissé d'identification du service de la carte d'identité. Quelques mois après, pour le budget de 2017, l'État a prévu dans les lois de finances une

---

538. Extrait d'entretien avec Mariamou, assistante sociale au ministère de l'action sociale et de la famille, N'Djamena, Août 2017.
539. https://www.presidence.td/fr-comcons.html.

augmentation des frais de la carte d'identité à 10 000 FCFA, environ 15 euros. Cette augmentation brutale des frais de la carte d'identité a été dénoncée par plusieurs organisations de la société civile, mais le gouvernement a justifié sa mesure par la crise financière.

Pour le sous-directeur du service d'identité civile, l'augmentation des frais de la carte d'identité consiste à améliorer les conditions de travail du service d'identité civile. Mais depuis la majoration de ces frais de carte d'identité, la qualité de la prestation du service d'identité est dans les mêmes conditions que celle des années précédentes. La question qu'on se pose ici est de savoir à qui profite cette augmentation des frais de délivrance de la carte d'identité nationale ? La réponse à cette question doit être appréhendée dans une perspective systémique à travers les logiques de l'économie de prédation qui semble déterminer le fondement même du service public d'identification des individus au Tchad.

Ce pouvoir exceptionnel est donné à cette inspection, créée par le Président de la République dont les membres sont les plus proches du pouvoir, souvent issus des rangs des membres du parti au pouvoir, ou des membres de la société civile qui partagent une certaine orientation avec le gouvernement. Elle est l'œuvre de cette institutionnalisation de la politique du ventre[540], de la logique néopatrimoniale[541] ou de la logique de « l'État stationnaire »[542] qui permet à chaque membre de la famille ou de la majorité présidentielle de trouver son compte. Le rôle de cette inspection consiste, en principe, à veiller au respect des règles qui régissent le fonctionnement de l'administration publique. Ce rôle se subdivise en plusieurs variantes dont l'une consiste à traquer les faux diplômes de certains agents de l'État. Composée des personnes intègres et impartiales, selon la définition du mandat de ces membres par le décret ;[543] mais comme au

---

540. Bayart Jean-François, *L'État en Afrique. La politique du ventre*, Paris, Fayard, 1989 (2ᵉ édition augmentée, Fayard, 2006). Regarde note 46 légèrement différente
541. Médard Jean-François, *L'État d'Afrique noire*, Karthala, Paris, 1991.
542 Eboko Fred et Awondo Patrick, « Cameroun, l'État stationnaire », *Politique africaine*, n°150, 2018, p. 5-27
543. Décret n° 217/PR/IGE/2016 du 16 février 2016 portant modalités, procédures et conditions d'exécution des missions effectuées par l'Inspection générale de l'État (IGE).

Tchad, la logique d'accaparement des ressources ne se résume pas seulement au simple policier qui extorque des ressources aux gens sur la route. Ce système d'accaparement se répand aussi bien dans toutes les institutions de l'État. Ce qui explique, en décembre 2017, l'inculpation d'un des membres de cette inspection pour abus de confiance, escroquerie, détournement des deniers publics et trafic d'influence.[544] La poursuite de ce membre de la haute institution qu'est l'inspection générale de l'État révèle bien, une fois de plus, la généralisation du phénomène de la corruption dans toutes les instances du service public au Tchad. C'est pourquoi, pour comprendre les actions des agents de police en lien avec la question des papiers d'identité, il est important d'observer tous les segments de la société tchadienne afin de saisir les complicités dans cette pratique. Car nous disons que ces pratiques clientélistes ne profitent pas seulement aux agents de sécurité, mais elles constituent toute une chaîne, qui va du gardien de la paix aux officiers des armées en passant par les préfets et les responsables des services secrets de sécurité.

La carte d'identité et les extraits d'acte de naissance ne remplissent pas les mêmes rôles ni les mêmes fonctions. Mais ces deux pièces d'identité ne sont pas différentes aux yeux de certains habitants des zones rurales. Cela peut, en partie, s'expliquer par le fait que la carte d'identité reste un papier peu connu dans les campagnes tchadiennes. Il semble, selon le récit de certains habitants de Goré, être un phénomène urbain.

« Ici au village, la carte d'identité nationale n'est pas importante pour moi. Comme je ne voyage pas, je n'ai pas besoin d'avoir une carte d'identité nationale. J'ai mon extrait d'acte de naissance, et c'est suffisant pour moi. Je me rappelle, la seule fois où je suis parti en voyage, c'était en octobre 2014 ; je suis parti au marché hebdomadaire de Timberi (35 km de Goré). J'ai pensé me faire faire la carte d'identité en 2016 parce que j'avais prévu de venir à N'Djamena. Mais je n'ai pas pu me faire une carte d'identité. Et je ne suis pas parti à N'Djamena,

---

544. Journal Tchad convergence$_s$,(en ligne), « Lutte contre le clientélisme politique : l'ancien inspecteur général d'État en garde vue pour détournements », 3 décembre 2017 .

car sans ce papier, je ne peux arriver à N'Djamena avec tout ce que les "Zoulous »[545] sont en train de faire sur la route ».[546]

IV. L'identité téléphonique entre logique de marché et politique de sécurité

Avec le développement du marché de la téléphonie mobile, l'identification des clients est devenue une nécessité pour les entreprises et les autorités de sécurité. La question que nous nous posons ici n'est pas seulement celle de l'usage de ces papiers d'identité dans ce genre d'établissement, qui pourrait sembler banal, car cela se fait dans toutes les administrations publiques ou privées.

Ce qui est important dans cette nouvelle règle, ce sont les connexions et les échanges d'informations entre les services de téléphonie mobile et les administrations publiques chargées des questions de sécurité et de justice comme la police judiciaire et les services de renseignement.

Ce procédé d'identification s'insère dans ce que les responsables de ces entreprises de téléphonie mobile, Airtel et Tigo, appellent « une nouvelle politique de sécurisation », exigeant de leurs clients d'être obligatoirement identifiés par un papier d'identité (carte d'identité nationale, passeport, carte professionnelle…).

Parmi ces papiers d'identité, la carte nationale d'identité reste la pièce d'identité la plus recommandée par les agents chargés de cette procédure d'identification. Pour tout abonnement, appel téléphonique ou connexion à internet, le client doit se munir de sa carte d'identité nationale non seulement pour la signature du contrat d'abonnement, mais aussi pour être identifié par le numéro de sa carte d'identité nationale ou de son passeport. Il y a deux ans, chacun pouvait acheter une carte sim et l'utiliser avec des recharges téléphoniques (du « crédit » pour les communications et les données mobiles) sans passer par une identification préalable. Mais une campagne de sensibilisation

---

545. « Zoulou » est un terme populaire qui signifie Zagawa, ethnie du Président de la République. Dans ce contexte, l'enquêté compare les agents de sécurité dans les postes de contrôles à des Zoulous.
546. Extrait d'entretien avec Idriss, N'Djamena, août 2017.

a été lancée en mars 2015, expliquant que cette politique répondait à des exigences des normes nationales et internationales en matière de télécommunications.[547]

Selon les autorités de la police judiciaire et les agents de la société Airtel, la constitution de la base de données aurait permis, grâce aux cartes d'identité biométriques, de prévenir les actes délictueux et criminels.[548] Chaque client a son profil dans la base de données de la téléphonie mobile avec toutes les informations le concernant. En cas d'incident, le service des renseignements ou de la police judiciaire fait appel au service d'Airtel pour obtenir les données de la personne.

> « Cette base de données nous est essentielle dans le cadre de notre travail. Grâce à ces données, nous essayons de surveiller les esprits malveillants à partir des appels téléphoniques. Il y a parfois des réseaux, des gangs, qui ont été démantelés grâce à ce dispositif. Nous travaillons en étroite collaboration avec le service de la téléphonie mobile dans le cadre des enquêtes judiciaires. Aujourd'hui, sans ces outils, et avec la montée du radicalisme religieux, notre travail serait difficile à accomplir ».[549]

Le 20 novembre, nous venions d'acheter une carte de téléphonie mobile sur l'avenue Charles de Gaulle, là où plusieurs commerces se trouvent. Nous demandons la carte aux vendeurs à la sauvette de téléphones et des cartes de recharge qui déambulent sur cette avenue à côté de deux sociétés de téléphonie mobile, Airtel et Tigo. Nous achetons un téléphone de marque chinoise ITEL, contenant une carte puce, appelée communément au Tchad une carte Sim (subscriber identity module), rechargeable avec un numéro, mais pour que notre ligne soit activée, c'est-à-dire pour qu'on puisse émettre des appels, le vendeur nous demande une pièce d'identité. Nous n'avons pas saisi ce qu'il a dit avec le bruit des moteurs des véhicules qui circulent dans cette avenue, il nous rappelle pour la deuxième fois, « Monsieur, tu dois me donner ta pièce d'identité, une carte

---

547. Tchadinfos (en ligne), « Opération d'identification des abonnés à la téléphonie mobile, dernier délai le 15 mars 2015 »,18 novembre 2014.
548. Entretien avec le commissaire de la police criminelle au commissariat central de N'Djamena, 2017.
549. Entretien avec commissaire de la police judiciaire, septembre 2017.

d'identité ou un passeport. Sans ce document, il est impossible de faire les appels ni envoyer des sms avec ce numéro. Les choses ont changé depuis plus deux ans maintenant, celui qui n'a pas une carte d'identité, normalement, nous ne devons pas accepter de lui vendre une carte Sim »[550]. Nous lui tendons la carte d'identité. Il enregistre le numéro de la carte d'identité sur son téléphone, photographie notre carte et l'envoie par message au service technique de l'entreprise. Environ 20 minutes après nous recevons un message du service client de cette entreprise de téléphonie mobile, « merci d'avoir choisi Airtel-Tchad. Votre numéro… est déjà actif. Vous pouvez émettre des appels et envoyer des sms ». Enfin, nous sommes identifiés. Nous pouvons émettre et recevoir des appels grâce à notre carte nationale d'identité.

Figure 15 : Séance d'identification d'un nouvel abonné de la société Airtel-Tchad

Source : Auteur, Enquête de terrain, N'Djamena, septembre 2017

---

[550]. Extrait d'entretien avec Elkana, vendeur des téléphones et carte Sim de la société Airtel, N'Djamena, Juin, 2017.

Un client est ici devant une boutique de vente de téléphones portables et de cartes Sim de la compagnie téléphonique Airtel, une des deux entreprises de téléphonie mobile qui sont présentes au Tchad. Le vendeur est en train de procéder à l'enregistrement des informations d'état civil du client. Il lui demande le nom, prénom et son quartier de résidence. En plus de ces informations, il faut aussi présenter une pièce d'identité en cours de validité.

Ces bureaux comme ceux que nous venons de présenter sont visibles dans les différents coins et recoins de la capitale, et aussi présents dans les autres villes et villages du pays. Ils sont tenus par des jeunes qui, par manque d'emploi, s'adonnent à ces activités. La plupart de ces jeunes, qui ont des diplômes supérieurs (bac +3 ou bac+5), n'ont que la vente de crédits pour la recharge des téléphones comme principales activités de débrouillardise. On peut les trouver dans les marchés, dans les rues ou dans des kiosques, portant des T-shirts bleus ou rouges, symbolisant les marques de chaque entreprise de téléphonie mobile. Ils travaillent dans des conditions difficiles, avec un salaire qui atteint difficilement 30 000 CFA nets (environ 45 euros) par mois. Parmi ces jeunes, certains sont en couple et parfois avec deux ou trois enfants à leur charge. Le cas des jeunes femmes qui exercent cette activité semble encore plus difficile que celui des jeunes hommes. La plupart de ces jeunes femmes que nous avons rencontrées pendant notre enquête de terrain à N'Djamena sont déscolarisées et certaines d'entre elles disent avoir des enfants. Cette activité leur permet donc d'assurer la subsistance de leurs progénitures. D'autres prennent en charge même leurs parents, car cela arrive souvent dans des familles, surtout avec la crise de l'emploi des jeunes qui semble criarde au Tchad. Selon Yerim, un jeune diplômé en philosophie de l'université de N'Djamena, la vente de téléphones et de cartes Sim est une activité de débrouille qui permet de joindre les deux bouts, à défaut d'une activité professionnelle qui correspondrait à leur formation universitaire.

> « Je fais cette activité parce que je n'ai pas une autre possibilité. Après ma licence en philosophie à l'université de N'Djamena, j'ai passé deux ans à la maison sans trouver un travail. J'ai postulé partout dans les collèges et lycées pour enseigner. Mais tu sais, ici au Tchad, il faut quelqu'un qui peut pousser tes dossiers. Sans ça, c'est mort. Finalement, j'ai décidé de vendre les crédits de recharge avec Airtel. J'ai une femme avec un enfant de deux ans.

C'est avec ce salaire de 30 000 F que nous essayons de jongler avec ma famille ».[551]

Pour être identifiée en tant qu'abonnée, si la personne ne dispose pas d'une carte d'identité, elle peut être identifiée par une pièce d'identité d'un de ses amis ou de sa famille. Une telle procédure d'identification constitue une exception, car dans les faits, il faut se munir de son titre d'identité. Mais, au regard du faible nombre de Tchadiens disposant effectivement de papiers d'identité, 30 % selon le bureau permanent des élections[552] (BPE), les responsables des compagnies de téléphonie autorisent leurs abonnés à être identifiés par la pièce d'identité d'un tiers.

Nos observations sur le terrain, à N'Djamena et à Goré, nous ont permis de comprendre que les sociétés de téléphonie mobile disposent d'une base de données importante sur la population. Vu l'intérêt que suscite cet outil de communication dans les différentes zones rurales du pays, ces sociétés saisissent cette opportunité pour obtenir des informations sur les individus, et d'une autre manière, en les incitant à se faire délivrer une carte d'identité. Nous sommes dans une logique où le numéro de téléphone devient une identité de la personne. À partir de ces exemples que nous venons de relater, il est facile de déduire à quel point la carte d'identité joue un rôle très important dans le quotidien des gens au Tchad. Aujourd'hui, la téléphonie mobile pénètre dans tous les milieux. Le téléphone portable est devenu aujourd'hui, comme l'écrit Mirjam de Bruijn, « une réalité quotidienne en Afrique ».[553] Le chercheur tchadien Djimet Seli a, dans un ouvrage issu de sa thèse, analysé le rôle des technologies de communication en rapport avec la mobilité de la communauté Hadjaray.[554] Le rôle que jouent aujourd'hui les compagnies de téléphones mobiles dans le processus d'identification des individus

---

551. Entretien avec Yerima, vendeurs de téléphones t carte de recharge à N'Djamena, avril 2017.
552. Rapport du Bureau permanent es élections au Tchad (BPE), Ministère de l'administration du territoire, 2016.
553. Bruijn de Mirijam, «Connecting in mobile communities: an African case study», *Media, culture and society*, vol 36/3, 2014, p. 319-335.
554. Djimet Seli, *(De) connexions identitaires post conflit. Les Hadjaray du Tchad face à la mobilité et aux technologies de communication*, Langaa, RPCIG, Yaoundé, 2013.

pose aussi, d'une certaine manière, la question de la surveillance généralisée,[555] dont les outils de *l'E.government*[556] deviennent le fondement. Avec les logiques actuelles de la gestion des inquiétudes, notamment du terrorisme, comme le souligne Didier Bigo dans ses travaux, le contrôle des individus passe désormais par la coopération des différents secteurs, dont les technologies de l'information et de la communication constituent l'un des outils importants. L'identification des abonnés de la téléphonie mobile au Tchad concourt à cette gouvernance mondiale de la sécurité.[557]

V. Le ticket d'impôt et les pièces d'identité : quel rapport entre ces deux papiers de l'administration publique ?

Nous allons à présent essayer de montrer le lien qui existe entre le ticket d'impôt et la carte d'identité. Mais avant de montrer en quoi ce ticket a contribué à l'identification des individus, il faut évoquer en quelques lignes le processus de la mise en place des impôts au Tchad. Nous ne serons pas exhaustifs dans la description de ce dispositif, car ce n'est pas l'objet de ce sous-chapitre. Il s'agit plutôt de mettre en évidence, sur la base des récits de vie, les liens qui existent entre les tickets d'impôts et la pièce d'identité. Ce lien est analysé à partir des enquêtes de terrain que nous avons réalisées avec quelques enquêté(es) à Goré et à N'Djamena, dont l'âge varie entre 54 à 70 ans. Nous avons complété ces récits de vie avec des rapports administratifs, trouvés au Centre d'études et de formation pour le développement (CEFOD), et qui montrent bien la place qu'occupait l'impôt dans la vie quotidienne des citoyens au Tchad, avant et après l'indépendance.

L'introduction de l'impôt remonte aux premières années de la colonisation du Tchad. Dès l'occupation des territoires du Tchad, l'administration coloniale a introduit l'impôt pour la mise en valeur du territoire. Selon Abdoulaye Ahmat Kassambara, l'impôt de capitation qui était déjà instauré par décrets et circulaires à la fin du XIXe siècle

---

555. Bigo Didier, « Mondialisation de l' (in)sécurité ? Réflexions sur le champ des professionnels de la gestion des inquiétudes et analytique de la transnationalisation des processus d' (in)sécurisation », *Cultures et conflits,* n° 58, 2005/2.
556. Roa Ursula, "Biometric Marginality. UID and the Shaping of Homeless Identities in the City." *Economic and Political* Weekly 48, 2013, p. 1-7.
557. Bigo Didier, « Sécurité et protection des données », *Cultures et conflits*, n° 74, 2009/2.

et au début du XXe siècle au Congo-Français avait été transposé sur le territoire du Tchad. Il est exigé de chaque adulte, et la contribution était uniforme, mais variait suivant la capacité économique de chaque colonie, et aussi selon les moyens mis en place pour sa perception.[558] Le mode de paiement en nature existait aussi, notamment par les produits de chasse et de la culture vivrière. Outre l'acquittement en nature, les populations pouvaient payer leur contribution en monnaie locale, le Thaler de Marie Thérèse.[559] Raymond Gervais a analysé le rôle que l'impôt et la taxe ont joué dans la mise en valeur économique du territoire du Tchad. Selon lui, la colonie du Tchad est l'une des plus riches colonies de l'AEF, grâce au prélèvement de ses taxes et impôts sur le bétail.[560]

Cet héritage colonial est réapproprié après l'indépendance par les nouvelles autorités politiques du Tchad. En ayant en main la destinée du pays, le pouvoir de François Tombalbaye a considéré le prélèvement des impôts et taxes comme une priorité de sa politique. Des mesures drastiques sont prises dans ce cadre, et les agents des impôts, les autorités traditionnelles, les sultans, les chefs de canton et les chefs des villages sont tous mis à contribution pour le prélèvement des impôts auprès de leurs populations respectives. Face à la pression des impôts, les paysans Moubi de Mangalmé se sont révoltés contre les agents des impôts en 1965.[561] Les agents sillonnent les marchés de bestiaux et pendant la période d'achat du coton afin de prélever des impôts. En cas de refus, ils utilisent parfois la violence, des biens en nature sont arrachés et certains citoyens sont même détenus faute de n'avoir pas payé leurs impôts.[562] En présentant ainsi le contexte dans lequel l'impôt a été introduit au Tchad et avec les logiques de répression qui ont suivi, nous voulons nous interroger sur les rapports qui existent entre la carte d'identité et le ticket d'impôt. Il faut rappeler que le lien

---

558. Abdoulaye Abakar Kassambara, La situation économique et sociale du Tchad de 1900 à 1960, thèse de doctorat en Histoire, Université de Strasbourg, 2010, p. 10.
559. Abdoulaye Abakar Kassambara, *Ibid*, p. 10.
560. Gervais Raymond, « La plus riche des colonies pauvres : La politique monétaire et fiscale de la France au Tchad (1900-1920) », *Journal canadien des études africaines*, vol.16, n° 1, 1982, pp. 93-112.
561. Abbo Netcho, *Mangalmé 1965. La revole des Moubi*, Saint Maur des Fosses, Sepia, 1996.
562. Extrait de carnet de terrain, témoignage de Garoundé Djarma, décembre 2015.

entre le dispositif d'identification et la fiscalité ne date pas d'aujourd'hui. Dans l'histoire du dispositif d'enregistrement des individus, les impôts constituaient un des objectifs.

Après cette période de François Tombalbaye, tous les régimes politiques qui se sont succédé ont procédé de la même manière. La période la plus marquante selon Madji, un instituteur en retraite, est celle du président Hissein Habré avec l'impôt appelé « effort de guerre »[563] qui fut institué dans les années 1980 pendant le conflit avec la Libye. Les agents publics procèdent à cette époque au contrôle des tickets de l'impôt dans les villages et les villes du pays. C'est ainsi que les tickets de l'impôt étaient de plus en plus demandés et se substituaient parfois aux cartes d'identité. Pour Hélène, « avoir une carte d'identité était une fierté, fierté d'appartenir à un État, de voter et de circuler comme je veux. Mais tu sais, l'impôt aussi était très important parce que des gens ont été mis en prison et tués pour ce petit papier ».[564]

Dans les années 1990, les paysans payaient au moins 500 FCFA pour les femmes et 1000 FCFA pour les hommes. Il faut attendre les élections présidentielles de 1996, marquant la fin de la transition politique, pour que l'impôt des femmes des zones rurales soit supprimé par le gouvernement. C'est le résultat de la promesse de campagne du président Deby. Les chefs des cantons et des villages continuent toujours à accompagner les agents du ministère de finances pour le prélèvement des impôts dans leurs circonscriptions avant de les acheminer dans les sous-préfectures. Pour tous ceux qui ne payent pas ces impôts, ils sont mis en détention jusqu'à ce qu'un membre de leur famille vienne s'acquitter de cette obligation avant qu'il soit libéré. Cette politique fiscale est une suite logique de ce que l'administration coloniale avait mis en place et qui est aujourd'hui réappropriée par les élites politiques du Tchad.

Selon Haroun, retraité de l'office national du développement rural, « sous la force des autorités locales et celles des agents du ministère des Finances, les habitants avaient plus intérêt à s'acquitter

---

[563] Arditi Claude, « Les violences ordinaires ont une cause : le cas du Tchad », *Politique africaine*, 2003/3, n° 91, p. 7.
[564] Hélène, veuve d'un instituteur, entretien, le 13 septembre 2017 à Goré.

de ce devoir afin d'éviter des bavures des forces de l'ordre déployées dans les différentes localités pour percevoir ces taxes et impôts ».565 Le ticket des impôts était plus important que la carte d'identité, car sans ce ticket, il est difficile de voyager.

Conclusion

Ce chapitre nous a permis de voir à quel point les papiers d'identité sont importants dans la vie quotidienne et comment diverses politiques (recensement des fonctionnaires, identification des usagers de la téléphonie mobile) ont rendu ces papiers indispensables. Cependant, au-delà de son usage au quotidien, la carte d'identité est aussi un objet à travers lequel les citoyennetés se resserrent autour de l'État. Elle est le produit de la matérialisation de l'appartenance à la « communauté nationale ». La carte d'identité est vue aussi comme une « identité objectivée » de l'individu.

Nous allons étudier dans le chapitre 9 la question des contrôles d'identité à travers les barrières de routes. Ce qui va nous permettre de saisir cette fonction circulatoire des papiers d'identité.

---

565. Haroun, retraité de l'office national du développement rural, entretien, le 26 novembre 2015.

CHAPITRE IX

LE CONTROLE DES PAPIERS D'IDENTITE, ENTRE LUTTE CONTRE L'INSECURITE ET PREDATION ?

« Présentez votre pièce d'identité ! », « Wen identité hanak ».[566]

Cette expression, en français et en arabe tchadien, est familière à celui ou celle qui a l'habitude de voyager par les transports en commun, les autocars des compagnies de voyages, qui sont d'ailleurs en forte croissance depuis une dizaine d'années. Aujourd'hui, pour voyager d'une région à une autre, se promener dans la ville, la chose la plus précieuse semble être la carte nationale d'identité, le passeport, la carte d'identité scolaire, l'extrait d'acte de naissance, la carte électorale biométrique ou encore la carte professionnelle. La liberté de circulation, qui fait partie des droits inscrits dans les textes fondamentaux du Tchad, est restreinte par ce qu'on appelle populairement au Tchad « pièces d'identité ». Celles-ci sont cruciales pour tout individu qui projette de se déplacer d'une région à une autre ou d'une ville à une autre.

Nous sommes ici dans ce que John Torpey appelle la « monopolisation des moyens légitimes de circulation »[567] dans son ouvrage sur l'invention du passeport en Europe. Ce monopole légitime des moyens de circulation de l'État passe par la création d'une série de mesures pouvant contraindre les individus à s'y soumettre.[568] C'est le cas de la loi française de 1912 qui a été adoptée dans le but de surveiller et de contrôler certaines catégories dites « nomades »,[569] elle constitue

---

[566] C'est une expression en arabe tchadien qui veut dire « ton papier d'identité ».

[567] Torpey John, « Aller et venir : le monopole étatique des moyens légitimes », *Cultures et Conflits*, n° 31-32 Printemps-été 1998, p.18.

[568] Idem.

[569] Filhol Emmanuel, « Nomades » sous surveillance », in : Pierre Piazza, *Aux origines de la police scientifique. Alphonse Bertillon, précurseur de la science de crime*. Karthala, Paris, 2011 ; Marc Bordigoni, « Comment la France inventa ses nomades », *Migrations et sociétés,* n° 131, 2010/5, p..51-68, Delclitte

un de ces instruments du monopole dont l'État se sert dans l'exercice de son pouvoir. Identifier, surveiller et contrôler relèvent bien du mécanisme par lequel l'État contraint ses citoyens. Les individus dépendent de l'État pour acquérir des documents d'identification qui peuvent ainsi les inclure ou les exclure de la communauté nationale. Le document d'identification devient ainsi un instrument du pouvoir pour contrôler la population sur l'étendue de son territoire. Dans son article sur le contrôle des papiers d'identité au Sri Lanka, Pradeep Jegananthan parle de « gouvernement de la violence »[570] sur les *checkpoints*. Le contrôle des papiers d'identité, dans le contexte tchadien, ressemble à ce que Nathalie Moine décrit dans son article sur le « passeport intérieur soviétique à l'époque stalinienne ».[571] Pour elle, le passeport intérieur soviétique est un frein à la mobilité de la population et un élément important de la politique répressive soviétique. Au Tchad, le dispositif de contrôle des papiers d'identité est marqué par la logique d'impunité[572] accordée à certains en raison de leur proximité avec le pouvoir politique et militaire. Ils sont connus comme les « intouchables ».[573]

L'objet de ce chapitre est de saisir les différentes logiques de contrôle des papiers d'identité sur les *checkpoints*. Ces *checkpoints*, souvent à la frontière de la légalité, sont nommés par certaines organisations de la société civile des « barrières anarchiques », car elles n'ont pas d'existence légale. Ces barrières n'en sont pas moins le produit de l'histoire politique et sociale du Tchad. Quel rôle joue la carte d'identité dans les déplacements des individus sur le territoire national ? Nous allons décrire et analyser les interactions entre les agents de sécurité et les voyageurs à travers des observations

---

Christophe, « La catégorie juridique « nomade » dans la loi de 1912 », In : *Hommes et migrations,* n° 1188-1189, juillet 1995.

[570] Pradeep Jeganathan, «Check point. Anthropology, identity, and the State», In: *Anthropology in the margins of the State,* School for the Advanced Research Press, 2004.

[571] Moine Nathalie, « Le système des passeports à l'époque stalinienne. De la purge des grandes villes au morcellement des territoires. 1932-1953 », *Revue d'histoire contemporaine*, 2003/1, n° 50-1, p. 145-169.

[572] Debos Marielle, *Le métier des armes au Tchad. Le gouvernement de l'entre guerres*, Paris, Karthala, 2013, voir l'introduction et la conclusion de cet ouvrage.

[573] . Carnet de terrain, N'Djamena, Juin 2016.

participantes que nous avons pu faire sur la route de N'Djamena à Moundou. Nous avons été nous-mêmes un voyageur soumis au contrôle policier dans les barrières de contrôle pendant notre séjour, en 2016 et 2017. Nous verrons également que les barrières de contrôle participent au maintien de l'appareil autoritaire du pouvoir. Enfin, nous saisirons les logiques de pouvoir liées aux inégalités devant le contrôle des papiers d'identité aux barrières. Nous utilisons la notion de catégorie sociale, en regardant des critères comme le nom, l'ethnie, la classe (éleveur, agriculteur, fonctionnaire, commerçant…), le genre, le lieu de résidence (ville ou village) et les types de documents d'identité.

I. Histoire sociale des barrières de contrôle

La barrière de contrôle est un dispositif entre le public et le privé constitué principalement par des agents de sécurité, dont le rôle affiché est de veiller à la sécurité des biens et des personnes. Elle constitue une restriction (droits, taxes et formalités administratives), s'opposant à la libre circulation des biens et des personnes.[574] Au Tchad, il y a trois sortes de barrières, à savoir les barrières de frontières, les barrières de pluie et les barrières de contrôle des biens et des personnes à l'intérieur du pays. Aujourd'hui, cette fonction de protection des biens et des personnes s'inverse petit à petit, jusqu'à devenir un instrument d'insécurité, de prédation et d'oppression pour les transporteurs et les voyageurs. Les voyageurs se plaignent souvent de cette tracasserie policière et de ces barrières qui se multiplient sur les routes. La presse nationale et les organisations de la société civile (la Ligue Tchadienne des Droits de l'Homme, Droits de l'homme sans Frontières…) ne manquent pas de dénoncer ces pratiques. Une presse tchadienne en ligne a même titré dans un de ses numéros, publiés en 2016, « les barrières de contrôles, sources d'insécurité au Tchad ».[575]

Le dispositif du contrôle d'identité que nous observons aujourd'hui au Tchad n'est pas un fait nouveau, mais il est le produit de l'histoire mouvementée de ce pays. À quel moment et à quelles fins ces barrières ont-elles été mises en place sur tout le territoire national ? Pour

---

[574.] Centre national des ressources textuelles et lexicales, définition de la Barriere, consulté le septembre 2018.

[575.] Allarabaye Mamadou, « Barriere de contrôle, sources d'insécurité au Tchad », Blog, publié le 4 novembre 2016.

répondre à ces questions, il faut remonter à la période des conflits militaires, politiques et civils que le Tchad a connus depuis les années 1960. L'histoire politique du Tchad est en effet marquée dès les premières années de l'indépendance par des conflits militaires et civils qui ont conduit à la désintégration de la société tchadienne.[576] Il ne s'agit pas de faire ici l'histoire des conflits politiques du Tchad, mais à travers ce passé politique, nous voulons poser l'hypothèse selon laquelle le phénomène actuel des barrières anarchiques tire ses origines du rôle et des attitudes des agents de l'État dans le contexte de l'histoire mouvementée de ce pays.

En 1965, dans la préfecture du Guera, une région située au centre du pays, la communauté Moubi se soulève contre les tracasseries des agents de l'État qui, dans les pratiques, utilisent la violence pour contraindre les habitants de cette localité à payer leurs impôts.[577] Cette révolte constitue une première contestation citoyenne contre les fonctionnaires de l'État. Le président François Tombalbaye a choisi de répondre à cette contestation paysanne par la violence avec le soutien de l'armée française qui s'est alors engagée dans une véritable guerre contre-insurrectionnelle[578].

Le caractère violent et disproportionné de la réponse du gouvernement à ce mouvement a envenimé les tensions politiques et militaires entre le pouvoir de Tombalbaye et les populations du centre, de l'Est et du Nord[579]. Pour le chercheur Robert Buijtenhuijs, la révolte de Mangalmé constitue un des premiers mouvements populaires qui a

---

[576]. Dadi Abderaman, *L'État retrouvé*, L'Harmattan, Paris, 1987 ; Gata Ngothé Gali, *La guerre civile et la désintégration de l'État*, Présence africaine, Paris, 2001, p. 84.

[577]. Abbo Netcho, *Mangalmé 1965 : La révolte des Moubi*, Sépia Saint Maur, Paris, 1997, p. 36. Garondé Djarma, *Temoignage d'un militant du Frolinat*, Paris, L'Harmattan, 2003.

[578]. Debos Marielle, Powell Nathaniel, « L'autre pays des 'guerres sans fin' : Une histoire de la France militaire au Tchad (1960-2016) », *Les Temps Modernes*, n°693-694, 2017, pp. 221-266.

[579]. Bouquet Christian, *Tchad. Genèses d'un conflit*, Paris, L'Harmattan, 1992 ; Gali Ngoté Gatta, *Tchad. Guerre civile et désintégration de l'État*, Paris, Présence africaine, 1985 ; Nebardoum Derlamari, *Le labyrinthe de l'instabilité politique au Tchad*, Paris, Montréal, L'Harmattan, 1998.

dénoncé les pressions de l'ordre bureaucratique de l'État.[580] Mais, selon cet auteur, l'objectif de cette révolte a ensuite perdu son sens, et la conséquence fut l'engendrement de plusieurs conflits, fractures politiques et identitaires dans la société tchadienne. La création du Front de libération nationale du Tchad (Frolinat), une rébellion née en 1965, est l'une des réponses à cette violence du régime. L'usage de la violence comme moyen d'affirmation de soi et de lutte contre l'injustice sociale influence encore non seulement le milieu politique, mais aussi la vie sociale et économique.[581]

La guerre des factions, que le Tchad a connues dans les années 1970, après l'accord politique signé entre Hissein Habré (président des forces armées du nord) et le président Félix Maloum, a conduit à la mise en place des dispositifs de contrôle à travers le pays.[582] La formation du gouvernement de transition avec Hissein Habré comme Premier ministre, en septembre 1978, n'a pas pu ramener la paix dans le pays. Les forces armées du Nord, sous la direction de Hissein Habré, ont pris comme base le quartier Sabangali à N'Djamena avec tout leur matériel de guerre. Et, de l'autre côté, les forces armées tchadiennes (FAT) contrôlent les autres quartiers de la capitale. Ces deux forces se positionnent chacune dans leur zone. Pour passer d'une zone à une autre, un dispositif de sécurité est mis en place pour vérifier les entrées et les sorties à travers le contrôle des identités. Selon Djim, gendarme de formation et ancien agent de la Direction de la documentation et de la sécurité (DDS), la police politique de Hissein Habré, il y a un lien fort entre la crise politique des années 1970 et la création des barrières anarchiques au Tchad :

> « Le Tchadien n'a pas jamais connu, avant le retour de Hissein Habré, un tel dispositif de sécurité. Nommé Premier ministre, Hissein Habré a élu domicile dans le quartier Sabangali avec toute sa troupe. De l'autre côté, on trouve

---

[580.] Buijtenhuijs Robert *Le Frolinat et les révoltes populaires du Tchad*, 1965-1976, Mouton, La Haye-Paris-New York, 1978, p. 67.

[581.] Arditi Claude, « Les violences ordinaires ont une histoire : Le cas du Tchad », *Politique africaine*, Karthala, n° 91, 2003/3. p. 51-67.

[582.] Entretien avec Allatchi, Retraité de l'armée tchadienne, ancien combattant de la FAN, N'Djamena, septembre 2017, Entretien avec Djim, ancien agent de la DDS, Paris, 2018.

les forces armées nationales qui soutiennent le président Felix Maloum. Des barricades sont dressées à l'entrée des quartiers généraux de ces deux forces d'opposition. Pour aller d'un quartier à l'autre, il faut décliner[583] son identité. Des barrières sont installées en pleine ville. Chaque groupe a peur de l'autre. C'est à partir de là que le Tchad a connu après tous ces maux que nous souffrons aujourd'hui ».[584]

Une sorte de suspicion se diffuse des deux côtés. Les postes de contrôle sont installés dans certains quartiers de N'Djamena et aussi dans les provinces du pays pour éviter à l'ennemi d'entrer dans la zone adverse. Ceci a conduit à la généralisation progressive de ce dispositif de contrôle d'identité. Cette situation de méfiance au sommet de l'État (président de la République et le Premier ministre) a conduit à la guerre civile de 1979. La guerre civile n'a pas seulement engendré les barrières politiques ou sociales, comme on le constate aujourd'hui, mais elle a aussi construit des barrières spatiales entre les différents groupes sociaux du Tchad.

Les barrières de contrôle se sont multipliées pendant cette crise dans les deux espaces en conflit, le Sud et le Nord.[585] La naissance des commandos du Sud, connus sous le nom de « *codos* »,[586] une opposition armée créée dans le Sud, après la guerre civile de 1979 et pendant les quatre premières années de règne du président Hissein Habré, aggrave encore la situation : des *checkpoints* sont installés sur les territoires sous leur contrôle. Leur but est de vérifier l'identité de toute personne étrangère. Au nord du pays, la situation est tout aussi instable et d'autres groupes armés utilisent les mêmes mécanismes pour contrôler leur périmètre de pouvoir. La création de ces *checkpoints* s'inscrit donc dans le contexte des conflits armés qu'a connus le Tchad postcolonial.

---

[583]. Se présenter à un agent de sécurité avec son papier d'identité. C'est un verbe qu'utilisent les agents de police pendant nos entretiens.

[584]. Djim, ancien agent de la direction de la documentation et de la sécurité (DDS), police politique sous le régime de Hissein Habré, entretien en 2018.

[585]. Ibid.

[586]. Ngarasem Nathan, La rébellion « Codos » au Tchad. Une guerre nord sud sans fin, thèse de Science politique, Université de Lyon 2, 2012.

La création des barrières de contrôle est liée également au phénomène des « coupeurs de route », c'est-à-dire des bandits de grand chemin. Ce phénomène était surtout important dans les zones reculées dans les années 1990 jusqu'aux années 2000.[587] Les coupeurs de routes ou encore « *zaraguina* » sont le reflet du contexte politique et sécuritaire local.[588] L'État tchadien n'a pas réussi à mettre en place une politique de réinsertion des combattants des différents conflits que le pays a connus. Les autorités ont essayé de résoudre ces tensions par des accords de paix qui n'ont pas permis de mettre fin aux conflits.[589] Les dispositifs de réinsertion créés après ces accords de paix ne produisent pas les effets escomptés, laissant ainsi les combattants en liberté avec leurs armes. Avec la circulation de ces armes, certains combattants et ex-combattants s'adonnent à des braquages ou au banditisme dans les zones rurales, faisant apparaître ce phénomène qu'on appelle « coupeur de route ». Pour Issa Saibou, ce phénomène des coupeurs de route serait une pratique très ancienne qui serait présente dans tout le bassin du Lac Tchad.[590] L'apparition de ce phénomène serait liée aux conditions difficiles marquées par la rareté des ressources économiques. Karine Bennafla a aussi montré le lien qui existe entre ce banditisme et le contexte militaro-politique du Tchad.[591]

Dès les années 2000, ce phénomène prend de l'ampleur sur certaines routes nationales, notamment sur les axes qui mènent au sud du pays. Ces « bandits »[592] choisissent les jours des marchés hebdomadaires pour attaquer les commerçants.[593] Pour lutter contre

---

[587.] Bennafla Karine, *Le commerce frontalier en Afrique centrale, acteurs, espaces et pratique*, Karthala, Paris, 2002, p. 175. Voir aussi Roitman Janet, *Fiscal Disobedience: An Anthropology of Economic Regulation in Central Africa*. New York, NY: Princeton University Press, 2005.

[588.] Idem, p. 176.

[589.] Debos Marielle, *Le métier des armes au Tchad*, op.cit.

[590.] Saibou Issa, *Les coupeurs de routes. Histoire du banditisme rural et transfrontalier dans le bassin du Lac Tchad*, Karthala, Paris, 2010.

[591.] Karine Bennafla, Op. cit, p. 182.

[592.] Ce terme de bandit est régulièrement utilisé par les medias et les agents de sécurité au Tchad

[593.] Bennafla Karine, *Le commerce frontalier en Afrique centrale, acteurs, espaces et pratiques*, Karthala, Paris, 2002, p. 174.

cette insécurité, l'État a créé des postes de gendarmerie dans les localités reculées et des barrières de contrôles. Grâce à ces *checkpoints*, le phénomène a connu une petite régression durant les dix dernières années.[594] Le gouvernement a ensuite décidé de supprimer certains postes de contrôle. La suppression de ces barrières oblige les gendarmes et la garde nomade à regagner leurs unités respectives, mais certains agents refusent de respecter cette décision[595]. Le lien familial que certains soldats chargés de ces barrières de contrôle ont avec les hommes politiques au pouvoir ne favorise pas les choses sur le terrain quand il s'agit de respecter les décisions de suppression de ces barrières[596]. Chaque fois que les barrières sont fermées, quelques jours après, elles sont rouvertes. Pour Alifa, un ancien policier à la retraite, devenu aujourd'hui agent du service secret de sécurité (ANS), les barrières de contrôle permettent de sécuriser le territoire national, mais elles sont aussi un moyen pour se « débrouiller » compte tenu de sa faible pension de retraite. Père de famille ayant deux épouses, huit enfants et tuteurs de cinq autres enfants de son frère, Alifa ne peut supporter ces charges avec sa retraite de gardien de paix de la police nationale. Composées des gardes nomades, des gendarmes, des agents de renseignements, des agents des eaux et forêts, les barrières de contrôle sont devenues des lieux d'humiliation et de prédation. Les autorités politiques n'arrivent plus à maîtriser ces barrières. Lors de sa visite en 2018 au Sud, le président Deby a ordonné que tous ces postes de contrôle soient levés pour permettre la libre circulation des biens et des personnes ; certains gouverneurs des régions ont commencé à démanteler ces barrières, mais, moins d'un mois après, elles sont remises en place.[597] On voit les limites de l'État à se faire entendre par

---

[594]. Carnet de terrain, entretien avec le chef de bureau de la brigade de la sécurité territoriale de Goré, 2016

[595]. Extrait de carnet de terrain d'une rencontre avec un commandant de la police nationale, juillet 2016, N'Djamena.

[596] Roitman Janet, *Fiscal Disobedience: An Anthropology of Economic Regulation in Central Africa.* New York, NY: Princeton University Press, 2005. Voir aussi Saibou Issa, *Les coupeurs de route .Histoire du banditisme rural et transfrontalier dans le bassin du lac Tchad,* Paris, Karthala, 2010.

[597]. Allarabaye Mamadou, Barriere de contrôle, sources d'insécurité au Tchad, Blog, publié le 4 novembre 2016.

les responsables de ces barrières. Après avoir esquissé quelques moments le processus de la mise en place de ces barrières de contrôle, nous allons à présent appréhender la problématique du contrôle des papiers d'identité dans la ville de N'Djamena.

II. Les enjeux du contrôle d'identité dans les centres urbains

Au nom de la sécurité publique, les agents de la police sont autorisés à procéder au contrôle d'identité des individus qu'ils estiment dangereux. Ce contrôle d'identité relève, pour le commissaire de la police criminelle, des prérogatives de la police nationale, et il doit être conforme aux réglementations qui définissent le service public de sécurité nationale. Dans un contexte de hausse de l'insécurité dans certains quartiers des grandes villes et dans certains quartiers de N'Djamena, les agents de la direction de la sécurité publique et ceux des commissariats des arrondissements font des patrouilles qui ont pour objectif affiché de dissuader les candidats aux actes criminels. Ces patrouilles s'organisent le plus souvent à des heures tardives et dans certaines zones considérées comme périlleuses pour la sécurité de la population.

À la différence des fouilles qui se font depuis les attentats de 2015 de manière régulière aux différents carrefours de la capitale, appelés communément ronds-points, et qui sont organisées par les agents de la direction générale de service de sécurité et des institutions de l'État (DGSSIE), le contrôle d'identité vise essentiellement à « dépister les bandits des quartiers », selon le terme d'un officier de la police judiciaire que nous avons rencontré au commissariat central de N'Djamena.[598] Les agents procèdent à des fouilles et des contrôles systématiques des papiers d'identité. Toute personne qui ne dispose pas d'un titre d'identité est conduite dans les locaux des commissariats de la sécurité publique.

Pour être libéré, il faut qu'un membre de la famille vienne témoigner ou donner une somme de 2000 à 5000 FCFA, environs 5 à 7 euros. Selon Jonas, agent de la police nationale, le contrôle d'identité constitue une des principales activités de la police dans les quartiers

---

[598]. Carnet de terrain, N'Djamena 2016.

qualifiés de « difficiles » ou « à risques ». Il justifie les activités de ronde et de contrôle des papiers d'identité par ce raisonnement :

> « La principale mission de la police nationale est d'assurer la sécurité des biens et des personnes. Pour bien conduire cette mission de sécurité publique, nous avons besoin d'utiliser tous les moyens légaux afin de donner confiance à la population. Le contrôle d'identité fait partie intégrante de ces activités de la police de sécurité publique. N'Djamena est une grande ville avec dix arrondissements, c'est le fleuve qui la sépare avec le nord du Cameroun. Alors nous (agents de la police) avons besoin de contrôler les pièces d'identité : on demande le plus souvent aux gens de présenter leurs cartes d'identité, s'ils n'ont pas leurs pièces d'identité on les amène au commissariat pour des questions d'enquêtes. Et il arrive qu'à l'issue de cette enquête qu'on décèle parfois des réseaux de voleurs ou des bandits ».[599]

La raison souvent évoquée est celle de la prévention de l'insécurité, comme l'indique Jonas dans cet extrait d'entretien. Pour les autorités de la sécurité, notamment la direction de la police et de la gendarmerie, ces dispositifs de contrôle d'identité permettent à l'État de prévenir des risques d'insécurité. Mais nous constatons, dans les faits, que le but de ce contrôle d'identité est détourné au profit d'intérêts privés.[600] Nous avons pu observer dans les différents quartiers, et aux points de contrôle d'identité dans la capitale, que le motif de la sécurité brandi le plus souvent par les agents de la police ne répond pas aux réalités du terrain. Jean nous a raconté son expérience avec les agents de police au rond-point du premier arrondissement quand il revenait du travail :

> « Je me rappelle, en 2015, ce jour-là j'ai travaillé jusqu'à deux heures du matin. En rentrant chez moi, j'ai retrouvé d'autres amis qui revenaient du boulot. Les policiers nous ont arrêtés au rond-point de Farcha. Ils nous ont demandé de présenter nos pièces d'identité. J'avais dans ma poche

---

[599]. Entretien avec Jonas, agent de la police du commissariat de la sécurité publique n° 1.
[600]. Carnet de terrain, 2016.

une photocopie de ma carte d'identité. J'ai présenté cette photocopie et ils l'ont acceptée. Ils m'ont laissé partir sans prendre mon argent. Par contre, le même jour, des amis qui n'avaient aucun document d'identité ont été obligés de payer une somme de 1500 FCFA chacun avant qu'ils ne soient libérés. La carte d'identité est importante quand on travaille la nuit. Mais je constate que pour eux, ce n'est pas la carte qui les intéresse, ils veulent prendre des personnes sans pièces d'identité pour prendre leur argent ».[601]

Les pratiques liées à ces contrôles des papiers d'identité relèvent de logiques d'extorsion qui vont du processus de production de ces documents d'identité, jusqu'au dispositif de contrôle quotidien. Il arrive que le responsable de la gendarmerie ou de la police décide d'envoyer trois ou quatre agents dans les quartiers pour demander des papiers d'identité. Ces faits sont souvent relatés dans les entretiens, et ils sont confirmés par certains agents de la police qui dénoncent sous le couvert de l'anonymat cette pratique. Certains ont le courage de dire en coulisses que ces dernières années, on constate une multiplicité des postes de contrôle, qui sont parfois mis en place par les autorités politiques et sécuritaires pour leur propre avantage. Car grâce à ces postes de contrôle, certains officiers supérieurs de la police, de la gendarmerie ou de l'armée, responsables de la sécurité, peuvent avoir leur « *machérib* »[602] au quotidien.

Les observations que nous avons menées au commissariat central de N'Djamena nous permettent d'aller plus loin. La journée du 24 novembre, je viens au commissariat central pour déposer ma demande d'autorisation de recherches à la direction de la police nationale. Devant le commissariat, tout est barricadé avec des fûts remplis de bétons, il est interdit de s'arrêter. Il y a deux entrées piétonnes, l'entrée de la porte principale et une autre pour le service de l'identité civile, c'est-à-dire de la délivrance de la carte d'identité. J'entre par la porte centrale, là où se trouve la direction de la police nationale. À quelques mètres de la porte d'entrée, un poste de contrôle est installé. Dans chaque poste, la première interrogation des agents est,

---

[601] Entretien avec Jean, août 2017, N'Djamena.
[602] « Macherib », Arabe local tchadien. C'est l'argent de la ration alimentaire que l'homme donne chaque jour à sa famille.

« vous allez dans quel service ? » Je réponds que je pars déposer un courrier à la direction de la police nationale. Ensuite, il me dit « montrez-moi votre pièce d'identité ». Je sors ma carte d'identité nationale, il prend au moins deux minutes pour vérifier, avant de me laisser entrer dans la cour du commissariat central et déposer la demande d'autorisation de recherche. Le temps que je présente la carte d'identité, un autre agent pose la même question à une personne qui est en train d'aller à la direction de la police judiciaire. Cette personne ne disposait pas d'un document d'identité. Le policier lui dit de repartir chez elle, car sans un papier d'identité elle ne peut pas entrer dans l'enceinte du commissariat. Après quelques minutes d'hésitation, cet homme fait appel à un des policiers en lui adressant un message. Je ne sais pas ce qui s'est dit entre le policier et cet homme. Mais je vois que cette personne qui a été renvoyée parce qu'elle n'avait pas de documents d'identité, peut enfin entrer librement dans l'enceinte du commissariat central.

De tels cas ne sont pas singuliers. Ce dispositif semble drastique, mais dans les faits, tout est possible, pourvu que la personne utilise ses liens d'affinités ou ses ressources financières pour passer sans se gêner. Ces situations sont de plus en plus fréquentes à tous les niveaux du service public. Qu'il s'agisse de la douane, de la police municipale, de la police de circulation, la plupart des agents du service public sont dans une stratégie d'accaparement des biens.

Deux logiques se juxtaposent dans le déroulement de ces contrôles. Il s'agit, d'une part, de la volonté des services de la police de considérer le contrôle d'identité comme un instrument de sécurité et, d'autre part, du comportement de certains agents de sécurité qui va à l'encontre de ce dispositif, en privilégiant parfois des intérêts individuels, selon les affirmations de Djida, agent de police du premier arrondissement de N'Djamena.[603]

Il faut noter aussi que ceux qui refusent de respecter les consignes données par la hiérarchie du service de la sécurité publique disposent de liens familiaux et amicaux avec certains responsables de l'administration de la police nationale. Ils usent de ces liens pour échapper aux sanctions. Ils font partie de la catégorie des

---

[603]. Carnet de terrain, N'Djamena, septembre 2016.

« intouchables », que Marielle Debos évoque dans ses recherches.[604] Ce sont des pratiques connues dans le milieu de la police, mais il est difficile d'en parler. Ces pratiques sont ancrées dans le fonctionnement quotidien des administrations publiques au Tchad. Il faut cependant noter que la question du contrôle d'identité dépend aussi des quartiers et des personnes contrôlées. Les contrôles sont plus fréquents dans les quartiers sud, où on retrouve deux ponts qui traversent le fleuve Chari. Ces ponts relient l'entrée et la sortie de la capitale vers le sud du pays. Et c'est aussi dans ces quartiers qu'on retrouve une concentration des populations venant du sud. Ces populations sont parfois considérées comme des contestataires au pouvoir du président Idriss Deby. Les contrôles des cartes d'identité semblent répondre à ce besoin de contrôle et de surveillance dans ces quartiers.

Si la société est divisée selon des lignes ethniques, de classes, de générations, chacun s'efforce de trouver sa voie dans ces désordres entretenus par les élites politiques et administratives. Celui qui dispose d'un petit pouvoir essaie de s'en servir au maximum et le plus souvent à son propre intérêt. C'est le cas des policiers ou des gendarmes qui usent de leur pouvoir pour extorquer la population par le biais de la carte d'identité nationale.

Aujourd'hui, avec le dysfonctionnement du service d'identité, qui peine à délivrer les cartes d'identité, et la montée de la criminalité urbaine dans les différents quartiers de la capitale, les contrôles d'identité sont renforcés à travers les patrouilles nocturnes. Certaines personnes sont même incarcérées dans les cellules des commissariats de police pour la simple raison qu'elles ne disposent pas de papiers d'identité, alors qu'elles ont fait la demande de ce document depuis plusieurs mois, sans l'avoir. Les papiers d'identité jouent un rôle très important dans les centres urbains, et participent d'une certaine manière au « gouvernement » de la ville[605] à travers ce dispositif de contrôle au quotidien. La liberté de circulation dépend de cette pièce d'identité. Douba, un jeune comptable d'une entreprise de la capitale, nous a dit : « Tu sais à N'Djamena, celui qui n'a pas de documents d'identité est comme un esclave. Tu ne pourras pas sortir à une heure tardive ni

---

[604]. Debos Marielle, *Le métier des armes au Tchad, op. cit.*, p. 241.
[605]. Fourchard Laurent, (dir.), *Gouverner les villes d'Afrique. État, gouvernement local, et acteurs privés,* Karthala, Paris, 2007.

voyager en quiétude et il sera même difficile d'avoir un travail ».[606] Il en va de même pour les barrières de contrôle qui se multiplient sur les grandes artères du pays.

III. Barrière sécuritaire ou dispositif d'extorsion ?

Quel rôle jouent les papiers d'identité dans les dispositifs de contrôle installés par le gouvernement ? Sur les grandes artères du pays, on voit des agents des forces de l'ordre en treillis, d'autres habillés en civil, certains sont assis sur des banquettes, des tapis et même sur le sol, en train de jouer aux jeux de cartes et de prendre du thé. Le nombre des détenteurs de ces barrières de contrôle fait qu'il est difficile de cerner leur identité. On peut voir parmi ces contrôleurs des anciens combattants, des « militaires déflatés » ou démobilisés[607] et même des étudiants qui, par le biais des affinités avec de hauts gradés de l'armée ou de la police, exercent au sein de ces barrières de contrôle. Dès qu'ils aperçoivent un véhicule, une moto, deux à trois agents se lèvent rapidement avec arme en main pour intercepter le conducteur et ordonner aux passagers de descendre, afin qu'ils se soumettent au contrôle et à la vérification, tour à tour, de leurs pièces d'identité.

III.1. Le contrôle à la frontière tchado-centrafricaine de Kabarongar

Kabarongar est un petit village situé à l'extrême sud du Tchad, à plus 25 kilomètres de la commune de Goré. C'est dans ce village que l'on trouve un des postes de contrôle de la frontière tchadienne avec celle de la République centrafricaine. Séparée par un pont daté de la période coloniale, cette frontière est fermée depuis 2014 pour des raisons de sécurité, selon l'ancien ministre tchadien de la Communication, Hassan Sylla Bakary. Le 13 mai 2014, il annonce sur les ondes de Radio France Internationale (RFI) :

> « Nous avons voulu que toutes les zones soient sécurisées et que la population soit sécurisée. Celle qui se trouve du

---

[606] Propos de Douba, comptable d'une ONG Sud-coréenne à N'Djamena, le 24 novembre 2015.

[607] Ce terme de « militaires déflatés » désigne les militaires qui sont radiés suite à un programme de réduction des effectifs ou un contrôle. Pour la notion de « démobilisé », voir Debos Marielle, *Le métier des armes…*, op. cit. p. 185.

côté du Tchad, mais c'est également éviter que la Centrafrique ne puisse avoir des malfrats qui traversent nos frontières pour aller faire du mal de l'autre côté. Donc c'est pour des raisons sécuritaires. Depuis quelque temps, depuis que la crise centrafricaine a commencé, nous avons reçu une forte communauté de Tchadiens et aussi des réfugiés. Ils sont plus de 150 000. Ces réfugiés sont à des dizaines de kilomètres de la frontière et il faut les sécuriser ».[608]

L'État justifie cette décision par la sécurité de son voisin. Pour les autorités, l'afflux massif de retournés tchadiens et de réfugiés, et leur installation dans des villages frontaliers des deux pays, pourraient constituer un risque sécuritaire pour le Tchad et la Centrafrique. Parmi ces déplacés, certains auraient appartenu aux groupes rivaux qui se battent en Centrafrique, à savoir les Seleka et les Antibalaka. Il est important de noter que la fermeture de la frontière n'exclut pas la circulation des personnes. Aujourd'hui, les gens développent d'autres stratégies qui leur permettent de traverser les barrages de contrôle. Les logiques politiques et administratives de fermeture des frontières sont à l'opposé des dynamiques locales de fluidité et de libre circulation des personnes sur cet espace où les communautés ont des liens linguistiques et ethniques.

Le monopole des moyens légitimes de contrôle de la circulation, que revendique l'État, va à l'encontre des dynamiques locales de déplacement des populations. Les logiques politiques, économiques et sécuritaires font que ces frontières héritées de la colonisation sont aujourd'hui difficilement franchissables, limitant ainsi la libre circulation des personnes dans ces espaces. C'est ce qu'a illustré la cinéaste burkinabé Apolline Traoré dans son long métrage *Frontières*, sur la base des expériences de voyage des femmes commerçantes à travers les frontières des pays de l'Afrique de l'Ouest :

« Sur la forme, *Frontières* se présente comme un road-movie au féminin pluriel. De bus en bus, le spectateur accompagne trois passagères – Adjara, Emma et Sali – qui partent de Dakar pour se rendre à Lagos en passant par le

---

[608] Rogez Olivier, Le Tchad ferme sa frontière avec la RCA pour des raisons sécuritaires, interview de Hassan Sylla, Ministre de la communication, porte-parole du gouvernement, RFI, 13/05/2014.

Mali, le Burkina, et le Bénin. Mais la route réserve bien des cachots : pannes, vols, exactions de bandes de coupeurs de route. Sans compter qu'à chaque passage aux frontières, il faut donner aux douaniers quelques billets, ou offrir un peu plus en ce qui concerne les voyageuses… »[609]

Apolline Traoré montre, dans ce film, à quel point le principe de libre circulation des biens et des personnes que prônent depuis plusieurs années les autorités politiques des pays de la Communauté économique des États de l'Afrique de l'Ouest (CEDEAO), peine à être effectif. C'est la question de l'intégration régionale qui est en débat. Le film saisit bien cet enjeu grâce à l'actrice sénégalaise qui essaie de rappeler aux agents de barrières le principe de libre circulation instituée entre les pays de la CEDEAO. Parmi les organisations régionales en Afrique, la CEDEAO a toujours été citée comme un exemple de réussite dans le processus de l'intégration sous régionale, mais ce film montre que cette question est toujours d'actualité dans le CEDEAO.

Ce qui retient notre attention dans ce film, c'est la capacité des voyageurs à enjamber ces tracasseries en négociant avec les agents de ces barrières. Les négociations font partie des moyens qu'utilisent les transporteurs et les voyageurs afin de franchir ces barrages de routes. Nous avons évoqué le problème de la frontière tchado-centrafricaine, qui est fermée officiellement en 2014, laissant la place aux soldats de la Direction générale de service de sécurité des institutions de l'Etat (DGSSE), désignée comme une milice du président Deby ; mais dans les faits, on constate qu'il y a des gens qui continuent de traverser la frontière en essayant de négocier avec les soldats en poste. « Négocier veut dire discuter avec le militaire en lui donnant une petite somme, et il vous indique le chemin à prendre pour que ses collègues n'aperçoivent pas son action »,[610] me disait Hazara, une femme d'une cinquantaine d'années qui fait des va-et-vient entre Kabarongar et Markouda, un village centrafricain, situé à 30 kilomètres de la frontière tchadienne. Un autre cas que nous avons observé à la frontière tchadienne de Ngueli, à la différence de celle de Kabarongar, qui est

---

[609]. https://www.jeuneafrique.com/561755/culture/apolline-traore-le-racket-aux-frontieres-est-systematique-en-afrique-de-louest/.Apolline Traoré : « Le racket aux frontières est systématique en Afrique de l'Ouest », Léo Pajon, 23 mai 2018.

[610]. Extrait d'entretien avec Hazara, Goré, Août 2016.

actuellement fermée, nous permet d'éclairer davantage cette problématique de barrières de contrôle.

III.2. La frontière tchado-camerounaise de Ngueli

Située à la sortie sud de la capitale, la barrière de Ngueli fait entrer des ressources douanières très importantes au trésor public, à en croire les responsables de la douane et des taxes. Les autorités tchadiennes accordent une importance à cette frontière qui est la principale voie d'accès du Tchad vers l'océan Atlantique, à plus de mille kilomètres, à Douala, une ville camerounaise. Tous les jours, les gens se bousculent pour traverser cette frontière. Le contrôle des identités est systématique pour tous ceux qui entrent et sortent. Du côté de la frontière camerounaise, les passagers sont soumis aux mêmes pratiques des agents de sécurité. Le samedi 22 avril 2017, deux amis et moi-même, nous partons à Kousseri, une ville de l'extrême nord du Cameroun, pour faire des courses. Arrivés devant le nouveau pont de Ngueli, inauguré en 2012, nous voyons des containers stationnés en attente des formalités douanières. À côté de ce poste de douane, des agents de la police, de la gendarmerie et de l'agence nationale de sécurité se sont positionnés devant la barrière pour le contrôle des titres d'identités. Nous avons pu passer avec nos cartes d'identité, même si un mes deux amis n'a présenté qu'une carte électorale biométrique - ce qui lui a valu une amende de 2500 FCFA (environ 4 euros).

Nous avons discuté avec Oumarou, un jeune Camerounais qui a passé plus de 6 heures au poste de police de Ngueli, faute d'avoir un passeport camerounais.[611] En revanche, il dispose d'une carte d'identité camerounaise. Avec un regard fatigué, Oumarou nous explique qu'il a été arrêté par les agents de frontière : « Pour eux, je suis un Boko-Haram, parce que je n'ai pas le passeport et je portais un nom qui ressemble à celui d'un Haoussa. J'ai donné une somme de 37 000 FCFA (60 euros) avant qu'ils me relaxent ».[612] Ce qui est arrivé à Oumarou, interroge sur la politique d'intégration régionale que prônent depuis plusieurs années les six pays membres de la Communauté Economique des Etats de l'Afrique centrale. Les médias et les analystes politiques ont tendance à considérer que la question de

---

[611]. Carnet de terrain, Ngueli, 2017.
[612]. Idem.

l'intégration régionale ne se pose pas entre le Tchad et le Cameroun, que les citoyens de ces deux pays circulent librement à la différence de ceux du Gabon ou de la Guinée équatoriale. Ce sont les agents des barrières qui ont le dernier mot, refusant même d'entendre parler du traité de libre circulation. Il est difficile pour les populations de cet espace de voyager sans être inquiétées par les multiples barrières de contrôle. En plus de la carte d'identité biométrique qui permet de circuler librement dans les six pays de la communauté, comme prévu par le traité de libre circulation réaffirmé pendant le sommet des chefs de la CEMAC à N'Djamena, en 2013, les voyageurs doivent verser une somme de 10 000 (15 euros) à 20 000 FCFA (30 euros) à chaque barrière de contrôle. « Ce n'est pas les papiers qu'on mange »,[613] tel est le message que lancent souvent les agents de contrôle des frontières aux voyageurs, ainsi que Karine Bennafla l'a décrit dans son ouvrage sur le commerce frontalier en Afrique centrale.

> « Encore une fois, le montant des bakchichs extorqués aux différentes barrières n'est jamais fixe : dans certaines situations, les agents qui gardent les barrières sont plus nombreux que prévu ou plus « gourmands » ; parfois, la personne avec laquelle les commerçants ou les chauffeurs avaient coutume de traiter est partie et il faut alors « acheter l'amitié » et reprendre un abonnement avec le nouveau venu ».[614]

Aujourd'hui, avec la fragilité du contexte sécuritaire de la région, chaque agent essaie de justifier la mise en place des barrières de contrôle par des mesures sécuritaires. L'échec du projet d'intégration régionale dans l'espace Afrique centrale trouve en grande partie son origine dans les limites des politiques nationales des États membres de la CEMAC. Les populations ont du mal à circuler librement dans leur propre pays. Comment peut-on imaginer une liberté d'aller et de venir dans les six pays qui composent cette institution communautaire ? Sur les axes routiers qui relient les grandes villes entre elles, des *checkpoints* sont installées tout au long du trajet, obligeant les transporteurs à marquer des arrêts à chaque poste de contrôle. Il faut

---

[613]. Bennafla Karine, *Le commerce frontalier en Afrique centrale, acteurs, espaces et pratiques*, Paris, Karthala, 2002, p. 186.
[614]. *Idem*, p. 181.

préciser qu'en plus des barrières qu'on peut retrouver sur les différentes frontières et qui permettent de marquer les limites géographiques avec les pays voisins, il existe aussi d'autres barrières de contrôle à l'intérieur du territoire.[615]

III.3. Les barrages de contrôle, un dispositif d'extorsion au service des « intouchables » [616]

Au Tchad, ce phénomène est devenu banal sur certaines routes du pays, jusqu'à ce que le Président la République reconnaisse les faits dans un discours en avril 2018. C'est suite à la conférence de presse du président du « collectif de la vie chère », qui a dénoncé les tracasseries routières en pointant du doigt les agents de la gendarmerie que les langues se sont déliées sur ce sujet du côté de l'exécutif. Les autorités politiques n'arrivent pas à prendre de décisions à l'encontre des détenteurs de ces barrières, ce qui semble répondre principalement à la complexité de ce phénomène, car les acteurs sont en grande partie des officiers supérieurs de la sécurité nationale. Le caractère lucratif du phénomène, qui est enveloppé dans un discours de justification sécuritaire, limite les actions des autorités politiques, sans oublier aussi que certains de ces acteurs politiques, les gouverneurs, les préfets, les sous-préfets, bénéficient des faveurs de ces hommes de barrières sous forme des étrennes et des commissions que ces autorités reçoivent régulièrement, grâce à ces sommes collectées dans les barrières de route.

Si les pratiques de contrôle de barrières résistent aux critiques et aux décisions de fermeture que prennent à plusieurs reprises les autorités politiques, elles sont, en partie, liées au maillage des acteurs impliqués dans la répartition du pourboire.[617] La relation entre les administrateurs civils et les responsables sécuritaires se renforce sur ces pratiques, non seulement par l'esprit d'un « corps d'État »,[618] mais aussi par des trajectoires historiques sociales qui se rapportent à ce

---

[615]. Idem., p. 175.

[616]. Debos Marielle, *Le métier des armes au Tchad, op. cit.*, p. 241.

[617]. Blundo Georgio, « Dessus de table ». Corruption au quotidien dans la passation de marché publics au Sénégal », *Politique africaine*, 2003/1, n° 83, pp. 79-97.

[618]. Eymeri-Douzans Jean-Michel, *La fabrique des énarques*, Paris, Economica, 2001, p. 22.

qu'ils nomment « camarade de parti ou d'armes ».[619] Au nom de cette camaraderie qui se matérialise par des nominations clientélistes à des postes de responsabilité, les avantages que génère le dispositif des barrières de contrôle sont redistribués aux différents niveaux de responsabilité. Nous sommes ici dans un registre de prédation qui ressemble à celui du contrôle des papiers d'identité dans les centres urbains.

Figure 16 : Barrière de contrôle à la sortie de la ville de Lai

Source : Barrière de contrôle/auteur/septembre 2016/ Auteur

Cette image montre un de ces dispositifs de contrôle dans la ville de Lai, au sud du pays. Le véhicule est arrêté, devant ce fil attaché pour barrer la route. Mais derrière ce véhicule, il y a les agents de la gendarmerie, de la police, de l'agence nationale de sécurité assis sous un arbre. Karine Bennafla a décrit précisément le contexte tchadien dont les transporteurs sont obligés de « mouiller les salives » ou « sucrer »

---

[619]. Ce propos est celui d'un ancien officier de la garde nationale et nomade du Tchad (GNNT) en retraite. Il dispose d'une grande ferme agricole dans un village à plus de 50 kilomètres de Goré. Après sa retraite, il est engagé dans un parti politique où il espère se présenter aux élections municipales à Goré.

les agents de barrières.[620] C'est dans cette logique qu'un passager nous a raconté pendant un entretien ses difficultés sur les routes :

> « Je fais des va-et-vient entre Moundou et N'Djamena. Étant vendeur de poulets, je pars dans les marchés hebdomadaires vers le sud, pour acheter les poulets et venir les vendre à N'Djamena. Chaque fois que je voyage, il me faut dépenser au moins 10 000 FCFA (environ 15 euros) auprès des agents de sécurité. Ils me demandent tous les papiers possibles, l'autorisation de vente de volailles, carte d'identité et même parfois la carte d'électeur (rires). Habituellement, c'est la carte d'identité qu'ils demandent, mais s'ils voient que tu as la carte d'identité, ils trouvent une autre possibilité pour prendre l'argent avec toi. Même ma carte nationale d'identité en main, je suis obligé de glisser quelque chose avant qu'ils me laissent partir. Si tu n'as pas la carte d'identité, ils exigent jusqu'à 5000 FCFA. Sans la carte d'identité, je ne pense pas oser voyager. Avec tous les postes de contrôle qui se multiplient sur la route si tu n'as pas la carte d'identité comment peux-tu faire ? »[621]

Ces propos expriment bien la difficulté à laquelle les gens sont confrontés dans leurs déplacements au quotidien. Pour donner une idée du phénomène, de Walia, la sortie sud de la capitale, à Moundou, on compte plus de 15 barrières de contrôle. Sur une trentaine de kilomètres qui séparent les villes, on trouve une barrière de contrôle. Sur l'ensemble de la commune de Koudoul, qui est situé à vingt-cinq kilomètres de N'Djamena, il y a au moins deux barrières de contrôle. Dans un ouvrage collectif dirigé par Georgio Blundo et Jean-Pierre Olivier de Sardan, Nassirou Bako Arifari analyse ce phénomène aux frontières de trois pays d'Afrique de l'Ouest, en décrivant minutieusement les échanges des transporteurs avec les agents de contrôle de ces barrières. L'auteur définit ces pratiques en termes de corruption dans les transports, qu'il classe en trois domaines : le

---

[620]. Bennafla Karine, *Le commerce frontalier en Afrique centrale, acteurs, espaces et pratiques,* Karthala, Paris, p. 181.

[621]. Entretien avec Célestin, vendeur de poulets au marché de Dembé à N'Djamena. L'entretien est réalisé dans un autobus de la compagnie Sud Voyage. Nous remercions Célestin d'avoir décrit ses expériences de voyage sur les routes du Tchad. Août 2016.

domaine de l'état civil des usagers : contrôle d'identité et de permis de conduire ; le deuxième domaine concerne les aspects techniques et administratifs des matériels roulants : immatriculation, visite technique, assurance, carte grise, présentation extérieure générale des véhicules, etc. ; et enfin le troisième domaine concerne les marchandises transportées et la fiscalité douanière.[622] Nos expériences en tant qu'enquêteur et voyageur nous permettent de saisir les interactions des agents de sécurité et des voyageurs.

Ce dimanche 18 novembre 2015, nous décidons d'aller à Goré pour notre enquête exploratoire. A bord d'un autobus de la compagnie SUD Voyage nous arrivons à Toukra, une localité située à 15 km de la capitale. Le bus s'arrête à quelques mètres d'un poste, où on peut voir une dizaine d'agents de sécurité, coiffés de bérets de couleur bleue. D'autres sont vêtus en « *djellaba* » (en arabe tchadien). Sur la chaussée, on aperçoit de vieux pneus peints en blanc et rouge des deux côtés de la route. Les habitués savent qu'il s'agit d'un poste d'agents de contrôle d'identité. Quatre agents se lèvent et s'approchent de l'autobus et nous ordonnent de descendre. « *Delou koulou intou wouroudjal bi karte ana kou* », ce qui signifie en arabe tchadien « que tous les hommes descendent avec leurs cartes d'identité ». Les passagers exécutent l'ordre. Chacun se précipite pour descendre, afin de présenter ou non sa pièce d'identité. Car le refus de l'exécution de cet ordre peut parfois retarder le départ du bus ou même provoquer de la violence à l'égard de l'individu qui tente de ne pas répondre à l'appel des agents de contrôle. Cette situation ressemble à ce que Pradeep Jeganathan décrit dans le contexte sri-lankais.[623] Nous avons assisté à plusieurs reprises à des situations où certains passagers sont molestés ou même incarcérés pour la simple raison qu'ils ne disposent pas des documents d'identité ou qu'ils refusent de descendre du bus. Selon Moussa, un passager assis juste à notre côté, qui a été lui-même une fois victime de violence

---

[622] Nassirou Bako Arifari, « Ce n'est pas les papiers qu'on mange ». La corruption dans les transports, la douane et les corps de contrôle », p. 179-224 in. Georgio Blundon et Jean Pierre Olivier de Sardan, *La corruption en Afrique. Une anthropologie comparative des relations entre fonctionnaires et les usagers (Niger, Bénin, Sénégal)*, Karthala et APAD, Paris, 2007.

[623] Pradeep Jeganathan, «Check point. Anthropology, identity, and the State», James Currey, *Anthropology in the margins of the State,* Oxford, School for the Advanced Research Press, 2004, p. 64.

physique dans un poste de contrôle, à l'entrée de la ville Kelo, au sud du pays :

> « Descendons, car ces gens-là sont comme des animaux. Si tu retardes, ils sont prêts à te mettre en cellule. Moi, je n'hésite pas à descendre rapidement si le bus s'arrête dans un poste de contrôle, pour ne pas recevoir de coups de crosse. Une fois, je suis avec ma femme et mes deux enfants, nous sommes arrivés au premier poste de contrôle de Kelo, les policiers m'ont demandé de leur montrer ma carte d'identité. Je leur ai présenté un récépissé d'identification que les gens m'ont donné à N'Djamena. Ils refusent de prendre ce récépissé. Alors que tous les autres postes de contrôle ont accepté ce récépissé. Ils m'ordonnent de descendre du bus. Je suis descendu. Pendant 20 minutes, je suis resté au sol. Quelques minutes après, un autre agent est venu me dire de lui donner 5000 FCFA. J'ai dit non, et il commence à me donner des coups de pieds. Mes enfants ont commencé à pleurer et ma femme est venue leur remettre 3000 FCFA avant que je sois libéré. C'est comme ça que nous souffrons ici mon fils ! »[624]

Son témoignage révèle un cas de violence dont sont victimes les passagers aux barrières de contrôle. Agé d'une cinquantaine d'années, Moussa est un chauffeur dans une entreprise sous-traitante du projet d'exploitation du pétrole Maigara, au sud de Moundou. La date de validité de sa carte d'identité ayant expiré, Moussa a fait une demande de renouvellement de cette carte, mais étant donné le dysfonctionnement du service d'identité, il n'a pas pu prendre sa carte d'identité. Devant cette difficulté du service d'identification, Moussa se trouve face aux agents de sécurité qui refusent de reconnaître son récépissé d'identification qu'il a présenté à tous les autres postes de contrôle. Le cas de Moussa indique la nature apparemment arbitraire des amendes qu'infligent les agents. Les services de l'État, à savoir ceux de la carte d'identité et la direction de la sécurité publique ne communiquent pas, et par conséquent, les agents dans les postes de

---

[624]. Entretien, Août 2016, avec Moussa, un passager de l'autobus de la compagnie de voyage SUD Voyage. L'entretien a été réalisé pendant un trajet de N'Djamena à Moundou. Nous remercions Moussa pour avoir accepté de parler de leurs expériences de voyages et des tracasseries des agents de barrières de contrôle.

contrôle agissent en fonction de leurs besoins, sans pouvoir comprendre que le récépissé délivré par la sous-direction de l'identité est valable pour les déplacements sur le territoire national. Face à cette désorganisation, les victimes sont les voyageurs qui ne peuvent pas circuler librement dans leur propre pays sous prétexte que leurs documents d'identité ne sont pas recevables.

Parmi les passagers présents dans l'autobus, trois hommes ne disposent pas de carte nationale d'identité, mais ils ont quand même la carte d'identité scolaire dont la période de validité serait arrivée à expiration, à en croire le responsable de ce poste de contrôle. En plus de la date de validité de ce document d'identité, les gendarmes soupçonnent ces passagers d'usurper ce titre d'identité scolaire. C'est en observant l'âge de ces passagers que les agents de sécurité ont hésité sur l'authenticité du document. Sur les cartes d'identité scolaires il est inscrit que M. X. est né en 1984 (32 ans), élève en classe de troisième dans un lycée privé de la capitale ; et sur celle de M. Z., élève en classe de quatrième, est né en 1978 (38 ans). La lecture de ces informations civiles permet rapidement de douter de l'authenticité de ces cartes d'identité scolaire. Ces pratiques sont courantes et les agents des barrières savent qu'ils sont en face de faux-vrais documents d'identité scolaire. Faute d'obtenir une carte d'identité, certaines personnes choisissent la voie la moins compliquée en se faisant délivrer des cartes d'identité scolaire dans les écoles privées.

« Pour éviter les contrôles des agents de sécurité et, vu le problème du centre d'identification, la seule solution qui me reste est celle de me procurer une carte d'identité scolaire », selon Aladji, résident à la Loumia, une commune de la région du Chari Baguirmi. Il suffit d'apporter une somme de 2000 FCFA (3 euros) avec une photo d'identité pour obtenir sa carte d'identité scolaire le même jour, avec le tampon de l'établissement. C'est une autre alternative liée à la faiblesse du service public d'identification. Coincés entre les arnaques des agents de sécurité et celle des agents du service d'identité civile, certains Tchadiens se lancent dans ce genre de pratiques qui, parfois, leur coûtent cher, quand les agents de contrôle découvrent que ces pièces d'identité sont des faux. L'exemple de Monsieur X. et Z. permet de prendre la mesure de ce phénomène. Quelques minutes après, un des agents en poste dit au passager « comme vous n'avez pas la carte d'identité nationale et votre carte d'identité scolaire a aussi expiré, vous allez payer une somme de 1000 FCFA ».[625] Un des passagers nous murmure à l'oreille, « tu sais, ces gens-là veulent de l'argent. Il suffit qu'ils leur donnent une petite somme et le problème est fini ».[626] Après cette négociation, les trois passagers glissent chacun dans la main d'un agent de contrôle une somme de 2000 CFA (environ 3,50 euros) avant que notre bus ne reprenne son trajet. À l'entrée de Bongor, une ville située à plus de 300 kilomètres de N'Djamena, nous faisons face à une autre barrière. Cette fois-ci tous les passagers – hommes comme femmes - sont obligés de descendre. Le même rituel commence, « Présentez vos pièces d'identité » ! Par manque de carte d'identité ou de passeport, il faut présenter sa carte d'électeur ou le récépissé du recensement électoral biométrique. Cette période est aussi celle du recensement électoral biométrique dans le cadre de l'élection présidentielle de 2016.

IV. Les inégalités face au dispositif de délivrance et de contrôle des papiers d'identité

Obtenir un papier d'identité, un extrait d'acte de naissance ou une carte nationale d'identité pose d'une manière générale la question du droit à l'identité juridique de la personne. Cette identité juridique définit les droits sociaux et politiques des individus sur un espace donné. C'est ainsi que Bronwen Manby considère, dans *La nationalité en Afrique*[627], que les papiers d'identité jouent un rôle important dans les dynamiques politiques et sociales en Afrique. C'est le cas en Côte d'Ivoire, où elle analyse le rapport entre les papiers d'identité et la crise politique et militaire. Elle cite le propos d'un responsable de la rébellion du nord de la Côte d'Ivoire : « Il nous fallait une guerre, parce qu'il nous fallait nos cartes d'identité. Sans cartes d'identité, vous n'êtes rien dans ces pays ». Le travail de Richard Banégas et d'Armando Cutolo est éclairant sur ce sujet.[628] En posant ainsi la question du droit de la nationalité dans certains pays en Afrique, Bronwen Manby analyse la

---

625. Texte extrait d'un carnet d'enquête de terrain, Voyage N'Djamena-Moundou, 2016.
626. Idem., carnet d'enquête de terrain.
627. Manby Bronwen, *La nationalité en Afrique*, Paris, Karthala, 2011.
628 Cutolo Armando et Richard Banégas, « Les margouillats et les papiers kamikazes. Intermédiaires de l'identité, citoyenneté et moralité à Abidjan », *Genèses,* 2018/3, n°112, p.81-102.

problématique de l'exclusion d'individus sur la base des critères définis par les acteurs politiques. Même si ce propos pose la question de façon globale, nous voulons nous intéresser au genre, aux personnes nomades et au statut social, et analyser la perception que les agents de contrôle d'identité ont au quotidien quand ils font face à une femme ou une personne dite nomade.

Des entretiens effectués à N'Djamena et à Goré, il ressort qu'une grande partie des enquêtés ont obtenu leurs papiers d'identité entre l'âge de six et dix ans, l'âge d'entrée à l'école, lors de l'examen du certificat d'études primaires.[629] Une petite minorité nous dit avoir obtenu des papiers d'identité à la naissance. L'origine sociale et le lieu de naissance jouent un rôle crucial, surtout avec la déclaration de faits d'état civil. Ces résultats d'enquêtes nous permettent de saisir le sens que les gens donnent aux papiers d'identité.

Les papiers d'identité sont souvent liés aux parcours biographiques des individus qui les détiennent. La personne qui habite dans un petit village, où il est difficile d'avoir accès au service public, école, centre de santé ou centre d'état civil, n'a pas la même perception des papiers d'identité que celui qui habite dans le centre-ville. Nous avons observé cette différence sur la base de nos données d'enquêtes de terrain auprès des habitants de Goré et ceux des villages environnants. Cette variante, en termes de perception et du rapport que ces personnes ont avec les papiers d'identité, s'explique par le fait que le système d'enregistrement ou d'identification des individus est souvent considéré par une partie de nos enquêté(es), comme « une affaire de ceux qui sont en ville ». Avoir un extrait d'acte de naissance ou une carte d'identité est toujours relié à l'activité de la personne. Pour Justine, une femme au foyer que nous avons rencontrée pendant notre enquête de terrain à Goré, l'importance qu'elle donne à la déclaration de naissance de ses enfants est en partie liée à l'éducation qu'elle a reçue auprès de ses parents.

> « J'ai quatre frères et trois sœurs. Tous ont été enregistrés à la mairie de Doba et chacun a son extrait d'acte de naissance. Mon père ne manque pas de nous vanter

---

[629]. Barré Louise, « Mettre son nom » : revendication familiale au sein de la procédure d'identification (Cote d'ivoire), 1950-1970) », *Genèses,* 2018/3, n° 112, p. 18

l'importance de tout document d'identité. Lui-même étant un ancien combattant de l'armée française, il gardait tous ses papiers d'identité dans un sac en plastique et les mettait dans une valise bien fermée. Même étant chez mon époux, mon père ne manquait pas de me rappeler qu'il fallait faire la déclaration de naissance de mes enfants. Pour lui, les papiers d'identité sont les premières ressources matérielles de l'enfant ».[630]

Ce propos de Justine permet de montrer le lien qui existe entre l'origine sociale de l'enfant et son rapport aux papiers d'identité. Le sens que les parents donnent aux papiers d'identité constitue une influence à l'égard des enfants. En tant que retraité de l'armée, le père de Justine transmet ce souvenir à ses enfants. Aujourd'hui, elle déclare ses trois enfants à l'état civil. À la différence de son époux, Justine dispose d'une carte nationale d'identité qu'elle garde soigneusement dans sa valise. Pour elle, sa carte nationale d'identité est une partie de sa vie. On pourrait dire ici, en reprenant la terminologie de Pierre Bourdieu, que Justine dispose d'un capital social qui semble lié à son milieu de naissance. La valeur qu'elle donne aux papiers d'identité vient de la socialisation qu'elle a reçue de son père, ancien combattant.

Le rapport aux papiers d'identité est vu ici à travers ce que nous appelons la « mémoire des papiers ». La mémoire des papiers se définit par les liens historiques et sociaux que la famille a avec les papiers, d'une manière générale, et les papiers d'identité, en particulier. Cette « mémoire des papiers » est le produit des différentes expériences vécues par un ou plusieurs membres de la famille.

Elle peut se décliner aussi selon le sens que le grand-père ou la grand-mère donne aux papiers d'identité et sur la base d'un événement déclencheur. Cet événement peut être l'expérience d'un voyage, la constitution d'une demande de pension, la scolarisation des enfants, la demande d'emploi, le retrait d'argent à la banque, etc. Le fait que l'individu se confronte à une telle situation dans son parcours de vie constitue un motif par lequel l'esprit de conservation et de transmission des papiers d'identité prend son sens.

---

630. Extrait d'entretien, Goré, 2016.

Le deuxième point que nous voulons aborder dans cette partie est celui de la perception des femmes à l'égard des papiers d'identité. Nous avons relevé le faible taux de détention de documents d'identité par les femmes, comparativement aux hommes. Selon les résultats de nos enquêtes, cette différence peut s'expliquer par plusieurs facteurs. Le premier facteur est lié au refus des parents de déclarer la naissance des filles à l'état civil. Dans des zones reculées, le taux de déclaration des filles est de 12% contre 36% pour les garçons[631]. La proportion varie en fonction des lieux de résidence urbaine ou rurale, et de la position sociale des parents. Les rapports du Fonds des Nations Unies pour l'Enfance montrent bien ces disparités en fonction des zones de résidence.[632]

Selon Kaltouma, responsable de l'association des femmes commerçantes de Goré, si les femmes n'ont pas de papier d'identité, c'est en partie liée au fait qu'elles ne font pas l'objet de contrôle d'identité sur les barrières de route. Pour elle, le dispositif de contrôle des individus reste une cause importante du désir d'avoir des papiers d'identité. Le lien entre la mémoire de papiers et le désir d'avoir des papiers d'identité est très important à ce niveau. Selon Mariam, « au Tchad, quand on fait la carte d'identité, c'est pour éviter les contrôles de police, mais comme on ne me demande pas les papiers d'identité en route, c'est pourquoi je ne peux avoir la carte nationale d'identité ».[633]

Il est vrai qu'habituellement les femmes ne sont pas soumises au contrôle d'identité sur les routes. Mais nous constatons que ces dernières années, avec le renforcement de la politique sécuritaire après les attentats de 2015, dans certains postes de contrôle, les femmes sont aussi obligées de présenter leurs documents d'identité. S'il s'agit de

---

[631] Enquêtes aux indicateurs multiples(MICS), 2014-2016, Ministère du plan de l'économie et de la coopération internationale, Rapport final, 2017

[632] . Ahmed Shabir et Dincu Irina, Évaluation du système d'état civil (enregistrement des naissances au Tchad et recommandations pour améliorer le système), Rapport UNICEF TCHAD, 2009, Rapport global de l'évaluation du système d'enregistrement des faits et statistiques de d'état civil du Tchad, TCHAD, UE, UNHCR, 2017.

[633] . Entretien avec Mariam, âgée de 43 ans, Août 2016. Mariam réside à Kouma, une ville située dans la région de Mandoul, au sud du pays. L'entretien a été réalisé dans le bus qui nous amenait à Moundou. Merci à Mariam pour sa disponibilité.

fouille, par exemple, ce sont les agentes de sécurité qui les contrôlent. Les femmes qui ont des documents d'identité, extrait d'acte de naissance ou carte d'identité, sont en majorité des employées ou des femmes « *mosso* », c'est-à-dire des commerçantes qui ont coutume de voyager d'une région à une autre dans le cadre de leurs activités.

Conclusion

Le dispositif de contrôle d'identité qui a été pensé initialement comme un instrument de lutte contre l'insécurité, d'abord contre les coupeurs de route et plus récemment contre les membres de Boko Haram, est devenu un moyen de prédation. Les barrières de contrôle sont un mécanisme important par lequel l'État diffuse son pouvoir au quotidien, même si le dispositif actuel de contrôle semble échapper aux autorités politiques et sécuritaires. La corruption, les extorsions et la violence qui sont caractéristiques du fonctionnement de ces barrières sont le reflet des modes d'exercice du pouvoir au Tchad. Au-delà de l'aspect répressif, chaque acteur de ce système de contrôle trouve son compte en essayant de contourner les règles qui, d'un côté, obligent les citoyens à posséder des documents d'identité et, de l'autre côté, les agents de contrôle d'identité qui sont en principe appelés à la protection des biens et des personnes se lancent dans ces pratiques. Aujourd'hui, les passagers sont dans des stratégies d'accommodation, et utilisent divers mécanismes pour éviter les tracasseries policières.

CONCLUSION GENERALE

Identifier, c'est décrire, classer et distinguer les individus, par le nom, le prénom, la date et le lieu de naissance, le nom du père et de la mère, la photo, les empreintes digitales, les signes particuliers et cryptographiques…. L'individu devient singulier et unique à travers des caractéristiques qui peuvent être physiques ou sociales. Dans ce travail, nous avons étudié l'identification des individus comme une des modalités d'exercice du pouvoir. Comme le souligne Béatrice Hibou, les dispositifs et les pratiques économiques pris dans leurs articulations avec la violence et la peur sont semblables aux dispositifs et pratiques plus traditionnels de contrôle, de surveillance et de discipline, tels que les mécanismes de persuasion, les dispositions hiérarchiques, les rouages institutionnels et administratifs.[634] Qu'il s'agisse du processus d'identification ou du contrôle au quotidien des papiers d'identité, l'identification est un instrument par lequel l'État exerce son pouvoir. Celui-ci est concrètement exercé à travers des institutions telles que le service de l'identité civile, la police ou les postes de contrôle frontalier.

1. De la colonisation au développement international

Nous avons rappelé dans le chapitre 1 qu'avec la création du premier poste administratif par l'État colonial et la mise en place progressive d'une bureaucratie d'identification, la technique d'interconnaissance ou de « face à face »[635] a laissé peu à peu la place aux papiers d'identité. L'introduction de cette technique bureaucratique a marqué un changement dans les modes et les pratiques d'identification des individus. Désormais, l'individu se perçoit à travers un document qui renseigne un ensemble d'informations le concernant. À travers l'étude des différentes formes de nominations dans les groupes sociaux au Tchad, nous avons pu saisir les valeurs et les

---

[634]. Hibou Béatrice, *Anatomie politique de la domination*, Paris, La Découverte, 2011.
[635]. Noiriel Gérard (dir.), *Identification. Genèse d'un travail d'État*, Paris, Belin, 2007, p. 19.

significations que chaque groupe ethnique donne à un nom, ce qui influe sur la fluidité des noms en rapport avec le système d'état civil (chapitre 2). Dans ce cadre, nommer est un processus par lequel la personne interagit avec sa communauté de naissance. L'invention de l'état civil selon le modèle de la métropole – nom, prénom, date et lieu de naissance – ne semble pas correspondre au mode d'identification de ces sociétés. Il faut souligner que la fluidité des noms qui semble provenir du mécanisme de l'acte de nommer dans ces groupes ethniques, produit en elle-même ses modes et pratiques de modification et de changement de ces noms, à travers les pratiques bureaucratiques du système d'état civil au Tchad. Ce mode de changement du nom se généralise dans les centres d'identification. Or, ces pratiques engendrent des négociations et la corruption entre les agents et les usagers. Mais il faut souligner que les modes d'identification sociaux et papierisés se croisent et coexistent. Les modes d'identification sociale, comme les cicatrices et les langues, sont souvent considérés comme antinomiques aux techniques papierisées des identités, qui elles constituent désormais les supports par lesquels la biométrie sert de preuve.

La carte d'identité offre à l'individu d'être reconnu comme unique dans sa communauté. De par se(s) papier(s), il s'émancipe, dans un processus d'individualisation et d'autonomisation. Mais il faut attendre les années 1960, après l'indépendance, pour que l'État tchadien dispose de sa propre politique et de son propre instrument d'identification des citoyens. En outre, les organes administratifs des services de sécurité ou des partis politiques sous la tutelle des pouvoirs politiques ont souvent tenté d'instrumentaliser les dispositifs d'identification et d'en faire des outils au service de politiques autoritaires. Il s'agit notamment de la politique du retour à l'authenticité culturelle du Président de la République François Tombalbaye dans les années 1970 ou du système de fichage et de surveillance mis en place par la Direction de la documentation et de la sécurité (DDS)[636] et de l'Union nationale pour l'indépendance et la révolution (UNIR) pendant le règne du Président Hissein Habré dans les années 1980. Sous le pouvoir du président Idriss Déby, le service de l'identité civile a fait

---

[636] Bat Jean-Pierre, Duranton Antoine, El gaziria Soheila, Sigalas Mathilde et Stemmelin Margo, « Renseigner et administrer la terreur sous Hissein Habré : La Direction de la documentation et de la sécurité », *Champ pénal*, n°17, 2019.

l'objet d'une importante réforme avec le décret instituant la carte d'identité biométrique en 2002. La création de la direction générale de la police technique-scientifique et de l'identité civile, en 2014, rompt ainsi avec l'ancienne organisation administrative du centre d'identification judiciaire. C'est dans la même lignée de la réforme que l'Agence nationale des titres sécurisés (ANATS) est créée en 2016.

Nous avons analysé dans ce travail le processus d'identification dans les services de l'identité civile où les cartes d'identité sont délivrées. Nous avons appréhendé l'identification dans son fonctionnement au quotidien et analysé les procédures et les pratiques bureaucratiques du service d'identité civile de N'Djamena (Chapitre 4). Nous avons également traité de la relation entre les fonctionnaires et les usagers, c'est-à-dire entre les agents des guichets d'identification, les intermédiaires et les demandeurs de la carte d'identité. Pour cela, nous sommes entrés dans « l'intimité de l'État »[637]. Ce qui s'apparente à une « technique de gouvernement »[638] est le produit d'un ensemble de politiques qui ne sont pas seulement nationales mais aussi internationales (Chapitre 3). Ceci est d'autant vrai depuis l'introduction des nouvelles technologies d'identification produites par des entreprises étrangères. Il y a donc une configuration d'acteurs[639] et de lieux de pouvoirs qui convergent vers la même logique, celle de l'identification des individus. Dans le souci d'encourager l'identification des individus, l'État, en collaboration avec les institutions internationales, a initié plusieurs projets en matière de politique nationale du système d'état civil. La direction des affaires politiques et de l'identité civile, organe chargé de la politique de l'état civil, reçoit régulièrement les appuis techniques, matériels et financiers des organisations internationales (chapitre 3). Il s'agit par exemple du programme de la bonne gouvernance locale financé par l'Union européenne, l'UNICEF et l'UNHCR, et qui à travers ce financement, y sensibilisent la population dans les provinces du pays.

---

[637]. Piazza Pierre, *Histoire de la carte d'identité*, Paris, Odile Jacob, 2004, p. 13.

[638]. Laborier Pascale, « La gouvernementalité », In : Bert Jean-François et Lamy Jérôme, (dir.), *Michel Foucault : Un héritage critique*, Paris, Éditions CNRS, 2014.

[639]. Elias Norbert, *Qu'est-ce que la sociologie ?*, Paris, La Tour Aigues, 1991, p. 157.

Nous avons étudié le processus d'identification des personnes « retournées » de la crise centrafricaine dans la commune de Goré (chapitre 6). Nous avons vu comment les autorités politiques ont politisé cette question. Le projet d'appui à la citoyenneté et à la lutte contre l'apatridie, mis en place par le UNCHR, a permis aux « retournés » d'obtenir des extraits d'actes de naissance. Le processus d'identification est lancé en septembre 2016 avec la participation du service d'identité civile ; les frais de délivrance des cartes d'identité sont payés par l'Union européenne. Mais nous avons constaté que les cartes d'identité ne sont pas encore distribuées aux personnes concernées. Aujourd'hui, les « retournés » se servent néanmoins des récépissés d'identification pour leur circulation sur le territoire à défaut d'avoir les cartes d'identité. Ce retard s'explique par des tensions qui ont régné entre les différents acteurs impliqués dans ce projet d'identification des « retournés ». La participation de l'ONG, Association pour la Promotion des libertés fondamentales au Tchad (APLFT) à la gestion de ce projet ne semble pas avoir agréé aux autorités politiques, car ses activités ont été suspendues.

2. Construction de la nation et discrimination dans une région en crise

Au moment de la création du service d'identité civile, le gouvernement a décidé de mettre en place une « commission de contrôle et de vérification » des documents d'identité pendant la procédure de délivrance de la carte d'identité (Chapitre 4). Elle est composée de femmes et hommes issus de tout le secteur de la sécurité. La commission fonde son contrôle sur la construction de la figure du suspect. Le « suspect » est celui-là qui habite aux frontières du Nigeria, de la Centrafrique, du Soudan, du Cameroun ou du Niger. Les agents de la commission se servent de l'observation de l'apparence physique et posent des questions au demandeur de la carte en langue locale, telles que le nom de son chef coutumier, les dates et les lieux de délivrance des extraits d'actes de naissance…. Dans le cas où ils constatent une zone d'incertitudes, une convocation est servie à sa famille. La famille doit ramener tous les documents qui prouvent que cette personne est bien de nationalité tchadienne. Cette pratique conduit à des logiques de distinction et de discrimination de certaines communautés des zones frontalières. Nous sommes ici dans la recherche de la preuve dans la définition de la citoyenneté et de la nationalité.[640]

L'observation au quotidien du service de l'identité civile nous a permis de déceler le développement d'un « désordre organisé »[641] qui semble contredire les discours politiques de la « modernisation » de cette administration. Le désordre apparaît ici comme un refus ou un contournement de la règle ou des procédures dictées par les autorités administratives des centres d'identification. Ce refus peut être motivé de façons différentes et en fonction de la personne en face de l'agent de vérification. Le plus simple est la corruption qui n'a rien d'une exception. Le désordre semble être devenu une soupape des pratiques bureaucratiques du service de l'identité civile.

3. La biométrie : enjeux commerciaux et sécuritaires

Développée initialement dans le cadre des enquêtes policières et judiciaires, la biométrie est de plus en plus souvent utilisée pour l'identification des individus (chapitre 5). En outre, plus de la moitié des États africains ont adopté cette technique dans le cadre d'enrôlements électoraux[642]. Pour le cas du Tchad, cette technologie est introduite d'abord en 2002 pour les cartes d'identité avant que l'État ne l'utilise pour l'élection présidentielle de 2016. Après l'attentat terroriste de 2015 à N'Djamena, le ministère de l'Intérieur a proposé une loi de lutte contre le terrorisme dans laquelle la sécurisation des papiers d'identité a été centrale notamment avec l'introduction de la technique d'identification biométrique, ce qui a soulevé un tollé dans la classe politique et les organisations de la société civile. Des manifestations ont été organisées pour dénoncer cette décision du

---

[640]. Kindersley Nicki, «Identifying south Sudanese: Registration fort the January 2011 Referendum and defining a new Nationality», in Sandra Calkins, Enrico Ille, Richard Rottenburg (ed.) *Emerging orders in the Sudans*, Bamenda, Langaa Research and publishing CIG, 2015, p. 80.

[641]. Propos d'un agent du service de l'identité. Entretien réalisé en septembre 2016 à N'Djamena.

[642]. Debos Marielle, « La biométrie électorale au Tchad. Controverses et technopolitiques et imaginaire de la modernité », *Politique africaine*, 2018/4, n°152. Voir aussi Gelb Alan et Anna Diofasi Metz Anna, *Biometric Elections in Poor Contries : Wasteful or a Wortwhile investment*, Working Paper n°435, Washington, center for global developpment 2016.

gouvernement visant à changer les pièces actuelles d'identité et les passeports informatisés. Selon les explications de l'ancien ministre de l'Intérieur, Brihimé Hamid, l'État a pris des engagements auprès de ses partenaires et des autres États qui lui imposent de respecter les normes en matière d'identification.

Par ce « gouvernement des identités »[643], la question de l'identification se pose en termes d'insécurité, c'est-à-dire protéger les papiers d'identité contre les éventuels fraudeurs ou usurpateurs. Ce genre d'argument est fréquemment cité par les autorités politiques et sécuritaires. Elles évoquent surtout la question de l'insécurité transfrontalière dans la région. Et cela se résume dans un discours du ministre de l'administration du territoire, de la sécurité publique et de la gouvernance locale lors d'une visite à la direction de l'Agence Nationale des Titres sécurisés :

> « Les pays qui sont autour du Tchad subissent une instabilité, surtout les différents conflits en République centrafricaine, Libye ou Boko Haram font que nous avons des mouvements de personnes dans notre pays. À cela s'ajoute aussi que nous avons des échéances électorales à l'horizon. Tout ça fait que nous avons besoin de documents sécurisés. L'Agence nationale des Titres sécurisés est chargée de nous mettre en place ces documents. Le nouveau système introduit des données personnelles biométriques dans le processus d'identification de la personne en tenant compte du besoin crucial de sécurisation des documents d'identité pour lutter efficacement contre la fraude par usurpation d'identité, les trafics illicites, les crimes transfrontaliers et le terrorisme international. Il apporte des innovations majeures à la loi 08 du 10 mai 2013 ».[644]

---

[643]. Guild Elspeth et Didier Bigo, « Les relations entre acteurs, les tendances technologiques et les droits des individus », *Cultures et Conflits*, n°49, printemps 2003, p. 4.

[644]. Le ministre de la Communication, porte-parole du gouvernement, Info Alwida, « Tchad : l'ANATS s'active pour la production des titres sécurisés », en ligne : https://www.alwihdainfo.com/Tchad-l-ANATS-s-active-pour-la-production-des-titres-securises_a69861.html (consulté le 16 janvier 2019).

Ces propos du ministre de l'Administration du territoire, de la Sécurité publique et de la gouvernance locale au cours de sa visite aux agents de l'Agence nationale des titres sécurisés (ANATS), nouvel organe chargé de la politique et de la production des papiers d'identité au Tchad, montre la place que les autorités publiques donnent à la technique d'identification biométrique. La création de cette agence et la signature en 2017 du contrat avec le groupe français, IDEMIA, anciennement connu sous les noms de Morpho, puis Safran Identité, mettent au cœur de la politique nationale d'identification la technologie biométrique.

La biométrisation les identités s'explique aussi par une vision manichéenne de l'État et l'illusion volontariste[645] des dirigeants. Cette technologie est considérée comme source de « vérité » aux yeux de tous les acteurs impliqués. Nous sommes dans ce que Marielle Debos appelle « l'imaginaire biométrique » au Tchad.[646] L'objet sécuritaire de la carte, prôné par les autorités publiques, constitue une partie émergée de l'iceberg, car, depuis le départ de la SEMLEX, le service de la carte d'identité est devenu un enjeu politique et économique important. L'étude de la biométrisation des identités nous a permis d'analyser les différentes dynamiques ayant conduit à la mise en place du projet de la carte nationale d'identité (chapitre 5). L'introduction de ces technologies s'accompagne notamment de la montée en puissance des entreprises privées qui investissent dans ce secteur sur le continent africain. Cette technique transforme aujourd'hui les codes et les pratiques d'identification et d'authentification des identités.

Mais, il est important de souligner que la biométrie n'est pas seulement un outil d'identification, car nous avons analysé les dynamiques corrélatives aux pratiques clientélistes et de patrimonialisation des ressources de l'État par le biais des acteurs publics et privés. Jean-François Bayart indique qu'en Afrique subsaharienne, l'État représentait ainsi les aspirations modernisatrices de la population par le respect de l'administration et, d'une certaine manière, de ce que l'on nomme l'idéal wébérien de l'État. Mais il

---

[645]. Hibou Béatrice, *Anatomie politique de la domination*, op. cit., p. 121.
[646]. Debos Marielle, « La biométrie électorale au Tchad. Controverses technopolitiques et imaginaire de la modernité », *Politique africaine*, 2018/4, n° 152, p. 101-120.

s'incarnait également dans l'illusion volontariste et la capacité étatique à mobiliser les énergies économiques et sociales y compris à travers les « éléphants blancs »[647] et les projets souvent démesurés de développement industriel – ou dans l'espoir d'une vie meilleure et plus juste – à travers l'ambition généralisée d'entrer dans l'administration ou de bénéficier d'une certaine protection et d'un accès plus ouvert aux opportunités économiques.[648] Chaque acteur, responsable politique, agent de la police, fonctionnaire, entrepreneur privé trouve, grâce, au projet de la biométrie une stratégie d'accumulation de prébendes.

4. Identité, émancipation et contrôle

Dans la dernière partie de ce travail (chapitres 7, 8 et 9), l'étude des interactions sociales au guichet d'identification du commissariat central de N'Djamena nous a permis d'apporter un éclairage spécifique sur les usages sociaux des papiers d'identité. Nous avons en effet pu illustrer le fonctionnement au quotidien de l'administration publique des identités et souligner ainsi les rapports de pouvoir entre les agents et les usagers. Nous avons observé une forme d'économie de prédation (Chapitre 7). Dans tous les circuits de délivrance de la carte d'identité, la personne est obligée de mettre « la main dans la poche », c'est-à-dire donner de l'argent à un agent ou à un intermédiaire pour faciliter sa demande.

C'est sur la base des observations et des entretiens auprès des usagers que nous avons souhaité comprendre les différentes fonctions de la carte nationale d'identité. Celle-ci est liée à toutes les formalités et démarches administratives au quotidien, c'est-à-dire se présenter devant un agent de sécurité, effectuer sa demande de pension de retraite, déposer et retirer de l'argent à la banque, joindre aux dossiers de demande d'emploi... Avec la carte d'identité, les citoyennetés se resserrent autour de l'État. Elle est l'instrument matériel qui justifie l'appartenance de l'individu à sa « communauté nationale ». C'est une forme de l'« identité objectivée » de l'individu.

Nous avons aussi traité (chapitre 9) des questions relatives au contrôle d'identité sur les barrages routiers. Il s'agissait de saisir la

---

[647]. Hibou Béatrice, *Anatomie politique de la domination*, *op. cit.*,
[648]. Bayart Jean-François cité par Béatrice Hibou, *Ibid.* p. 121.

fonction circulatoire des papiers d'identité. Grâce à nos observations menées dans les barrages routiers, nous avons pu comprendre la transformation du dispositif de contrôle d'identité, initié comme un instrument de lutte contre l'insécurité et les coupeurs de route, en une tactique de prédation économique aujourd'hui par des agents de l'État. Le contrôle des papiers d'identité donne en effet lieu à des pratiques de corruption, d'extorsions et parfois de violences. Le lien entre le contrôle des papiers d'identité et le discours sur la sécurité corrobore ce qu'affirme Jean-François Bayart : « La peur et la violence sont les portes du politique en Afrique ».[649]

En somme, ce travail étudie l'identification dans une configuration d'acteurs. Chaque acteur essaie, en fonction de son objectif, de contourner les règles et les procédures mises en place par l'État. En suivant Béatrice Hibou, nous pouvons conclure que la construction ou la restauration de l'autorité publique, le volontarisme étatique et la capacité de mobilisation économique apparaissent au fondement de ce processus de légitimation. Car ce sont les seuls à même de répondre au « désir de l'État »,[650] d'un État comme entité supra politique au-dessus des partis, des conflits, des divisions et des intérêts particuliers, d'un État avec des vecteurs de consensus et d'unité. Le monopole du contrôle de la circulation, caractéristique de la formation de l'État, obligeant les gens à détenir des documents d'identité est instrumentalisé par certains agents de sécurité pour d'autres pratiques. Pour éviter ces contrôles, les passagers développent des stratégies d'accommodation en acceptant de payer les commissions qu'exigent les agents ou en se faisant délivrer des cartes d'identité scolaires.

La reconnaissance et la surveillance qui semblent constitutives de l'identification biométrique s'inscrivent aujourd'hui dans ce que le sociologue Zygmunt Bauman appelle la « modernité liquide ».[651] Le monde de la modernité liquide est un monde où les identités des individus sont prises par des scanners et capteurs sur la base d'un

---

[649]. *Ibid.*, p. 94.

[650]. *Ibid.*, p. 117.

[651]. Lyon David, «Liquid surveillance: the contribution of Zygmunt Bauman to surveillance studies», *International political sociology*, 2010/4, p. 325-338; Hall R. John, «Bauman liquid», *socio*, 2017/7, journal.openedition.org socio/2712.

raisonnement mathématique.652 Keith Breckenridge insiste sur la logique mathématique de l'identification biométrique ainsi que sur le « vide informationnel »653 qui caractérise l'État biométrique. Pour Breckenridge, l'État biométrique est radicalement différent de l'État documentaire. Séverine Awenengo, Richard Banégas et Armando Cutolo soulignent au contraire que l'identification biométrique ne vient pas remplacer les autres formes d'identification et que des éléments de l'État biométrique et de l'État documentaire se retrouvent de fait imbriqués654. On a vu dans ce travail que le développement de la biométrie n'empêchait pas le développement de pratiques documentaires et la bureaucratisation de la société. Idéalisée par les autres et critiquée par d'autres, la biométrie se situe dans ce monde d' « utopie et dystopie »655, pour reprendre le terme qu'utilise Nadine Michikou pour analyser la crise ambazonienne au Cameroun. Ce ne sont concrètement pas seulement les empreintes des individus qui sont saisis mais aussi leurs données biographiques. Finalement, le savoir de l'État sur l'individu doit être saisi dans son historicité656. La revendication étatique de monopole des moyens d'identification ne peut pas être comprise sans la spécificité du système politique qui l'engendre. Celle-ci s'institutionnalise dans la trajectoire propre de l'État tchadien, tout en étant le produit d'éléments internes et externes. De même, la question de la surveillance657 doit être abordée en fonction des particularités du système qui la produit. Cette recherche

---

652. Brekenridge Keith, « État documentaire et identification mathématique : la dimension théorique du gouvernement biométrique africain », *Politique africaine*, n°152, 2018/4, pp.31-49.

653. Breckenridge Keith, art. cit., p. 45.

654. Awenengo Dalberto Séverine, Banégas Richard, et Cutolo Armando, « Biometriser les identités ? État documentaire et citoyenneté au tournant biométrique », *Politique africaine* 2018/4, n°152, 5-29p.

655. Machikou Nadine, « Utopie et la dystopie amazoniennes. Dieu, les dieux de la crise anglophone au Cameroun », *Politique africaine*, n°150, 2018/2, p.115-132.

656. Laborier Pascale, « *Historicité* et sociologie de l'action publique », In : Laborier Pascale et Trom Danny, (dir.), *Historicités de l'action publique*, Paris, PUF/CURAPP, 2003.

657. Lyon David, *Identification citizens: ID cards as surveillance*, Malden, M.A and Cambridge, Polity press, 2009.

autour des pièces d'identité offre aussi une meilleure compréhension de l'État au quotidien – avec sa mainmise, mais aussi avec ses limites.

BIBLIOGRAPHIE

Abélès Marc, *Penser au-delà de l'État*, Paris, Belin, 2014.

About Ilsen, Brown James et Lonergan Gayle (dir.), *People, Papers, and Practices: Identification and Registration in Transnational Perspective*, Basingstoke, Palgrave, 2011.

About Ilsen et Denis Vincent, *Histoire de l'identification des personnes*, Paris, La Découverte, 2010.

About Ilsen, « La fondation d'un système nationale d'identification policière en France (1893-1914). Anthropométrie, signalement et fichiers », *Genèses,* vol. 54, n°1, 2004, p. 28-52.

Abbo Netcho, *Mangalmé 1965: la révolte des Moubi*, Saint-Maur, Sépia, 1997.

Abrahamson Éric et Weller Jean-Marc, « Jusqu'où aimer le désordre ? », *Le journal de l'école de Paris du management*, vol. 73, n°5, 2008, p. 22-28.

Adiaffi Jean Marie, *La carte d'identité*, Paris, Hatier international, 2002.

Allam-Mi Ahmad, *Autour du Tchad en guerre: tractations politiques et diplomatiques, 1975-1990*, Paris, L'Harmattan, 2014.

Amselle Jean-Loup, « De la déconstruction de l'ethnie au branchement des cultures : un itinéraire intellectuel », *Actes de la recherche en sciences sociales*, vol. 185, n°5, 2010, p. 96-113.

Amselle Jean-Loup et Elikia M'Bokolo (dir.), *Au cœur de l'ethnie: ethnies, tribalisme et État en Afrique*, Paris, La Découverte, 1985.

Anter Andréas, « L'histoire de l'État comme histoire de la bureaucratie », *Trivium* [En ligne] n°7, 2010. URL: http://journals.openedition.org/trivium/3794

Appadurai Arjun, *The Social Life of Things. Commodities in cultural perspective*, New York, Cambridge University Press, 1988.

Arditi Claude, « Du "prix de la kola" au détournement de l'aide internationale : clientélisme et corruption au Tchad (1900–1998) » *in* Blundo Giorgio (dir.), *Monnayer les pouvoirs : Espaces, mécanismes et représentations de la corruption*, Genève, Graduate Institute Publications, 2016, p. 249-267.

Arditi Claude, « Les violences ordinaires ont une histoires. Le cas du Tchad », *Politique africaine*, vol. 91, n°3, 2003, p. 51-67.

Ayimpam Sylvie, *Économie de la débrouille à Kinshasa: Informalité, commerce et réseaux sociaux*, Paris, Karthala, 2014.

Aymes Marc, « Prête-noms. Politique du métonyme », *Revue d'histoire moderne et contemporaine,* vol. 60, n°2, 2013, p. 38-57.

Awenengo Dalberto Séverine et Banégas Richard, « Citoyens de papier : des écritures bureaucratiques de soi en Afrique », *Genèses*, vol. 112, n°3, 2018, p. 3-11.

Awenengo Dalberto Séverine, Banégas Richard et Cutolo Armando, « Biomaîtriser les identités ? État documentaire et citoyenneté au tournant biométrique », *Politique africaine*, vol. 152, n°4, 2018, p. 5-29.

Ayimpam Sylvie et Boujou Jacky, « Objets tabous, sujets sensibles, lieux dangereux. Les terrains difficiles aujourd'hui », *Civilisations*, vol. 64, n°1, 2015, p. 11-20.

Babo Alfred, « *Ivoirité* and Citizenship in Ivory Coast: The Controversial policy of authenticity » *in* Lawrence Benjamin N. and Stevens Jacqueline (dir.), *Citizenship in question. Evidentiary birthright and statelessness*, Durham/London, Duke University Press, 2017, p. 200-216.

Badie Bertrand et Birnbaum Pierre, *Sociologie de l'État*, Paris, Hachette, 1983.

Banégas Richard et Warnier Jean-Pierre, « Nouvelles figures de la réussite et du pouvoir », *Politique africaine*, vol. 82, n°2, 2001, p. 5-23.

Bangoura Mohamed Tétémadi, *Violence politique et conflits en Afrique: le cas du Tchad*, Paris, L'Harmattan, 2006.

Bardelli Nora, « Entre témoignage et biométrie : la production du "refugié" au Burkina-Faso », *Politique africaine*, vol. 152, n°4, 2018, p. 121-140.

Barré Louise, « "Mettre son nom" : revendications familiales au sein de procédures d'identification (Côte d'Ivoire 1950-1970) », *Genèses*, vol. 112, n°3, 2018, p. 12-36.

Bauman Zygmunt, « Identité et mondialisation », *Lignes,* vol. 6, n°3, 2001, p.10-27.

Bayart Jean-François, *L'Illusion identitaire*, Paris, Fayard, 1996

Bayart Jean-François, Ellis Stephen et Hibou Béatrice, *La criminalisation de l'État en Afrique*, Bruxelles, Complexe, 1997.

Bayart Jean-François et Warnier Jean-Pierre (dir.), *Matière à politique. Le pouvoir, les corps et les choses*, Paris, Karthala, 2004.

Bayart Jean-François, *Le gouvernement du monde: une critique politique de la globalisation*, Paris, Fayard, 2004.

Bayart Jean-François, *L'État en Afrique: la politique du ventre*. Paris, Fayard, 2006.
Bayart Jean-François, Mbembe Achille et Toulabor Comi, *Le politique par le bas en Afrique noire*, Paris, Karthala, 2008.

Bayart Jean-François, « La cité bureaucratique en Afrique subsaharienne » in Hibou Béatrice (dir.), *La bureaucratisation néolibérale*, Paris, La Découverte, 2012 ; p. 291-313.

Beaud Stéphane et Weber Florence, *Guide de l'enquête de terrain*, Paris, La Découverte, 2010.

Becker Howard S., *Écrire les sciences sociales*, Paris, Economica, 2004.

Behrends Andrea, *On categorizing. Doing and undoing refugees in the aftermath of the large scale displacement*, Faculty of social science, University of Vienna, 2018. https://ksa.univie.ac.at/fileadmin/user_upload/i_ksa/PDFs/Vienna_Working_Papers_in_Ethnography/vwpe06.pdf

Beldame Yann, « Les sans-papiers, le chef et l'ethnographe. Perceptions de genre, de classe et de race sur un petit chantier de Barcelone », *Cultures & Conflits*, vol. 93, n°1, 2014, p. 65-86.

Bellina Séverine, Darbon Dominique, Sending Ole Jacob et Sundtol Eriksen Stein, *L'État en quête de légitimité: sortir collectivement des situations de fragilité*, Paris, Mayer, 2010.

Benedict Anderson, *L'imaginaire national. Réflexions sur l'origine et l'essor du nationalisme*, Paris, La Découverte, 2006.

Bennafla Karine, *Le commerce frontalier en Afrique centrale : acteurs, espaces et pratique,* Karthala, Paris, 2002.

Berman Bruce and John Lonsdale, *Unhappy valley. Conflict in Kenya and Africa. Book two: violence and ethnicity*, Oxford, James Currey, 1992.

Bernard Blandin, *La construction du social par les objets,* Paris, Presses universitaires de France, 2002.

Bernus Edmond, Boiley Pierre, Clauzel Jean et Triaud Jean-Louis, *Nomades et commandants. Administrations et sociétés nomades dans l'ancienne A.O.F.*, Paris, Karthala, 1993.

Bierschenk Thomas and Olivier de Sardan Jean-Pierre, *States at work: Dynamics of African bureaucracies*, Boston, Brill, 2014.

Birnbaum Pierre, *La logique de l'État,* Paris, Fayard, 1982.

Bigo Didier, « Editorial - L'idéologie de la menace du Sud », *Cultures & Conflits*, vol. 02, 1991, p. 3-15.

Bigo Didier, « Un espace de liberté, de sécurité et de justice? » in Renaud Dehousse (dir.), *Politiques européennes*, Paris, Presses de Sciences Po, 2009, p. 331-352.

Bigo Didier et Piazza Pierre, « Les conséquences humaines de l'échange transnational des données individuelles », *Cultures & Conflits*, n° 76, 2009, p. 7-14.

Bigo Didier, « Le « nexus » sécurité, frontière, immigration : programme et diagramme », *Cultures & Conflits*, n° 84, 31 décembre 2011.

Bigo Didier, « La politique européenne de contrôles aux frontières. Resituer les enjeux, changer l'imaginaire politique », *Savoir/Agir*, vol. 36, n°2, 2016, p. 13-19.

Bigo Didier, « Pour une sociologie de guildes transnationales», *Cultures et Conflits*, vol. 109, n°1, 2018, p. 9-38.

Blundo Giorgio, « "Dessus-de-table". La corruption quotidienne dans la passation des marchés publics locaux au Sénégal », *Politique africaine*, vol. 83, n°3, 2001, p. 79-97.

Blundo Giorgio, « Négocier l'État au quotidien : agents d'affaires, courtiers et rabatteurs dans les interstices de l'administration sénégalaise», *Autrepart*, vol. 20, n°4, 2001, p. 75-90.

Blundo Giorgio et Olivier de Sardan Jean-Pierre, « Sémiologie populaire de la corruption », *Politique africaine*, vol. 83, n°3, 2001, p. 98-114.

Blundo Giorgio et Olivier de Sardan Jean-Pierre, *État et corruption en Afrique. Une anthropologie comparative des relations entre fonctionnaires et usagers (Benin, Niger, Sénégal)*, Paris, APAD et Karthala, 2007.

Blundo Giorgio et Le Meur Pierre-Yves (dir.), *The Governance of Daily Life in Africa*, Leiden/Boston, Brill, 2009.

Blundo Giorgio (dir.), *Monnayer les pouvoirs. Espaces, mécanismes et représentations de la corruption*, Genève, Graduate Institute Publications, 2016.

Boumaza Magali et Campana Aurélie, « Enquêter en milieu "difficile". Introduction », *Revue française de science politique*, vol. 57, n°1, 2007, p. 5-25.

Bourdette Donon Marcel, *Tchad 1998*, Paris/Montréal, L'Harmattan, 1998.

Bouquet Olivier, Fliche Benoît et Szurek Emmanuel, « La réforme des noms propres en Turquie: introduction », *Revue d'histoire moderne et contemporaine*, vol. 60, n°2, 2013, p. 7-17.

Bouyat Jeanne, « Les barrières de papier digitalisées : vérifications d'identité et exclusion des élèves immigrés dans les lycées populaires de Johannesburg », *Politique africaine*, vol. 152, n°4, 2018, p. 51-76.

Breckenridge Keith, « Capitaliser sur les pauvres : les enjeux de l'adoption de services financiers biométriques au Nigeria » *in* Ayse Ceyan et Pierre Piazza (dir.), *L'identification biométrique, camps, acteurs, enjeux et controverses*, Paris, Maison des Sciences de l'Homme, 2011, p. 177-196.

Breckenridge Keith et Szreter Simon (dir.), *Registration and Recognition: Documenting the Person in World History*, Oxford, Oxford University Press, 2012.

Breckenridge Keith, *Biometric state: the global politics of identification and surveillance in South Africa, 1850 to the present*, New York, Cambridge University Press, 2014.

Broeders Denis, « Le virage biométrique dans la lutte contre l'immigration clandestine » de l'UE : l'établissement d'un contrôle migratoire intérieur "2.0" » *in* Pierre Piazza, Ayse Ceyhan (dir.), *L'identification biométrique : champs, acteurs, enjeux et controverses*, Paris, Maison des Sciences de l'Homme, 2011, p. 235-258.

Brubaker Rogers, *Citoyenneté et nationalité en France et Allemagne*, Paris, Belin, 1997.
Brubaker Rogers, « Identité » *in* Frederick Cooper, *Le colonialisme en question. Théorie, connaissance, histoire,* Paris, Payot, 2010.

Bruijn Mirjam de et Dijk Rijk van (dir.), *The social life of connectivity in Africa*, New York, Palgrave Macmillan, 2012.

Bué Nicolas, « Gérer les relations d'enquête en terrains imbriqués. Risque d'enclicage et distances aux enquêtés dans une recherche sur une coalition partisane locale », *Revue internationale de politique comparée*, vol. 17, n°4, 2010, p. 77-91.

Bueselir Ayimpam Sylvie, *Economie de la débrouille à Kinshasa, Informalité, commerce et réseaux sociaux,* Paris, Karthala, 2014.

Buijtenhuijs Robert, *Transition et élections au Tchad 1993-1997: restauration autoritaire et recomposition politique*, Paris, Karthala, 1998.

Buijtenhuijs Robert, *Le Frolinat et les guerres civiles du Tchad: 1977-1984 la révolution introuvable*, Paris, Karthala, 1987.

Buijtenhuijs Robert, *Le Frolinat et les révoltes populaires du Tchad, 1965-1976*, Paris, Mouton, 1978.

Buquet Alain, *Manuel de criminalistique moderne et de police scientifique: la science et la recherche de la preuve*, Paris, Presses universitaires de France, 2011.

Burr J. Millard et Robert O. Collins, *The long road to disaster in Darfur*, Princeton, Markus Wiener, 2006.

Buton François, « L'observation historique du travail administratif », *Genèses*, vol. 72, n°3, 2008, p. 2-3.

Bromberger Christian, « Pour une analyse anthropologique des noms de personnes », *Langage,* vol. 66, 1982, p.103-124

Burbank Jane et Cooper Frederick, « Empire, droits et citoyenneté, de 212 à 1946 », *Annales HSS*, vol. 3, n° 5-6, 2008, p. 495-531.
Cabot Jean et Bouquet Christian, *Le Tchad*, Paris, Presses universitaires de France, 1973.

Calkins Sandra, Ille Enrico and Rottenburg Richard (dir.), *Emerging Orders in the Sudans*, Bamenda, Langaa, 2015.

Caplan Jane and Torpey John (dir.), *Documenting individual identity. The development of state practices in the modern world*, Princeton, Princeton University Press, 2001.

Carayannis Tatianna and Louis Lombard (dir.), *Making sense of Central African Republic*, London, Zed Books, 2015.

Carson Johnnie, « Défis sécuritaires transnationaux en Afrique », *Revue internationale et stratégique*, vol. 79, n°3, 2010, p. 20-29.

Certeau Michel de, *Arts de faire*, Paris, Gallimard, 1990.

Certeau Michel de, *Habiter, cuisiner*, Paris, Gallimard, 1994.

Ceyhan Ayşe et Piazza Pierre (dir.), *L'identification biométrique: champs, acteurs, enjeux et controverses*, Paris, Éditions de la Maison des sciences de l'homme, 2011.

Ceyhan Ayse, « Technologie et sécurité : une gouvernance libérale dans un contexte d'incertitudes », *Cultures et Conflits*, vol. 64, n°4, 2006, p. 11-32.

Chabal Patrick et Daloz Jean Pascale, *L'Afrique est partie ! Du désordre comme instrument politique*, Paris, Economica, 1999.

Chapelle Jacques, *Le peuple tchadien: ses racines, sa vie quotidienne et ses combats*, Paris, l'Harmattan, 1980.

Chevallier Jacques, « De l'administration démocratique à la démocratie administrative », *Revue française d'administration publique*, vol. 137-138, n°1, 2011, p. 217-227.

Chevallier Jacques, « La police est-elle encore une activité régalienne ? », *Archives de politique criminelle*, vol. 33, n°1, 2011, p. 13-27.

Chevallier Jacques, « La reconfiguration de l'administration centrale », *Revue française d'administration publique*, vol. 116, n°4, 2005, p. 715-725.

Chivallon Christine, « Retour sur la "communauté imaginée" d'Anderson. Essai de clarification théorique d'une notion restée floue », *Raisons politiques*, vol. 27, n°3, 2007, p. 131-172.

Cissokho Sidy, « Culture professionnelle et culture de l'État. Notes sur l'institution du permis de conduire au Sénégal », *Genèses*, vol. 112, n°3, 2018, p. 37-57.

Crettiez Xavier, Piazza Pierre (dir.), *Du papier à la biométrie. Identifier les individus*, Paris, Presses de Sciences Po, 2006.

Comaroff John L., « Images of Empire, Contests of Conscience: Models of Colonial Domination in South Africa », *American Ethnologist*, vol. 16, n°4, 1989, p. 661-685.

Copans Jean, « Afrique noire : un État sans fonctionnaires ? », *Autrepart*, vol. 20, n°4, 2001, p. 11-26.

Cooper Frederick, *Français et Africains ? Être citoyen au temps de la décolonisation*, Paris, Payot, 2014.

Cooper Frederick, *Le colonialisme en question: Théorie, connaissance, histoire*, Paris, Payot, 2010.

Cutolo Armando et Banégas Richard, « Les margouillats et les papiers kamikazes. Intermédiaires de l'identité, citoyenneté et moralité à Abidjan », *Genèses*, vol. 112, n°3, 2018, p. 81-102.

Cutolo Armando et Geschiere Peter, « Populations, citoyennetés et territoires. Autochtonie et gouvernamentalité en Afrique », *Politique africaine*, vol. 112, n°4, 2008, p. 5-17.

Dadi Abderhaman, *Tchad: L'État retrouvé*, Paris, L'Harmattan, 1988.

Dahou Tarik, « Entre engagement et allégeance. Historicisation du politique au Sénégal », *Cahiers d'études africaines*, vol. 167, n°3, 2002, p. 499-520.

Daloz Jean-Pascal, « "Big Men" in Sub-Saharan Africa: How Elites Accumulate Positions and Resources », *Comparative Sociology*, vol. 2, n°1, 2003, p. 271-285.

Darbon Dominique, *L'invention des classes moyennes africaines: Enjeux politiques d'une catégorie incertaine*, Paris, Karthala, 2014.

Darbon Dominique, « Des administrations africaines paradoxales : entre pratiques locales plurales et régimes d'aide incertains », *Quaderni*, vol. 87, n°2, 2015, p. 37-50.

Darbon Dominique, « La culture administrative en Afrique : La construction historique des significations du "phénomène bureaucratique" », *Cadernos de Estudos Africanos*, vol. 3, 2002, p. 65-92.

Dardy Claudine, *Les identités de papiers*, Paris, Lieu Commun, 1991

Debrégeas Georges et Jobard Fabien, « Vos papiers ! La science à l'aune de la raison comptable », *Vacarme*, vol. 44, n°3, 2008, p. 29-32.

Debos Marielle, « Les limites de l'accumulation par les armes. Itinéraires d'ex-combattants au Tchad », *Politique africaine*, vol. 109, n°1, 2008, p. 167-181.

Debos Marielle, « Fluid Loyalties in a Regional Crisis: Chadian "Ex-liberators" in Central African Republic », *African Affairs*, vol. 107, 2008, p. 225-241.

Debos Marielle, « Tchad 1900-1960 », *Encyclopédie des violences de masse*, Sciences Po, 2008. https://www.sciencespo.fr/mass-violence-war-massacre-resistance/fr/document/tchad-1900-1960

Debos Marielle, « La guerre des préfets. Répression, clientélisme et illégalismes d'État dans l'entre-guerres tchadien », *Politix*, vol. 104, n°4, 2013, p. 47-65.

Debos Marielle, *Le métier des armes au Tchad. Le gouvernement de l'entre guerres*, Paris, Karthala, 2013.

Debos Marielle, Powell Nathaniel, « L'autre pays des "guerres sans fin". Une histoire de la France militaire au Tchad (1960-2016) », *Les Temps Modernes*, vol. 693-694, n°2, 2017, p. 221-266.

Debos Marielle, « La biométrie électorale au Tchad. Controverses technopolitiques et imaginaire de la modernité », *Politique africaine*, vol. 152, n°4, 2018, p. 101-120.

Denis Vincent, *Une histoire de l'identité. France, 1717-1815*, Paris, Champ Vallon, 2008.

Denis-Constant Martin (dir.), *L'identité en jeux. Pouvoirs, identification, mobilisations*, Paris, Karthala, 2010.

Desrosières Alain, *Prouver et gouverner. Une analyse politique des statistiques publiques*, Paris, La Découverte, 2014.

Deslaurier Christine et Roger Aurélie, « Mémoires grises. Pratiques politiques du passé colonial entre Europe et Afrique », *Politique Africaine*, vol. 102, n°2, 2006, p. 5-27.

Diallo Alimou, « Politique de l'inanimé. Un dispositif informel d'identification des "corps sans vie et sans-papiers" au Maroc », *Politique africaine*, vol. 152, n°4, 2018, p. 141-163.

Dimier Véronique, « Le Commandant de Cercle : un "expert" en administration coloniale, un "spécialiste" de l'indigène ? », *Revue d'Histoire des sciences humaines*, vol. 10, n°1, 2004, p. 39-57.

Dingamtoudji Maikoubou, *Les noms de personnes chez les Ngambayes du Tchad*, Paris, L'Harmattan, 2012.

Diaz Charles, *La police technique et scientifique*, Paris, Presses universitaires de France, 2005.

Diguimbaye Georges, *L'essor du Tchad*, Paris, Presses Universitaires de France, 1969.

Domo Joseph, *Les relations entre frontaliers: Cameroun-Tchad*, Paris, L'Harmattan, 2013.

Doussot Sylvain, « Récit, preuve et témoignage : argumenter en histoire à l'école », *Cahiers de Narratologie. Analyse et théorie narratives*, vol. 32, 2017. https://journals.openedition.org/narratologie/7830

Dreyfus Françoise, *L'invention de la bureaucratie. Servir l'état en France, en Grande Bretagne et aux États-Unis (XVIIIe –XXe siècle)*, Paris, La Découverte, 2000.

Dreyfus Françoise et Jean Michel Eymeri, *Science de l'administration. Une approche comparative*, Paris, Economica, 2006.

Dubois Vincent, *La vie au guichet. Relation administrative et traitement de la misère*, Paris, Economica, 1999.

Durkheim Émile, *Les Règles de la méthode sociologique*, Paris, Payot, 2009.

Duchesne Sophie, « Citoyenneté, nationalité et vote : une association perturbée », *Pouvoirs*, vol. 120, n°1, 2007, p. 71-81.

Easton David, « The Political System Besieged by the State », *Political Theory*, vol. 9, n°3, 1981, p. 303-325.

Eboko Fred, *Repenser l'action publique en Afrique: du sida à la globalisation des politiques publiques*, Paris, Karthala, 2015.

Eboko Fred et Awondo Patrick, « Cameroun, Etat stationnaire », *Politique africaine*, n°150, 2018.

Elias Norbert, *La société des individus*, Paris, Fayard, 1991.

Elspeth Guild et Didier Bigo, « Les relations entre acteurs, les tendances technologiques et les droits des individus », *Cultures et Conflits*, vol. 49, n°1, 2003, p. 124-135.

Englebert Pierre, « Incertitude, autonomie et parasitisme : les entités territoriales décentralisées et l'État en République démocratique du Congo », *Politique africaine*, vol. 125, n°1, 2012, p. 169-188.

Escudié Florian, « Le fonctionnaire et la machine bureaucratique. Contrôle biographique et construction de carrières dans l'appareil régional du SED », *Genèses*, vol. 53, n°4, 2003, p. 93-112.

Eymeri-Douzans Jean Michel, *La fabrique des énarques*, Paris, Economica, 2001.

Feckoua Laoukissam Laurent, *Tchad, la solution fédérale: une dynamique de paix et une stratégie de développement par la gestion partagée*, Paris, Présence africaine, 1996.

Fédry Jacques, « "Le nom, c'est l'homme". Données africaines d'anthroponymie », *L'Homme*, vol. 191, n°3, 2009, p. 77-106.

Ferguson, James, *The Anti-Politics Machine: « Development », Depolitization, and Bureaucratic Power in Lesotho*, Minneapolis/London, University of Minnesota Press, 1994.

Fischer Nicolas et Spire Alexis, « L'État face aux illégalismes », *Politix*, vol. 87, N°3, 2009, p. 7-20.

Fliche Benoît, « "Bizim Mehmet" : loi patronymique, famille et homonymie en Anatolie centrale », *Revue d'histoire moderne et contemporaine*, vol. 60, n°2, 2013, p. 106-126.

Foucault Michel, *Surveiller et punir: Naissance de la prison*, Paris, Gallimard, 1975.

Foucault Michel, *Sécurité, territoire et population, Cours au collège de France, 1977-1978,* Paris, EHESS/Seuil, 2004.

Foucault Michel, *Naissance de la biopolitique. Cours au collège de France, 1978-1979*, Paris, EHESS/Seuil/Gallimard, 2004.

Fourchard Laurent, « Bureaucrats and indigenes : Producing and bypassing certifcates of origin in Nigeria », *Africa*, vol. 85, n°1, 2015, p. 39-58.

Fourchard Laurent, *Trier, exclure et policer : Vies urbaines en Afrique du Sud et au Nigeria*, Paris, Presses de Sciences Po, 2018.

Fourchard Laurent, « Citoyens d'origine contrôlée au Nigeria », *Genèses*, vol. 112, n°3, 2018, p. 58-80.

Frowd Philippe M, *Security at the borders: transnational practices and technologies in West Africa*, Cambridge, Cambridge University Press, 2018.

Gaillard Raoul Clair Joseph et Poutrin Léon, *Étude anthropologique des populations des régions du Tchad et du Kanem,* Paris, Émile Larose, 1914.

Gali Ngothé Gatta, *Tchad: guerre civile et désagrégation de l'État*, Paris, Présence africaine, 1985.

Gardey Delphine, *Écrire, calculer, classer: Comment une révolution de papier a transformé les sociétés contemporaines (1800 - 1940)*, Paris, La Découverte, 2008.

Garrigou Alain, *Histoire sociale du suffrage universel en France*, 1848-2000, Paris, Points/Seuil, 2000.

Gazibo Mamoudou et Celine Thiriot, *Afrique et Science politique. État des lieux,* Paris, Karthala, 2009.

Gervais Raymond R., « État colonial et savoir démographique en AOF, 1904-1960 », *Cahiers québécois de démographie*, vol. 25, n°1, 1996, p. 101–131.

Glasman Joël, *Les corps habillés au Togo. Genèse coloniale des métiers de police*, Paris, Karthala, 2014.

Glasman Joël, « " Connaître Papier ". Métiers de Police et État Colonial Tardif au Togo », *Genèses*, vol. 86, n°1, 2012, p. 37–54.

Goody Jack, *Pouvoir et savoir de l'écrit*, Paris, La Dispute, 2008.

Goffman Erving, *La mise en scène de la vie quotidienne,* Paris, Les Éditions de Minuit, 1973.

Gonidec Pierre François, *La République du Tchad*, Paris, Berger-Levrault, 1971.

Jean-Pierre, « La valeur du témoignage en droit civil », *Revue internationale de droit comparé*, vol. 46, n°2, 1994, p. 437-460.

Guchet Xavier, « La biométrie à l'école : une approche anthropologique » *in* Ayse Ceyhan et Pierre Piazza (dir.), *L'identification biométrique, champs, acteurs, enjeux et controverses,* Edition de la Maison des Sciences de l'Homme, Paris, 2011, p. 161-176.

Guillaume Nicaise, « Petite corruption et situations de pluralisme normatif au Burundi », *Afrique contemporaine,* 2018/2, N°266, p.193-213.

Gupta Akhil and Sharma Aradhana, *The Anthropology of the State: A Reader*, Malden, Oxford/Carlton, Blackwell Publishing, 2006.

Habermas Jürgen, *La Technique et la Science comme « idéologie »*, Paris, Gallimard, 1990.

Haegel Florence et Lavabre Marie-Claire, « Trajectoires individuelles dans le monde qui disparaissent » *in* Denis-Constant Martin (dir.), *L'identité en jeux. Pouvoirs, Identifications, mobilisations*, Paris, Karthala, 2010, p. 225-265.

Halbwachs Maurice, *Les cadres sociaux de la mémoire*, Paris, Presses universitaires de France, 1952.

Harbitz Miaz, « La gestion des identités dans les pays d'Amérique du sud », introduction de la conférence internationale de la gestion des identités, Séoul, 2014.

Hassenteufel Patrick, « Les processus de mise en agenda : sélection et construction des problèmes publics », *Informations sociales*, vol. 157, n°1, 2010, p. 50-58.

Havard Jean-François, « Historicité(s), mémoire(s), collective(s) et constructions des identités nationales dans l'Afrique subsaharienne postcoloniale, *Cités*, vol. 29, n°1, 2007, p. 71-79.

Hibou Béatrice (dir.), La *privatisation des États*, Paris, Karthala, 1999.

Hibou Béatrice, *Anatomie politique de la domination*, Paris, la Découverte, 2011.

Hibou Béatrice, *La bureaucratisation du monde à l'ère néolibérale*, Paris, La Découverte, 2012.

Hibou Béatrice (dir.), *La bureaucratisation néolibérale*, Paris, Editions La Découverte, 2013.

Hauchecorne Mathieu, « Faire du terrain en pensée politique », *Politix*, vol. 100, n°4, 2012, p. 149-165.

Holas Bohumil, « Remarque sur la valeur sociologique du nom dans les sociétés traditionnelles de l'Ouest africain », *Journal de la Société des Africanistes*, 1953, tome 23, p. 77-86.

Hugot Pierre, *Le Tchad*, Paris, Nouvelles Éditions latines, 1965.

Hull S. Mathew, *Government of Paper. The Materiality of Bureaucracy in Urban Pakistan*, Berkeley/Los Angeles/Londres, University of California Press, 2012, 301p.

Jacquemot Pierre, « Les classes moyennes changent-elles la donne en Afrique ? », *Afrique contemporaine*, vol. 244, n°4, 2012, p. 17-31.

Jalby Christian, *La police technique et scientifique*, 4e édition. Paris, Presses universitaires de France, 2017.

Janin Pierre et Marie Alain, « Violences ordinaires, violences enracinées, violences matricielles », *Politique africaine*, vol. 91, n°3, 2003, p. 5-12.

Jaulin Robert, *La Mort Sara. L'ordre de la vie ou la pensée de la mort au Tchad*, Paris, CNRS 2011.

Jeantet Aurèlie, « "À votre service ! " La relation de service comme rapport social », *Sociologie du Travail*, vol. 45, n°2, 2003, p. 191-209.

Jobard Fabien, « Le gibier de police immuable ou changeant ? », *Archives de politique criminelle*, vol. 32, n°1, 2010, p. 93-105.

Jobard Fabien, « L'autorité de la police », *Vacarme*, vol. 43, n°2, 2008, p. 36-37.

Jobard Fabien, « Sébastian Roché, Le sentiment d'insécurité-Insécurité et libertés », *Revue française de science politique*, vol. 45, n°2, 1995, p. 336-340.

Jobard Fabien et Lévy René, « Les contrôles au faciès à Paris », *Plein droit*, vol. 82, n°3, 2009, p. 11-14.

Jobard Fabien, « Les jeunes, cibles des contrôles d'identité », *Journal du droit des jeunes*, vol. 288, n°8, 2009, p. 22-26.

Jobert Bruno et Muller Pierre, *L'État en action. Politiques publiques et corporatismes*, Paris, Presse universitaire de France, 1987.

Jurt Joseph, « Le Brésil, un Etat-nation à construire. Le rôle des symboles nationaux : de l'empire à la république », *Acte de la recherche en sciences sociales,* vol. 201-202, n°1, 2014, p. 44-57.

Kalunszinski Martine, *La République à l'épreuve du crime. La construction du crime comme objet politique 1880-1920*, Paris, Maison des Sciences de l'Homme, 2002.

Kalunszinski Martine, « Alphonse Bertillon et l'anthropométrie judiciaire. L'identification au cœur de l'ordre républicain » *in* Pierre Piazza (dir.), *Aux origines de la police scientifique. Alphonse Bertillon, précurseur de la science du crime*, Paris, Karthala, 2011, p. 30-45.

Kessler Gijs, « The passeport system and state control over population flows in Union the Soviet, 1932-1940 », *Cahier du monde ruse*, vol. 22, n°2, 2001, p. 477-504.

Kindersley Nicki, « South Sudanese : Registration fort he January 2011 Referedum and Defining a New Nantionality » in Calkins Sandra, Ille Enrico and Rottenburg Richard (dir.), *Emerging orders in the Sudans*, Bamenda, Langaa, 2015.

Khidir Zakaria Fadoul, *Anthropologie des populations tchadiennes: les Béri du Tchad*, Paris, l'Harmattan, 2016.

Kotoko Ahmed., *Tchad-Cameroun, le destin de Hamai: ou le long chemin vers l'indépendance du Tchad*, Paris, L'Harmattan, 1989.

Laborier Pascale, Audren Frédéric, Napoli Paolo et Vogel Jacob (dir.), *Les sciences camérales. Activités pratiques et histoire des dispositifs publics*, Paris, Presse Universitaire de France, 2011.

Laborier Pascale, « La "bonne police ". Sciences camérales et pouvoir absolutiste dans les États allemands », *Politix,* vol. 48, n°4, 1999, p. 7-35.

Laborier Pascale, « Historicité et sociologie de l'action publique » *in Laborier* Pascale et Trom Danny (dir.), *Historicités de l'action publique*, Paris, PUF/CURAPP, 2003.

Labrune Badiane Céline et Etienne Smith, *Les hussards noirs de la colonie. Instituteurs africains et « petites patries » en AOF,* 1913-1960, Paris, Karthala, 2018.

Lagroye Jacques (dir.), *La politisation*, Paris, Belin, 2003.

Lallemand Suzanne, « La question du secret de la naissance dans les sociétés "traditionnelles" », *Anthropologie et Sociétés,* vol. 33, n° 1, 2009, p. 183-192.

Lanne Bernard, *Histoire politique du Tchad de 1945 à 1958: administration, partis, élections.* Paris, Karthala, 1998.

Lanne Bernard, *Tchad-Libye, la querelle des frontières*, Paris, Karthala, 1986.

Lascoumes Pierre et Le Galès Patrick (dir.), *Gouverner par les instruments*, Paris, Presses de Science Po, 2004.

Laurens Sylvain, « Les agents de l'État face à leur propre pouvoir. Éléments pour une micro-analyse des mots griffonnés en marge des décisions officielles », *Genèses*, vol. 72, n°3, 2008, p. 26-41.

Laurent Sébastien, *Politiques de l'ombre: État, renseignement et surveillance en France*, Paris, Fayard, 2009.

Lawrence N. Benjamin and Stevens Jacqueline. *Citizenship in question. Evidentiary birthright and statelessnes*, Durham and London, Duke University Press, 2007.

Le Cornec Jacques, *Histoire politique du Tchad, de 1900 à 1962*, Paris, Librairie générale de droit, 1963.

Le Rouvreur Albert, *Sahéliens et Sahariens du Tchad*, Paris, L'Harmattan, 1989.

Lebeuf Annie, *Les populations du Tchad (Nord du 10ᵉ parallèle)*, Paris, Presses universitaires de France, 1959.
Lebeuf Jean-Paul, Lebeuf Annie et Lantier Raymond, *La civilisation du Tchad. Suivi d'une étude sur les bronzes sao*, Paris, Payot, 1950.

Lecoutre Delphine, « Le Tchad, puissance de circonstance », *Le Monde diplomatique*, vol. 747, n°6, 2016, p. 11.

Lemoine Thierry, *Tchad, 1960-1990: trente années d'indépendance*, Paris, Lettres du monde, 1997.

Lenoir Rémi, « L'État selon Pierre Bourdieu », *Sociétés contemporaines*, vol. 87, n°3, 2012, p. 123-154.

Lester M. Salamon, *The tools of government. A guide of the new governance*, Oxford Universty Press, 2002.

Lévi-Strauss Claude, *La pensée sauvage*, Paris, Pocket, 1990.

Lipsky Michael, *Street-level Bureaucracy. Dilemmas of the Individual in Public Service*, New York, Russell Sage Foundation, 2010.

Lonsdale John, « Review of The African Colonial State in Comparative Perspective », *The International Journal of African Historical Studies*, vol. 32, n°2-3, 1999, p. 540-542.

Lyon David, *Identification citizens : ID cards as surveillance*, Malden, M.A and Cambridge, Polity Press, 2009.

Lyon David, « Surveillance, Liquidity and The Ethics of Visibility », *Revue internationale de philosophie*, vol. 277, n°3, 2016, p. 365-379.

Lyon David, *Le 11 septembre, la « guerre au terrorisme » et la surveillance généralisée*, La Découverte, 2008.

Lyon David, « La frontière est partout : encartement, surveillance et alterité. Réflexions autour du projet anglais de la carte d'identité "intelligente" » *Cahiers de securité*, vol. 56, n°1, 2005, p. 91-106.

Machikou Nadine, « Utopie et la dystopie ambazoniennes. Dieu, les dieux et la crise anglophone au Cameroun », *Politique africaine*, n°150, 2018/2, p.115-132.

Machikou Nadine, « Cum patior Africa : la production politique des régimes du proche », in : Mbembé Achille et Sarr Felwine, (dir.), *Politiques des temps : Imaginer les devenirs africains*, Ateliers de la pensée, Edition Philippe Rey/Jimsaan, Dakar, 2019, p.277.

Mamdani Mamoud, *Citizen and subject. Contempory Africa and the legacy of late colonialism*, Princeton, Princeton University Press, 1996.

Manby Bronwen, *La nationalité en Afrique*, Paris, Karthala, 2011.

Marchal Roland, « Aux marge du monde en Afrique centrale… », *Les études du CERI*, n°153-154, 2009. https://www.sciencespo.fr/ceri/sites/sciencespo.fr.ceri/files/etude153_154.pdf

Marchal Roland, « Premières leçons d'une "drôle" transition en République centrafricaine, *Politique africaine*, vol. 139, n°3, 2015, p. 123-146.

Marchal Roland, « Surveillance et répression en postcolonie », *Politique africaine*, vol. 42, 1991, p. 40-50.

Marchal Roland, « Le Tchad entre deux guerres ? Remarques sur un présumé complot », *Politique africaine*, vol. 130, n°2, 2013, p. 213-223.

Massicard Elise, « Post-hérité. Un retour du patronyme en Turquie contemporaine ? », *Revue d'histoire moderne contemporaine*, vol. 60, n°2, 2013, p. 87-105.

Massenet Michel et Gelinier Octave, *La nouvelle gestion publique : pour un État sans bureaucratie*, Suresnes, Hommes et Techniques, 1975.

Mashali Bezhad, « Analyse de la corrélation entre grande corruption perçue et petite corruption dans les pays en développement : étude de cas sur l'Iran », *Revue internationale de science administrative*, vol. 78, n°4, 2012, p. 827-840.

Mbaïosso Adoum, *L'éducation au Tchad: bilan, problèmes et perspectives*, Paris, Karthala, 1990.
Mbembé Achille, *De la postcolonie. Essai sur l'imagination politique en Afrique*, Paris, Karthala, 2004.

Mbembe Achille, « Du gouvernement privé indirect », *Politique africaine*, vol. 73, n°1, 1999, p. 103-121.

Médard Jean-François, *L'État d'Afrique noire*, Karthala, Paris, 1991.

Migdal Joel S., Schlichte Klaus, « Rethinking the State » in Schlite Klaus (dir.), *The dynamics the States. The formation and the crises of State domination*, Aldershot, Ashgate, 2005.

Moine Nathalie, « Le système des passeports à l'époque stalinienne. De la purge des grandes villes au morcellement des territoires. 1932-1953 », *Revue d'histoire contemporaine*, vol. 50, n°1, 2003, p. 145-169.

Moine Nathalie, « Le passeport intérieur soviétique à la l'époque soviétique » in Crettiez Xavier et Piazza Pierre (dir.) *Du papier à la biométrie. Identifier les individus*, Paris, Presses de Science Po, 2006, p. 117-138.

Musselin Christine, « Sociologie de l'action organisée et analyse des politiques publiques : deux approches pour un même objet ? », *Revue française de science politique*, vol. 55, n°1, 2005, p. 51-71.

Nassirou Bako Arifari, « "Ce n'est pas les papiers qu'on mange ". La corruption dans les transports, la douane et les corps de contrôle » *in* Blundo Giorgio et Olivier de Sardan Jean-Pierre (dir.), *La corruption en Afrique. Une anthropologie comparative des relations entre fonctionnaires et les usagers (Niger, Benin, Sénégal)*, Karthala et APAD, Paris, 2007, p. 179-224.

Nebardoum Derlemari, *Le labyrinthe de l'instabilité politique au Tchad*, Paris Montréal, l'Harmattan, 1998.

Nigro Roberto, « De la guerre à l'art de gouverner : un tournant théorique dans l'œuvre de Foucault ? », *Labyrinthe*, vol. 22, 2005, p. 15-25.

Noiriel Gérard, *État, nation et immigration. Vers une histoire du pouvoir*, Paris, Belin, 2001.

Noiriel Gérard, *L'identification. Genèse d'un travail d'État*, Paris, Belin, 2007.

Noiriel Gérard, *Réfugiés et sans-papiers: La République face au droit d'asile XIXe-XXe siècle*. Paris, Hachette, 1999.

Noiriel Gérard (dir.), *L'identification. Genèse d'un travail d'État*, Paris, Belin, 2007.

Nolutshungu C. Sam *Limits of Anarchy. Intervention and State Formation in Chad*, Charlottesville, University Press of Virginia, 1996

Offerlé Michel, « L'électeur et ses papiers. Enquêtes sur les cartes et les listes électorales (1848-1939) », *Genèses,* vol. 13, 1993, p. 29-53.

Olivier de Sardan et Ride Valery, « Étudier les politiques publiques et les politiques de santé en Afrique de l'Ouest », *Afrique contemporaine*, n°243, 2012/3.

Olivier de Sardan Jean-Pierre, « Allégeance contre la citoyenneté ? », *Revue Projet*, n°351, 2016/3, p.30-38.

Olivier de Sardan Jean-Pierre, « A la recherche des normes pratiques de la gouvernance réelle en Afrique », *Afrique : pouvoir et politique*, Discussion Paper, n°5, 2008, p.25.

Olivier de Sardan Jean-Pierre, « État, bureaucratie et gouvernance en Afrique de l'Ouest francophone. Diagnostic, une perspective historique », *Politique africaine*, n°96, 2004/4, p.139-162.

Olivier de Sardan Jean-Pierre, « La politique du terrain », *Revue Enquête*, [en ligne], n°1,1995.URL : http://journals.openedition.org/enquete/263; DOI : 10.4000/enquete.263.

Olivier de Sardan Jean-Pierre et Bierschenk Thomas, « Les courtiers locaux de développement », *Bulletin de l'APAD*, [en ligne], n°5,1993

Ould Salem Ahmed Zekeria, « "Touche pas à ma nationalité" : enrôlement biométrique et controverses sur l'identification en Mauritanie *», Politique africaine*, vol. 152, n°4, 2018, p. 77-99.

Padioleau Jean Gustave, *L'État au concret*, Paris, Presses universitaires de France, 1982.

Jobert Bruno et Pierre Muller, *L'État en action. Politiques et corporatismes*, Paris, Presses Universitaires de France, 1987.

Pérouse de Montclos Marc Antine, « Boko Haram et la mise en récit du terrorisme au "Sahelistan". Une perspective historique », *Afrique contemporaine,* vol. 255, n°3, p. 21-41.

Peteers Hugues et Charlier Philippe, « Contributions à une théorie du dispositif *», Hermès*, vol. 25, n°3, 1999, p. 15-23.

Piazza Pierre, *Histoire de la carte nationale d'identité*, Paris, Odile Jacob, 2004.

Piazza Pierre, « Septembre 1921 : la première "carte d'identité de Français" et ses enjeux », *Genèses*, vol. 54, n°1, 2004, p. 76-89.

Piazza Pierre, « La biométrie : usages policiers et fantasmes technologiques » *in* Mucchielli Laurent (dir.), *La frénésie sécuritaire*, La Découverte, 2008, p. 125-136.

Piazza Pierre, « Violence symbolique et dispositifs étatiques d'identification » *in* Crettiez Xavier et Mucchielli Laurent (dir.), *Les violences politiques en Europe*, La Découverte, 2010, p. 229-249.

Piazza Pierre, « Biométrisation : les étrangers ciblés », *Plein droit*, vol. 85, n°2, 2010, p. 16-19.

Piazza Pierre, « Identification, contrôle et surveillance des personnes », *Criminocorpus. Revue d'Histoire de la justice, des crimes et des peines*, 2011. URL : https://journals.openedition.org/criminocorpus/347

Piazza Pierre et Ayse Ceyhan (dir.), *Identification biométrique. Champs, acteurs, enjeux et controverses*, Paris, Maison des sciences de l'Homme, 2011.

Piazza Pierre (dir.), *Aux origines de la police scientifique. Alphonse Bertillon, précurseur de la science du crime*, Paris, Karthala, 2011.

Piazza Pierre, « Les résistances à la biométrie en France » *in* Ceyhan Ayse et Piazza Pierre (dir.), *L'identification biométrique : Champs, acteurs, enjeux et controverses*, Paris, Maison des sciences de l'homme, 2013, p. 377-394.

Pierson Jacques, *La biométrie, l'identification par le corps*, Paris, Lavoisier, 2007.

Poole Deborah and Veena Das (dir.), *Anthropology in the margins of State*, Santa Fe, School for Advanced Research Press, 2004.

Pradeep Jeganathan, « Check point. Anthropolgy. Identity,and the State ? » *in* Poole Deborah and Veena Das, *Anthropology in the margins of State*, Sante Fe, School for advanced Research Press, 2004, p. 67-80.

Quantin Patrick, « Le rôle politique des sociétés civiles en Afrique : vers un rééquilibrage », *Revue internationale et stratégique*, vol. 72, n°4, 2008, p. 29-38

Rambour Muriel, « Les mutations de l'Etat-Nation en Europe. Réflexions sur les concepts de multination et de patriotisme constitutionnel », *Pôle Sud*, vol. 14, 2001, p.17-27

Ribaux Olivier, *Police scientifique: le renseignement par la trace*, Lausanne, Presses polytechniques et universitaires romandes, 2014.

Rivière Claude, « Classes et stratification sociales en Afrique », *Cahiers internationaux de Sociologie*, nouvelle série, vol. 59, 1975, p. 285-314.

Roitman Janet, *Fiscal Disobedience: An Anthropology of Economic Regulation in Central Africa*. New York, Princeton University Press, 2005.

Roitman Janet, Guyet Rachel et Hibou Béatrice, « Le pouvoir n'est pas souverain. Nouvelles autorités régulatrices et transformation de l'Etat dans le bassin du lac Tchad » *in* Beatrice Hibou (dir.), *La privation des États,* Paris, Karthala, 1999, p. 163-196.

Roitman Janet, « La recomposition du bassin du lac Tchad », *Politique africaine*, vol. 94, n°2, 2004, p. 7-22.

Roitman Janet, « La garnison-entrepôt : une manière de gouverner dans le bassin du lac Tchad », *Critique internationale*, vol. 19, n°2, 2003, p. 93-115.

Roné Beyem, *Tchad: l'ambivalence culturelle et l'intégration nationale*, Paris Montréal, L'Harmattan, 2000.

Roux Nicolas, « Lire Bourdieu au fil des déclassements », *Genèses*, vol. 112, n°3, 2018, p. 161-168.

Olivier de Sardan Jean-Pierre, « État, bureaucratie et gouvernance en Afrique de l'Ouest francophone », *Politique africaine*, vol. 96, n°4, 2004, p. 139-162.
Olivier de Sardan Jean-Pierre et Ridde Valérie, « Étudier les politiques publiques et les politiques de santé en Afrique de l'Ouest », *Afrique contemporaine*, vol. 243, n°3, 2012, p. 98-99.

Saibou Issa, *Les coupeurs de route .Histoire du banditisme rural et transfrontalier dans le bassin du lac Tchad,* Paris, Karthala, 2010.

Seli Djimé, *(De) connexions identitaires Hadjaray. Les enjeux des technologies de communications au Tchad,* Bamenda, Langa, 2013.

Sautter Gilles, *Un projet colonial sans lendemain: le chemin de fer Bangui-Tchad (AEF)*, Paris, Centre d'études africaines - EHESS, 1999

Schemeil Yves, *Introduction à la science politique : Objets, méthodes, résultats*, 1e édition. Paris, Dalloz-Sirey, 2010.

Tarfotie Roger, « Redécouvrir la technique du Build, Operate and Transfer (BOT) pour une réalisation optimale des projets publics et privés en Afrique », *Revue ERSUMA : Droit des affaires, pratiques professionnelles, n°3, 2013, Études.* URL: http://revue.ersuma.org/no-3-septembre-2013/etudes-27/article/redecouvrir-la-technique-du-build .

Tassin Étienne, « Aperçus sur la critique de l'État dans la pensée philosophique de langue française », *Tumultes*, vol. 44, n°1, 2015, p. 159-175.

Terray Emmanuel, dir., *L'Etat contemporain en Afrique*, Paris, L'Harmattan, 1987.

Tidjani Alou Mahaman, « La corruption dans le système judiciaire » *in* Blundo Giorgio et Olivier de Sardan Jean Pierre (dir.), *État et corruption en Afrique. Une anthropologie comparative entre fonctionnaires et usagers (Benin, Niger, Sénégal*), Karthala, Paris, 2007, p. 141-177.

Toura Gaba Pierre, *Non à Tombalbaye ! Fragments autobiographiques*, Paris Montréal L'Harmattan, 1998.

Tschirgi Neclâ, « L'articulation développement-sécurité. De la rhétorique à la compréhension d'une dynamique complexe Â », *Annuaire Suisse de politique de développement*, vol. 25, n°2, 2006, p. 47-68.

Tubiana Joseph, Tchad, *L'identité tchadienne: l'héritage des peuples et les apports extérieurs,* actes du colloque international célébrant le 30e anniversaire de la fondation de l'Institut National des Sciences Humaines de l'Université du Tchad, N'Djamena, 25-27 novembre 1991, Paris, L'Harmattan, 1994.

Rao Ursula et Greenleaf Graham, « Subverting ID from above and below: The uncertain shaping of India's new instrument of e-governance », *Surveillance & Society*, vol. 11, n°3, 2013, p. 287–300.

Saada Emmanuelle, « Citoyens et sujets de l'Empire français. Les usages du droit en situation coloniale », *Genèses*, vol. 53, n°4, 2003, p. 4-24.

Sahlins Peter, *Frontières et identités nationales. La France et l'Espagne dans les Pyrénées depuis le XVIIème siècle*, Paris, Belin, 1996.

Scott James C., *Seeing Like a State: How Certain Schemes to Improve the Human Condition Have Failed*, New Haven, Yale University Press, 1998.

Scott James C, Tehranian John and Mathias Jeremy, « The Production of Legal Identities Proper to States: The Case of the Permanent Family Surname », *Comparative Studies in Society and History*, vol. 44, n°1, 2002, p. 4-44.

Tidjani Alou Mahaman, « La chefferie et ses transformations: de la chefferie coloniale à la chefferie postcoloniale », Rapport du Lasdel, *Etudes et Travaux n° 76*, Niger, 2009.
URL : http://www.lasdel.net/images/etudes_et_travaux/La_chefferie_au_Niger_et_ses_transformations.pdf

Tidjani Alou Mahaman, « La justice au plus offrant. Les infortunes du système judiciaire en Afrique de l'Ouest (autour du cas du Niger) », *Politique africaine*, vol. 83, n°3, 2001, p. 59-78.

Tidjani Alou Mahaman, «La dynamique de l'État postcolonial au Niger» *in* Kimba Idrissa (dir.), *Le Niger: État et démocratie*, Paris, L'Harmattan, 2001. p.85-126

Tiquet Romain, « Rendre compte pour ne pas avoir à rendre des comptes. Pour une réflexion sur l'écrit administratif en situation coloniale (Sénégal, années 1920-1950) », *Revue d'histoire critique*, vol. 137, 2018, p. 123-140.

Torpey John, *L'invention du passeport. États, citoyenneté et surveillance*, Paris, Belin, 2005.

Torpey John, « Aller et venir: Le monopole étatique des moyens légitimes de circulation », *Cultures & conflits*, vol. 31-32, 1998, p. 63-100.

Van der Ploeg Irma and Pridmore Jodl, *Digitizing Identities. Doing Identity in networked World*, New York and London, Routledge, 2016.

Warnier Jean-Pierre, *Construire la culture matérielle: L'homme qui pensait avec ses doigts*, Paris, Presses Universitaires de France, 2005.

Weber Max, *La domination*, Paris, Découverte, 2013.

Weller Jean-Marc, *L'État au guichet: sociologie cognitive du travail et modernisation administrative des services publics*, Paris, France, Desclée de Brouwer, 1999.

Weller Jean-Marc, *Fabriquer des actes d'État. Une ethnographie du travail bureaucratique*, Paris, Economica, 2018.

Weller Jean-Marc, « L'aménagement des bureaux et l'accueil du public. Le cas de la Sécurité sociale de 1945 aux années 2000 », *La nouvelle revue du travail*, n° 9, 2016. URL : http://journals.openedition.org/nrt/2896

Weller Jean-Marc, « Comment ranger son bureau ? Le fonctionnaire, l'agriculteur, le droit et l'argent », *Réseaux*, vol. 171, n°1, 2012, p. 67-101.

Zeltner Jean-Claude, *Les pays du Tchad dans la tourmente: 1880-1903*, Paris, L'Harmattan, 1988.

Thèses et mémoires

Baudais Virginie, *L'institutionnalisation de l'Etat en Afrique: les trajectoires comparées du Mali et du Niger*, Thèse doctorat de science politique, Toulouse, Université Toulouse 1 Capitole, 2006.

Drame Amadou., *La direction des affaires politiques et administratives : Histoire d'une institution de contrôle du gouvernement colonial français en Afrique de l'ouest*, Thèse de doctorat en Histoire, Dakar, Université Cheik Anta Diop, 2016.

Dangbet Zakinet, *Des transhumants entre alliances et conflits, les Arabes du Batha (Tchad) :1635-2012,* Thèse de doctorat en Histoire, Aix en Provence, Université d'Aix Marseille, 2015.

Kassambara Abakar Abdoulaye, *La situation économique et sociale du Tchad de 1900 à 1960*, thèse de doctorat en Histoire, Strasbourg, Université de Strasbourg, 2010.

Latourès Aurelie, *Saisir l'Etat en action en Afrique subsaharienne: action publique et appropriation de la cause des mutilations génitales féminines au Mali et au Kenya*, Thèse de Science politique, Paris, Université Paris 1.

Lewa Doksala Elie, *Du nomadisme à l'effort nouvel de mobilité*, Mémoire de Master en Anthropologie, Université de N'Djamena, 2016.

Mbowou Claude, *Être sans papiers chez soi. Identification, visibilité et invisibilité dans les marges camerounaises du bassin du lac Tchad,* Mémoire de master en Science politique, Paris, Université Paris 1, 2013.

Ngarasem Nathan, *La rébellion « Codos » au Tchad. Une guerre nord sud sans fin*, Thèse de Science politique, Lyon, Université de Lyon 2, 2012.

OMGBA MIMBOE Gaëtan, *La politique d'identification des personnes au Cameroun*, Thèse de Doctorat/P.h, Science politique, Université de Yaoundé II-Soa, décembre 2015.

Textes officiels et rapports

Gouvernement Tchad : Plan de réponse globale en faveur des retournés tchadiens de la RCA, phase d'urgence (gouvernement tchadien), Ministère de l'administration du territoire, Rapport, 2014.

Plan régional « *Reformer et améliorer le systèmes d'enregistrement des faits d'état civil et statistiques de l'état civil en Afrique* » Nations Unies, Commission économique pour l'Afrique, Genève, 2012.

OIM, « *République du Tchad : enquête sur les intentions de retour* », Septembre 2014.

UNICEF Tchad, *Evaluation du système d'état civil (enregistrement des naissances au Tchad et recommandation pour améliorer le système* », rapport, Juin et Juillet 2009.

Union Européenne, « *Evaluation de la coopération de l'Union européenne avec la République du Tchad 2008-214* », Rapport final, Mars 2015.

Union Européenne, « *Rapport global du système d'enregistrement des faits et des statistiques d'état civil au Tchad* », Mai 2017.

UNIHCR, « *Rapport d'évaluation rapide de la protection des retournés tchadiens de la RCA vivant dans les sites au sud du Tchad* », Mai 2019.

Recueil des textes sur la nationalité tchadienne, CEFOD, N'Djamena 2010.

Articles de presses

Al-Watwan, « *Affaire Semlex : le gouvernement annule le passeport diplomatique d'Albert Karaziwan* », 18 janvier 2018.

Alwhida, « *Compte rendu du conseil des ministres de la date du 18 avril 2019* », consulté le 19 avril 2019.

De Georgia Andréa, « *Au Mali, Niger et Sénégal, le marché de l'identité en plein essor* », Journal *Mediapart*, le 5 mars 2019.

Lewis David et Philippe Engels, « *Qui peut gagner de millions en vendant des passeports en Afrique* », Agence Reuters, 10 janvier 2018.

Mamadou Allarabaye, « *Barriere de contrôle, sources d'insécurité au Tchad* », Blog, publié le 4 novembre 2016.

Mediapart, « *Albert Karaziwan, l'homme qui a acheté l'Afrique* », le 26 décembre 2017.

Pajon Léo, « *Le racket aux frontières est systématique en Afrique de l'Ouest* », 23 mai 2018.

Rogez Olivier, « *Le Tchad ferme sa frontière avec la RCA pour des raisons sécuritaires, interview de Hassan Sylla, Ministre de la communication, porte-parole du gouvernement* », RFI, 13 mai 2014.

Tchadconvergence, « *Lutte contre le clientélisme politique : l'ancien inspecteur général d'État en garde vue pour détournements* », 3 décembre 2017.

Topona Eric, « *La RPR dénonce les irrégularités du recensement électoral biométrique au Tchad* », 28 octobre 2015, Blog, moutopona.over-blog.com.

Table des matières

INTRODUCTION GENERALE	7
I. Identité, identification et nation	11
II. L'État et ses modes de gouvernement	20
III. Les papiers d'identité à l'intersection des logiques locales et globales	30
IV. Méthodologie de la recherche	37
V. Questionner les études sur le Tchad à partir de l'analyse des politiques et pratiques des papiers d'identité	44
VI. Plan de l'ouvrage	48
PREMIERE PARTIE : LA BUREAUCRATISATION DES IDENTITES	49
CHAPITRE I : L'HISTORICITE DES POLITIQUES DE PAPIERISATION DES IDENTITES	51
I. La conquête du Tchad et les papiers d'identités (1900 à 1945)	53
II. L'Union française et l'octroi des droits sociaux en Afrique-Équatoriale française (1946-1958)	63
III. Les papiers d'identité à la période postcoloniale	66
IV. Les papiers d'identité comme support de l'identité	68
V. La politisation des mécanismes et des logiques d'identification	73
CHAPITRE II : L'ETAT CIVIL FACE A LA FLUIDITE DES NOMS ET DES AGES	81
I. Comment les gens nomment-ils leurs enfants ?	82
II. Quel nom enregistrer à l'état civil ?	91
III. Dispositif de changement de noms et d'âges dans le service d'identité civile	95

CHAPITRE III : LES POLITIQUES INTERNATIONALES
DE L'IDENTIFICATION	109

I. Politiques internationales et nationales de développement	112

II. Des programmes internationaux de soutien à l'état civil	119

III. Le partenariat international dans la politique d'identification
criminelle et l'identité civile	128

DEUXIEME PARTIE : DYNAMIQUES DE PAPIERISATION
DES IDENTITES AU QUOTIDIEN	135

CHAPITRE IV : HISTOIRE ET FONCTIONNEMENT DU
SERVICE DE L'IDENTITE CIVILE	137

I. Du centre d'identification judiciaire au service de l'identité civile	138

II. Organisation administrative et gestion patrimoniale	145

III. La commission de contrôle et de vérification des identités	155

CHAPITRE V : LA BIOMETRISATION DES IDENTITES	167

I. La genèse de l'identification biométrique et la gouvernance mondiale
de la sécurité	169

II. La « décharge » du service public d'identification	177

III. Le recensement électoral biométrique	184

IV. Enjeux sécuritaires et protection des données personnelles	189

CHAPITRE VI : L'IDENTIFICATION DES RETOURNES
TCHADIENS DE LA CRISE CENTRAFRICAINE	197

I. La crise centrafricaine et ses ramifications au Tchad	200

II. La citoyenneté électorale des « retournés »	203

III. Les tensions autour du projet de la carte d'identité des « retournés »	210

IV. Délégation et corruption : les reconfigurations de l'État à Goré	216

TROISIEME PARTIE : LES USAGES SOCIAUX DE
LA CARTE D'IDENTITE	223

CHAPITRE VII : LE COMBAT POUR L'OBTENTION DE
LA CARTE D'IDENTITE — 225

I. L'intimidation et la violence comme mode de gouvernement — 227

II. Les « interfaces » et les intermédiations comme pratiques
« normalisées » de la bureaucratie des identités — 233

III. La corruption et le clientélisme comme logique de fonctionnement — 238

IV. « On fait avec » : discours de (dé)légitimation des pratiques
de corruption — 247

CHAPITRE VIII : LA « VIE SOCIALE » DE LA CARTE
D'IDENTITE — 251

I. Les Papiers d'identité et le sentiment national — 252

II. La carte d'identité au quotidien — 258

III. L'usage de la carte d'identité dans les administrations — 261

IV. L'identité téléphonique entre logique de marché et politique
de sécurité — 266

V. Le ticket d'impôt et les pièces d'identité : quel rapport entre
ces deux papiers de l'administration publique ? — 271

CHAPITRE IX : LE CONTROLE DES PAPIERS D'IDENTITE,
ENTRE LUTTE CONTRE L'INSECURITE ET PREDATION ? — 275

I. Histoire sociale des barrières de contrôle — 277

II. Les enjeux du contrôle d'identité dans les centres urbains — 283

III. Barrière sécuritaire ou dispositif d'extorsion ? — 288

IV. Les inégalités face au dispositif de délivrance et de contrôle
des papiers d'identité — 299

CONCLUSION GENERALE — 305

BIBLIOGRAPHIE — 317

Structures éditoriales du groupe L'Harmattan

L'Harmattan Italie
Via degli Artisti, 15
10124 Torino
harmattan.italia@gmail.com

L'Harmattan Hongrie
Kossuth l. u. 14-16.
1053 Budapest
harmattan@harmattan.hu

L'Harmattan Sénégal
10 VDN en face Mermoz
BP 45034 Dakar-Fann
senharmattan@gmail.com

L'Harmattan Congo
67, boulevard Denis-Sassou-N'Guesso
BP 2874 Brazzaville
harmattan.congo@yahoo.fr

L'Harmattan Cameroun
TSINGA/FECAFOOT
BP 11486 Yaoundé
inkoukam@gmail.com

L'Harmattan Mali
ACI 2000 - Immeuble Mgr Jean Marie Cisse
Bureau 10
BP 145 Bamako-Mali
mali@harmattan.fr

L'Harmattan Burkina Faso
Achille Somé – tengnule@hotmail.fr

L'Harmattan Togo
Djidjole – Lomé
Maison Amela
face EPP BATOME
ddamela@aol.com

L'Harmattan Guinée
Almamya, rue KA 028 OKB Agency
BP 3470 Conakry
harmattanguinee@yahoo.fr

L'Harmattan Côte d'Ivoire
Résidence Karl – Cité des Arts
Abidjan-Cocody
03 BP 1588 Abidjan
espace_harmattan.ci@hotmail.fr

L'Harmattan RDC
185, avenue Nyangwe
Commune de Lingwala – Kinshasa
matangilamusadila@yahoo.fr

Nos librairies en France

Librairie internationale
16, rue des Écoles
75005 Paris
librairie.internationale@harmattan.fr
01 40 46 79 11
www.librairieharmattan.com

Librairie des savoirs
21, rue des Écoles
75005 Paris
librairie.sh@harmattan.fr
01 46 34 13 71
www.librairieharmattansh.com

Librairie Le Lucernaire
53, rue Notre-Dame-des-Champs
75006 Paris
librairie@lucernaire.fr
01 42 22 67 13